冶金工业出版社

普通高等教育"十四五"规划教材

水处理工艺设计基础

隋 涛 主编

U0314678

北 京
冶金工业出版社
2022

内 容 提 要

本书以给水工程和污水控制工程的设计为主线，系统介绍了给水排水工程设计的内容和设计方法等。主要内容包括：工程设计的基础知识、水处理工艺的比选及设计流量的确定、给水工程构筑物设计及设计计算实例、污水控制工程构筑物的设计及设计计算实例、水厂污泥处理的方法及水厂总体的设计方案。

本书为高等学校环境工程专业、给水排水专业本科生和研究生的教学用书，也可供相关专业的师生和工程技术人员参考。

图书在版编目（CIP）数据

水处理工艺设计基础/隋涛主编．—北京：冶金工业出版社，2022.7
普通高等教育"十四五"规划教材
ISBN 978-7-5024-9122-2

Ⅰ．①水…　Ⅱ．①隋…　Ⅲ．①水处理—工艺设计—高等学校—教材
Ⅳ．①TU991.2

中国版本图书馆 CIP 数据核字（2022）第 061819 号

水处理工艺设计基础

出版发行	冶金工业出版社		电　话	（010）64027926
地　址	北京市东城区嵩祝院北巷 39 号		邮　编	100009
网　址	www.mip1953.com		电子信箱	service@ mip1953.com

责任编辑　高　娜　美术编辑　吕欣童　版式设计　郑小利
责任校对　范天娇　责任印制　李玉山
北京印刷集团有限责任公司印刷
2022 年 7 月第 1 版，2022 年 7 月第 1 次印刷
787mm×1092mm　1/16；16 印张；385 千字；247 页
定价 49.00 元

投稿电话　（010）64027932　投稿信箱　tougao@cnmip.com.cn
营销中心电话　（010）64044283
冶金工业出版社天猫旗舰店　yjgycbs.tmall.com
（本书如有印装质量问题，本社营销中心负责退换）

前　　言

　　水是人类的生命之源，是人类生存、生活和生产不可缺少的宝贵资源。人类生存离不开水，每人每天平均需要使用 2~4L 水。人们为了生活和生产的需要，由天然水体取水，天然水经适当处理后，可供生活和生产使用，用过的水又排回天然水体。但由于人们生活生产用水量不断增大，排入水体的废弃物已经超过了水体天然的自净能力，导致人们周围的水环境不断恶化。为了水资源的可持续利用，缓解水资源短缺的危机，设计污废水的处理工艺等必不可少。

　　本书是从天然水体的处理工艺出发，到污水处理的排放工艺设计，考虑相关专业学生课程设计、毕业设计及工程技术人员的需求编写的，用以巩固学生的专业知识，培养其解决实际问题的能力，提高学生设计、制图的基本技能。本书力求简明扼要，既重视教学所需，又注重工程实用。

　　本书共分为 6 章，编写分工如下：隋涛编写第 3 章和第 4 章，刘娟娟编写第 1 章，单长青编写第 2 章，邹美玲、李学平编写第 5 章，张再旺编写第 6 章。最后由隋涛统稿审定。

　　本书的编写是为适应高等环境工程应用型人才培养模式而进行的新尝试，因编者水平有限，书中难免有不妥之处，欢迎广大读者批评指正。

编　者

2021 年 3 月

目 录

1 工程设计基础

水是人们的生命之源。从处理生活用水供人们饮用，到治理生活污水及工业废水保护环境，水处理贯穿了人们的日常生活。因此，水工程的设计对于满足人们生活需求、保护环境、促进工农业生存及保障人民健康，具有巨大的现实意义和深远影响。

通常，设计部门根据一个项目的设计基础资料，对其进行深入研究，首先需要完成项目的初步设计。初步设计主要包括初步设计说明书、设计图纸、主要设备规格与数量以及工程概预算等相关内容。初步设计说明书将全面论述项目的工程内容，提供设计参数及选择工艺的计算结果，为施工设计提供依据。设计图纸提供工程平面布置情况、工艺流程、不同构筑物的平面图和剖面图等。设备规格表主要为满足工程施工招标、施工准备及主要设备订货的需求。工程概算是控制和确定建设项目造价的文件，能反映工程初步设计的内容，批准后，将成为固定资产投资计划和建设项目总包合同的依据。其中，设计图纸是工程师对外表达的窗口，图纸的正确及美观将直接影响到设计质量。因此，工程图纸必须严格遵循国家和地方的设计标准、规范及工程制图要求，并且要求图纸表达方法和形式统一，这样有利于提高制图效率，以满足设计、施工、存档等要求。

1.1 工程制图标准

1.1.1 图纸界面

1.1.1.1 图纸幅面

环境工程制图中常用的图纸幅面有 A0、A1、A2、A3、A4，应符合表 1-1 的规定及图 1-1~图 1-3 的格式。

表 1-1 幅面及图框尺寸 （mm）

尺寸代号	幅面代号				
	A0	A1	A2	A3	A4
$b \times l$	841×1189	594×841	420×594	297×420	210×297
c	10			5	
a	25				

图纸的短边一般不应加长，长边可加长，但应符合国家标准中相应的规定。具体尺寸见表 1-2。在一套工程图纸中应以一种规格图纸为主，尽量避免大小幅面掺杂使用。

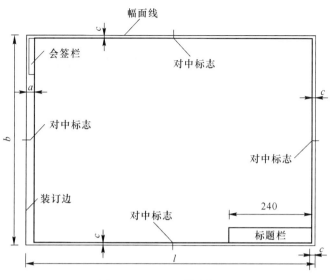

图 1-1　A0~A3 横式幅面

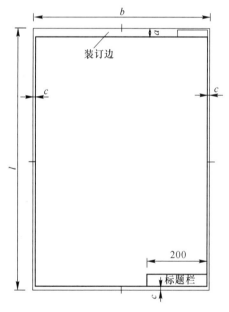

图 1-2　A0~A3 立式幅面

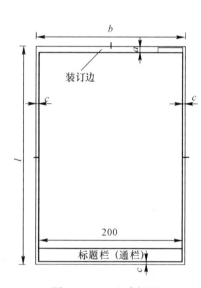

图 1-3　A4 立式幅面

表 1-2　图纸边长加尺寸　　　　　　　　　　　　　　　　（mm）

幅面代号	长边尺寸	长边加长后尺寸							
A0	1189	1338	1487	1635	1784	1932	2081	2230	2378
A1	841	1051	1261	1472	1682	1892	2102		
A2	594	892	1041	1189	1338	1487	1635	1784	1932	2081
A3	420	631	841	1051	1261	1472	1682	1892	

1.1.1.2　标题栏与会签栏

图纸的标题栏、会签栏及装订边的位置，可参考图1-4~图1-6。

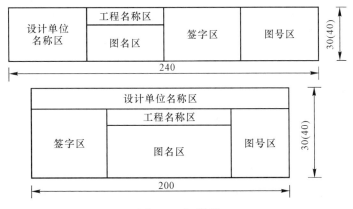

图1-4　标题栏

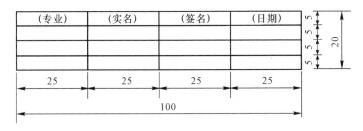

图1-5　会签栏

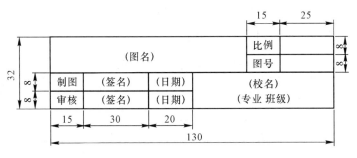

图1-6　课程设计及毕业设计用标题栏格式

标题栏应按图1-4所示绘制，根据工程需要可以修改其尺寸及分区。标题栏中应表明工程名称，本张图纸的名称与专业类别，以及设计单位名称、图号，并留有设计人、绘图人、审核人的签名栏和日期栏等。

会签栏应按图1-5的格式绘制。它是为各工种负责人签字用的表格，不需会签的图纸可不设会签栏。

1.1.1.3　明细栏

工程设计施工图和装配图中一般应配置明细栏，其形式及尺寸如图1-7所示。栏中的项目可以根据具体情况适当调整。

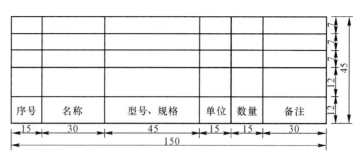

图 1-7　明细栏

1.1.1.4　图线

绘制图纸时需要采用不同的线型和线宽来表示不同的含义。绘图常用的线型有实线、虚线、点划线等。图纸各种线条的宽度是根据图纸幅面尺寸来确定的，同一图样中同类型的线条宽度一般有一定的比例，用来保持图纸层次清晰、美观。图中线宽一般用粗实线宽度"b"确定。

（1）图线的宽度见表 1-3，一般 A0、A1 幅面采用第 3 组，A2~A4 幅面采用第 4 组。

表 1-3　线宽组　　（mm）

线宽比	线　宽　组					
b	2.0	1.4	1.0	0.7	0.5	0.35
$0.5b$	1.0	0.7	0.5	0.35	0.25	0.18
$0.25b$	0.5	0.35	0.25	0.18	—	—

注：1. 需要微缩的图纸，不宜采用 0.18mm 及更细的线宽。

　　2. 同一张图纸内，不同线宽中的细线，可统一采用较细的线宽组的细线。

图框线和标题栏线，可采用表 1-4 的线宽。

表 1-4　图框线、标题栏线的宽度　　（mm）

幅面代号	图框线	标题栏外框线	标题栏分格线、会签栏线
A0、A1	1.4	0.7	0.35
A2、A3、A4	1.0	0.7	0.35

（2）图线的线型。一般工程设计的线型应按表 1-5 选用。

表 1-5　线型

名称		线　型	线宽	一般用途
实线	粗	▬▬▬▬	b	主要可见轮廓线
	中	———	$0.5b$	可见轮廓线
	细	————	$0.25b$	可见轮廓线、图例线
虚线	粗	▬　▬　▬	b	见各有关专业制图标准
	中	▬ ▬ ▬ ▬	$0.5b$	不可见轮廓线
	细	- - - - - - -	$0.25b$	不可见轮廓线、图例线

续表 1-5

名称		线型	线宽	一般用途
单点 长划线	粗		b	见各有关专业制图标准
	中		$0.5b$	见各有关专业制图标准
	细		$0.25b$	中心线、对称线等
双点 长划线	粗		b	见各有关专业制图标准
	中		$0.5b$	见各有关专业制图标准
	细		$0.25b$	假想轮廓线、成型前原始轮廓线
折断线			$0.25b$	断开界线
波浪线			$0.25b$	断开界线

给水排水工程图纸的图线线型，可具体参考表 1-6。

表 1-6 给水排水制图采用的线型

名称	线型	线宽	用途
粗实线		b	新设计的各种排水和其他重力流管线
粗虚线		b	新设计的各种排水和其他重力流管线的不可见轮廓线
中粗实线		$0.75b$	新设计的各种给水和其他压力流管线；原有的各种排水和其他重力流管线
中粗虚线		$0.75b$	新设计的各种给水和其他压力流管线；原有的各种排水和其他重力流管线的不可见轮廓线
中实线		$0.50b$	给水排水设备、零（附）件的可见轮廓线；总图中新建的建筑物和构筑物的可见轮廓线；原有的各种给水和其他压力流管线
中虚线		$0.50b$	给水排水设备、零（附）件的不可见轮廓线；总图中新建的建筑物和构筑物的不可见轮廓线；原有的各种给水和其他压力流管线的不可见轮廓线
细实线		$0.25b$	建筑的可见轮廓线；总图中原有的建筑物和构筑物的可见轮廓线；制图中的各种标注线
细虚线		$0.25b$	建筑的不可见轮廓线；总图中原有的建筑物和构筑物的不可见轮廓线
单点长划线		$0.25b$	中心线、定位轴线
折断线		$0.25b$	断开界线
波浪线		$0.25b$	平面图中水面线、局部构造层次范围线、保温范围示意线等

1.1.1.5 比例

比例是图形与实物相对应的线性尺寸之比。比例的大小，是指其比值的大小，如 1∶50 大于 1∶100。比例的符号为"∶"。比例应以阿拉伯数字表示，如 1∶1、1∶2、1∶100 等。比例一般可以与图名一起放在图形下面的横粗线上，若整张图只用一个比例时，可以写在图标内图名的下面，详图的比例宜注写在图名的右侧，字的基准线应取平。比例的字高宜比图名的字高小一号或两号。

绘图所用的比例，应根据图样的用途与被绘对象的复杂程度，从表 1-7 中选用。

表 1-7 常用比例

常用比例	1∶1、1∶2、1∶5、1∶10、1∶20、1∶50、1∶100、1∶150、1∶200、1∶500、1∶1000、1∶2000、1∶5000、1∶10000、1∶20000、1∶50000、1∶100000、1∶200000
可用比例	1∶3、1∶4、1∶6、1∶15、1∶25、1∶30、1∶40、1∶60、1∶80、1∶250、1∶300、1∶400、1∶600

给水排水工程图纸的比例，可具体参考表 1-8。

表 1-8 给水排水制图常用比例

名 称	比 例	备 注
区域规划图 区域位置图	1∶50000、1∶25000、1∶10000、1∶5000、1∶2000	宜与总图专业一致
总平面图	1∶1000、1∶500、1∶300	宜与总图专业一致
管道纵断面图	纵向：1∶200、1∶100、1∶50 横向：1∶1000、1∶500、1∶300	
水处理厂（站）平面图	1∶500、1∶200、1∶100	
水处理构筑物、设备间、卫生间、泵房平剖面图	1∶100、1∶50、1∶40、1∶30	
建筑给排水平面图	1∶200、1∶150、1∶100	宜与建筑专业一致
建筑给排水轴测图	1∶150、1∶100、1∶50	宜与相应图纸一致
详图	1∶50、1∶30、1∶20、1∶10、1∶5、1∶2、1∶1、2∶1	
流程图和高程图	可以不按照比例	

一般情况下，一个图样应选用一种比例。有时根据需要，可选用两种。比如水处理高程图和管道纵断面图，可对纵向与横向采用不同的组合比例。水处理流程图可不按比例绘制。

1.1.1.6 字体

图纸上书写的文字、数字或符号等，均应字体端正、笔画清楚、排列整齐、间隔均匀。数字一般应以斜体字输出，其斜度应是从字的底线逆时针向上倾斜 75°。小数点进行输出时，应占一个字位，并位于中间靠下方。字母应以斜体字输出。汉字宜采用长仿宋体矢量字。汉字的书写，必须符合国务院公布的《汉字简化方案》和有关规定。标点符号应按其含义正确使用，除省略号和破折号为两个字位外，其余均为一个字位。字体高度与幅面之间的关系应从表 1-9 中选用。

表 1-9　字体高度与幅面的关系　　　　　　　　　　　　（mm）

字体	A0	A1	A2	A3	A4
汉字	7	5	3.5	3.5	3.5
字母与数字	5	5	3.5	3.5	3.5

文字的字高与字宽关系应符合表 1-10 的规定。

表 1-10　长仿宋体字高宽的关系　　　　　　　　　　（mm）

字高	20	14	10	7	5	3.5
字宽	14	10	7	5	3.5	2.5

字体的最小字（词）距、行距、间隔线或基准线与书写字体之间的最小距离，也应符合相应标准的有关规定，此处不再详细列出。

1.1.2　标注的绘制

1.1.2.1　尺寸标注
尺寸包括尺寸界线、尺寸线、尺寸起止符号和尺寸数字（见图 1-8）。

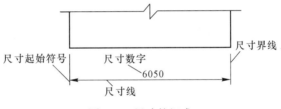

图 1-8　尺寸的组成

除标高与总平面图上的尺寸以 m 为单位外，其余一律以 mm 为单位。为使图面清晰，尺寸数字后面一般不注写单位。

尺寸界线一般应与被注长度垂直。在图形外面用细实线绘出，其一端应离开轮廓线不小于 2mm，另一端宜超出尺寸线 2~3mm，如图 1-9 所示。在图形里面则以轮廓线或中线代替。

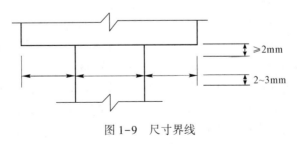

图 1-9　尺寸界线

尺寸线应与被注长度平行，且必须以细实线绘出，且不宜超出尺寸界线 2mm，图样本身的任何图线均不得用作尺寸线。与尺寸界线相交处应适当延长。

尺寸起止符号包括斜线、实心箭头等。建筑制图多用斜线形式，机械制图则多用箭头形式，半径、直径、角度与弧长的尺寸起止符号，宜用箭头表示，见图 1-10 左侧。具体绘制时，斜线是用 45°中粗线绘制，长度宜为 2~3mm，箭头长度为 4~5 倍的粗实线宽，箭头夹角不小于 15°，见图 1-10 右侧。

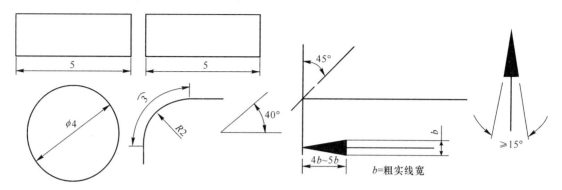

图 1-10 尺寸起止符号

1.1.2.2 标高

标高表示建筑物各部分的高度，是建筑物某一部位相对于基准面（标高的零点）的竖向高度，是竖向定位的依据。标高按基准面选取的不同分为绝对标高和相对标高。绝对标高是以一个国家或地区统一规定的基准面作为零点的标高，我国规定以青岛附近黄海夏季的平均海平面作为标高的零点，所计算的标高称为绝对标高。相对标高是以建筑物室内首层主要地面高度为零作为标高的起点，所计算的标高称为相对标高。

标高的符号是高为 3mm 的等腰直角三角形，用细实线绘制，如图 1-11 所示。

图 1-11 标高符号

在特殊情况下或注写数字的地方不够时，可用引出线（垂直于倒三角底边）移出水平线。总平面图上的室外整平后的标高必须为涂黑的等腰直角三角形。标高以 m 为单位，宜注写到小数点后三位，在总平面图及相应的厂区给排水图中可注写到小数点后第二位。沟道（包括明沟、暗沟及管沟）、管道应注明起讫点、转角点、连接点、边坡点、交叉点的标高；沟道宜标注沟内底标高；压力管道宜标注管中心标高；室内外重力管道宜标注管内底标高；必要时，室内架空重力管道可标注管中心标高，但图中应加以说明。室内管道应注明相对标高；室外管道宜标注绝对标高。标高的标注方法应符合以下规定：

（1）平面图中管道标高标注方法如图 1-12 所示，在标准层平面图中，同一位置可同时标注几个标高。

（2）平面图中沟渠标高标注方法如图 1-13 所示。

（3）剖面图中管道及水位标高标注方法如图 1-14 所示。

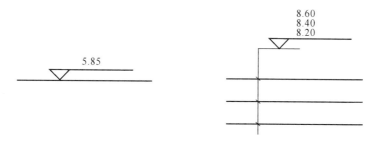

图 1-12 平面图中管道标高标注方法

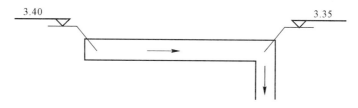

图 1-13 平面图中沟渠标高标注方法

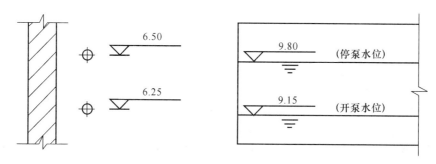

图 1-14 剖面图中管道及水位标高标注方法

（4）标高符号的尖端应指至被标注的高度位置，尖端可向上，也可向下。

（5）标高的单位：m。

1.1.2.3 管径标注

图纸中，镀锌焊接钢管、非镀锌焊接钢管、铸铁管、硬聚氯乙烯管、聚丙烯管等管道，管径应以公称直径 DN 表示（如 DN150）；耐酸陶瓷管、混凝土管、钢筋混凝土管、陶土管等管道，管径应以内径 d 表示（如 d380）；焊接钢管（直缝或螺旋缝电焊接钢管）、无缝钢管、不锈钢管等管道的管径应以 $D×\delta$（外径×壁厚）表示（如 D108×4）；管径的单位一般用 mm 表示。常见的单管和多管管径标注方法如图 1-15 所示。

1.1.2.4 坐标标识

平面图通常用坐标网来控制地形地貌或构筑物的平面位置，因为任何一个点的位置，都可以根据它的纵横两轴的距离来确定，如图 1-16 所示。具体做法如下：首先在百度上下载坐标标注插件，解压，存放自己易找到的地方；然后打开 CAD，点击绘图栏中的"管理"—"加载应用程序"；显示"加载成功"后就可以进行标注了，在命令栏输入"zbbz"，然后按"Enter"键，在弹出的"坐标标注"设置对话框核对好它的属性，点击

图 1-15　管径的标注方法

"确定"，然后点击要标注的点，再引出到空白处点击即可。平面图中坐标标注方式如图 1-16 所示。

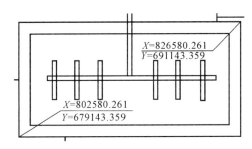

图 1-16　平面图中坐标标注示意图

1.1.2.5　指北针

平面图中一般以指北针表明管道或建筑物的朝向，指北针用细实线绘制，指针针尖北向，并写出"北"或"N"字。一般情况下，圆的直径为 24mm，指针尾部宽度为 3mm。需要较大直径绘制指北针时，指针尾部宽度宜为直径的 1/8。指北针绘制示意图如图 1-17 所示。

图 1-17　指北针绘制示意图

1.1.2.6　风玫瑰图

"风玫瑰图"也叫风向频率玫瑰图，表示工程所在地的常年风向及风向频率。玫瑰图上所表示风的吹向（即风的来向），是指从外面吹向地区中心的方向。各方向上按统计数值画出的线段表示此方向风频率的大小，风向频率是指在一定时间内各种风向出现的次数占所有观测风向总次数的百分比。通常线段越长表示该风向出现的次数越多，将各个方向上表示风频的线段按风速数值百分比绘制成不同颜色的分线段，即表示出各风向的平均风速。

1.1.3　图例的绘制

在绘制设计图时，为了区分不同功能不同样式的管道、管道附件及管道连接情况，设置了不同的图形表达方法，这就是图例。图例一般集中于图纸的一角，用各种符号和颜色代表不同的绘图内容，并附有指标的说明，可以帮助人们更好地认识图纸。

1.1.3.1　常见的部分管道图例

管道类别通常以汉语拼音字母表示，常见的部分管道图例见表 1-11。

表 1-11　常见的部分管道图例

序号	名　称	图　例
1	生活给水管道	—— J ——
2	中水给水管	—— ZJ ——
3	循环给水管	—— XJ ——
4	循环回水管	—— Xh ——
5	废水管	—— F ——
6	压力废水管	—— YF ——
7	污水管	—— W ——
8	压力污水管	—— YW ——
9	雨水管	—— Y ——
10	压力雨水管	—— YY ——
11	保温管	
12	多孔管	
13	地沟管	
14	防护套管	
15	管道立管	XL-1 平面　XL-1 系统　(X为管道类别L为立管1为编号)
16	排水明沟	坡向
17	排水暗沟	坡向

注：1. 分区管道用加注角标方式表示，如 J_1、J_2、RJ_1、RJ_2、…。

　　2. 原有管线可用比同类型新设管线细一级的线型表示，并加斜线，拆除管线加叉线。

1.1.3.2　常见的部分管道附件及连接件图例

为了防震、密封、固定、安全等，在管道使用中所必须添加的功能件称为管道附件，常见的部分管道附件图例见表 1-12。为了保证管道与管道之间的自由连接，在管道接口处都需要安装与之配合的连接件，这就是管道连接件，在水工程中常见的部分管道连接件图例见表 1-13。

表 1-12　常见的部分管道附件图例

序号	名　称	图　例
1	套管伸缩器	
2	方形伸缩器	

序号	名　称	图　例
3	刚性防水套管	
4	柔性防水套管	
5	波纹管	
6	可曲挠橡胶接头	
7	管道固定支架	
8	管道滑动支架	
9	防回流污染止回阀	
10	吸气阀	

表 1-13　常见的部分管道连接件图例

序号	名　称	图　例	备　注
1	法兰连接		
2	承插连接		
3	活接头		
4	管堵		
5	弯折管	高　○　低	表示管道向后及向下弯折90°
6	三通连接		
7	四通连接		
8	管道丁字上接	高　低	表示中间管道向上或向前弯折90°
9	管道丁字下接	高　低	表示中间管道向下或向后弯折90°
10	管道交叉	低　高	在下方及后面的管道应断开

1.1.3.3 常见的部分管件图例

在水处理工程中，基于变径、变向、分流、控制等作用，在管道系统中常需要一些特殊的零部件，又称为管件。常见的部分管件图例见表1-14。

表1-14 常见的部分管件图例

序号	名　称	图　例
1	偏心异径管	
2	异径管	
3	乙字管	
4	喇叭口	
5	转动接头	
6	短管	
7	存水湾	
8	弯头	
9	正三通	
10	斜三通	
11	正四通	
12	斜四通	

1.1.3.4 常见的部分阀门图例

阀门是流体输送系统中的控制部件，具有截止、调节、导流、防止逆流、稳压、分流或溢流泄压等功能。用于流体控制系统的阀门，从最简单的截止阀到极为复杂的自控系统中所用的各种阀门，其品种和规格相当繁多。水工程设计中常见的部分阀门图例如表1-15所示。

表1-15 常见的部分阀门图例

序号	名　称	图　例
1	闸阀	
2	角阀	

序号	名　称	图　例
3	三通阀	
4	四通阀	
5	截止阀	DN≥50　　DN＜50
6	电动阀	
7	液动阀	
8	气动阀	
9	减压阀	
10	旋塞阀	平面　　系统
11	底阀	
12	球阀	
13	压力调节阀	
14	电磁阀	
15	止回阀	
16	消声止回阀	
17	蝶阀	
18	自动排气阀	平面　　系统
19	吸水喇叭口	平面　　系统
20	疏水器	

1.1.3.5 小型给排水构筑物的图例

在水工程设计中有许多小型给排水构筑物，其设计图例见表 1-16。

表 1-16　小型给排水构筑物的图例

序号	名　称	图　例	备　注
1	矩形化粪池	⊙ —HC	HC 为化粪池代号
2	圆形化粪池	○○ —HC	
3	隔油池	—YC	YC 为隔油池代号
4	沉淀池	○ —CC	CC 为沉淀池代号
5	降温池	—JC	JC 为降温池代号
6	中和池	—ZC	ZC 为中和池代号
7	雨水口	▮	单口
		▮▮	双口
8	阀门井、检查井	○　□	
9	水封井	⊘	
10	跌水井	⊘	
11	水表井	▶	

1.1.3.6　常见的部分给排水设备的图例

在水工程设计中用于输送液体、给液体增压、加药、除垢、搅拌等的装置称为给排水设备，常见的部分给排水设备的图例如表 1-17 所示。

表 1-17　常见的部分给排水设备的图例

序号	名　称	图　例	备　注
1	水泵	平面　　系统	
2	潜水泵		
3	定量泵		

续表 1-17

序号	名 称	图 例	备 注
4	管道泵	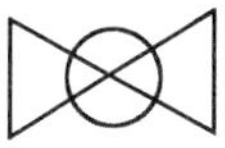	
5	喷射器	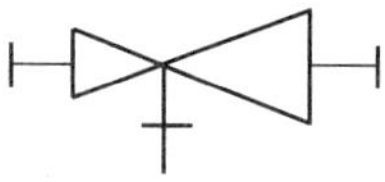	小三角为进水端
6	除垢器	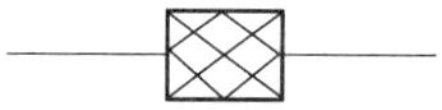	
7	水锤消除器	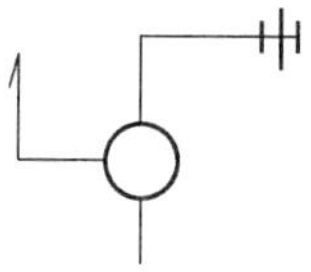	
8	浮球液位器	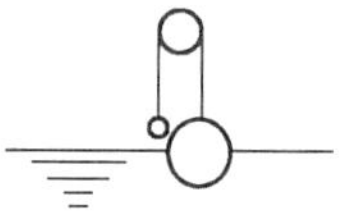	
9	搅拌器	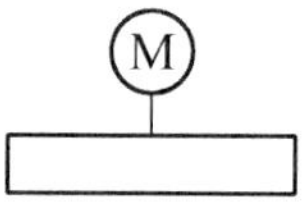	

1.1.3.7 给排水专业部分所用仪表图例

随着科学技术的发展和对水处理工艺的要求越来越高，水处理过程自动化控制技术也越来越多，水处理设备在运行过程中需要各种仪表对水压、水温、水量、水质处理等情况进行监督、管理。这些仪表能连续检测各工艺参数，根据这些参数的数据进行手动或自动控制，从而协调供需之间、系统各组成部分之间、各水处理工艺之间的关系，以便使各种设备与设施得到更充分、合理的使用。给排水工程中常用的部分仪表图例如表 1-18 所示。

表 1-18 给排水专业部分所用仪表图例

序号	名 称	图 例	备 注
1	温度计		
2	压力表		
3	自动记录压力表	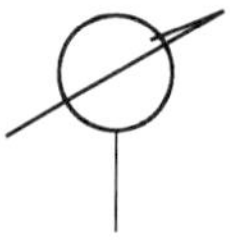	

序号	名 称	图 例	备 注
4	压力控制器		
5	水表		
6	自动记录流量计		
7	转子流量计		
8	真空表		
9	温度传感器	T	
10	压力传感器	P	
11	pH 传感器	pH	
12	酸传感器	H	
13	碱传感器	Na	
14	余氯传感器	Cl	

1.1.4 图纸的绘制规定

1.1.4.1 一般规定

设计应以图样表示，不得以文字代替绘图。如必须对某部分进行说明时，说明文字应通俗易懂、简明清晰。有关全工程项目的问题应在首页说明，局部问题应注写在本张图纸内部。

工程设计中，本专业的图纸应单独绘制。在同一个工程项目的设计图纸中，图例、术语、绘图表示方法应一致。在同一工程子项目的设计图纸中，图纸规格应一致。如有困难时，不宜超过两种规格。图纸编号应遵循下列规定：

（1）规划设计阶段宜采用水规-1、水规-2……以此类推表示。

（2）初步设计阶段宜采用水初-1、水初-2……以此类推表示。

（3）施工图设计阶段宜采用水施-1、水施-2……以此类推表示。

（4）单体项目只有一张图纸时，宜采用水初-全、水施-全表示，并宜在图纸图框线内右上角绘制宽 15mm、长 120mm 的方框，方框线型为粗实线，方框内标"全部水初图纸均在此页"一类的字样。

图纸排列应符合下列要求：

（1）初步设计的图纸目录应以工程项目为单位进行编写；施工图的图纸目录应以工程单体项目为单位进行编写。

设计图纸的排列按照工程项目的图纸目录、使用标准图纸目录、使用统一详图目录、图例、主要设备器材表、设计施工说明在前，设计图样在后的顺序排列。如果图纸目录、使用标准目录、使用统一详图目录、图例、主要设备器材表、设计施工说明在一张图纸上其幅面不够用时，应按照所述内容顺序单独成图和编号。

图纸图号应按下列规定编排：

（1）系统原理图在前，平面图、剖面图、放大图、详图依次在后。

（2）平面图中应地下各层在前，地上各层依次在后。

（3）水净化（处理）流程图在前，平面图、剖面图、放大图、详图依次在后。

（4）总平面图在前，管道节点图、阀门井示意图、管道纵断面图或高程表、详图依次在后。

1.1.4.2　平面图的绘制

总平面图的画法应符合下列规定：

（1）建筑物、构筑物、道路的形状、编号、坐标、标高等应与总图专业图纸相一致。

（2）给水、排水、雨水、热水、消防和中水等管道宜绘制在一张图纸上。如管道种类较多、地形复杂，在同一张图纸上表示不清楚时，可按不同管道种类分别绘制。

（3）应按标准图例绘制各类管道、阀门井、消火栓井、洒水井、检查井、跌水井、水封井、雨水口、化粪池、隔油池、降温池、水表井等。

（4）绘出城市同类管道及连接点的位置、连接点井号、管径、标高、坐标及流水方向。

（5）绘出各建筑物、构筑物的引入管、排出管，并标注位置尺寸。

（6）图上应标注各类管道的管径、坐标或定位尺寸。用坐标时，标注管道弯折点等处坐标，构筑物标注中心或两对角处坐标（方法前面已经介绍）。用控制尺寸时，以建筑物外墙、轴线或道路中心线为定位起始基线。

（7）仅有本专业管道的单体建筑物局部总平面图，可从阀门井、检查井引出线，线上标注井盖面标高；线下标注管底或管中心标高。

（8）图面的右上角应绘制风玫瑰图，如无污染源时，可绘制指北针。

1.1.4.3　给水管道节点的绘制

给水管道节点应按以下规定绘制：

（1）管道节点位置、编号应与总平面图一致，但是可不按比例示意图绘制。

（2）管道应注明管径、管长。

（3）节点应绘制包括平面形状和大小、阀门、管件、连接方式、管径及定位尺寸。

（4）阀门井节点应绘制剖面示意图。

1.1.4.4 单体构筑物平面图绘制

单体构筑物平面图绘制时可按照不覆土的情况将地下管道画成实线，对所取平面以上的部位，如清水池的检修孔、通风孔等，如确需要表示，可用虚线绘制。若构筑物比较复杂，可用几个平面图表示，但图上需表明该层平面图位置。若欲在一个平面图上表示两个不同位置的平面布置，应在剖面上用转折的剖切线，注明其位置。

若构筑物的平面尺寸过大，在图上难以全部绘制时，在不影响所表示的工艺部分内容前提下，其间可用折线断开，但其总尺寸仍须注明。图中进水管、出水管、溢流管等管道名称和标高应在图上注明。

1.1.4.5 管道纵断面的绘制

管道纵断面的画法应符合下列规定：

（1）压力管道用单粗实线绘制，当管径大于400mm时压力流管道可用双中粗实线绘制，但对应平面示意图用单中粗实线绘制。

（2）重力流管道用双中粗实线绘制，但对应平面示意图用单中粗实线绘制。

（3）设计地面线、阀门井、检查井、竖向定位线用细实线绘制，自然地面线用细虚线绘制。

（4）绘制与本管道相交的道路、铁路、河谷及其他专业管道、管沟及电缆等的水平距离和标高。

（5）重力流管道不绘制管道纵断面时，可采用管道高程表，管道高程表应按表1-19绘制。

表1-19 管道高程计算表

序号	管段标号		管长/m	管径/m	坡度/%	管底坡降/m	管底跌落/m	设计地面标高/m		管内底标高/mm		埋深/m		备注
	起点	终点						起点	终点	起点	终点	起点	终点	

1.1.4.6 剖面图的绘制

剖面图应按以下规定绘制：

（1）设备、构筑物布置复杂，管道交叉较多，应绘制剖面图。

（2）表示清楚设备、构筑物、管道、阀门及附件位置、形式和相互关系。

（3）注明管径、标高、设备及构筑物有关定位尺寸。

（4）建筑、结构的轮廓线应与建筑及结构专业相一致，本专业有特殊要求时，应加注附注予以说明，线型用细实线。

（5）比例大于1:30时，管道宜采用双线绘制。

1.1.4.7 取水、水净化厂的绘制

取水、水净化厂宜按下列规定绘制高程图：

（1）构筑物之间的管道以中粗实线绘制。

（2）各种构筑物必要时按形状以单细实线绘制。

（3）各种构筑物的水面、管道、构筑物的底和顶应注明标高。

（4）构筑物下方应注明构筑物的名称。

1.1.4.8 各种净水处理系统的绘制

各种净水处理系统宜按下列规定绘制水净化系统流程图：

（1）水净化流程图可不按比例绘制。

（2）水净化设备及附加设备按设备形状以细实线绘制。

（3）水净化系统设备之间的管道以中粗实线绘制，辅助设备的管道以中实线绘制。

（4）各种设备用编号表示，并附设备编号与名称对照说明。

（5）初步设计说明中可用方框图表示水的净化流程图。

1.1.5 图纸的标注内容

厂区或小区给排水平面图的画法应符合下列规定：

（1）建筑物、构筑物及各种管道的位置应与专业的总平面图、管线综合图一致。

（2）图上应注明管道类型、坐标、控制尺寸、节点编号及各建筑物、构筑物的进出口位置，各种管道的管径、标高、流量、管道长度等参数要标注清楚。

（3）高程图应表示处理系统内各构筑物之间的联系，并标注其控制标高，一般应注明构筑物顶端标高、底端标高和水面标高。

（4）管道节点图可不按照比例绘制，但节点的平面位置与厂区管道平面图应一致。

（5）在封闭循环回水管道节点图中，检查井宜用平面图、剖面图表示，当管道连接高差较大时，宜用双线表示。

（6）节点图中应标注管道标高、管径、编号和井底标高。

1.2 设计说明书编写格式

1.2.1 给水工程设计说明书编写格式

给水工程设计说明书包括题目、中文摘要、英文摘要、目录、正文、致谢、参考文献和附录等几个部分。

（1）题目。应简明并具有概括性，通过标题，能大致了解文章的内容、专业的特点和学科的范畴。题目不应超过 25 个字，不得使用标点符号，可以两行书写，尽量不要使用英文缩写。

（2）中文摘要与关键词。摘要应简明叙述设计说明书的主要内容、特点，是一篇独立性和完整性的短文，应包括设计说明书的主要成果和结论性意见。摘要中不宜使用公式、图标，不标注引文出处，避免摘要写成目录式的内容介绍，同时避免摘要写成结论总结。

关键词应采用能包含设计说明书主要内容的通用技术词条（技术术语标准），一般列出 3~5 个，按词条的外延层次从大到小排列，关键词应在摘要中出现。

（3）外文摘要和关键词。外文摘要与中文摘要一致，关键词全部以小写字母表示，放在外文摘要之后。

（4）目录。目录应独立成页，包括设计说明书中全部章、节的标题及页码。

（5）正文。主要内容是设计任务书，简要介绍城市的地理位置、地貌、性质、经济概况及发展前景，对城市的总体规划、分期建设计划及河流、铁路、重要的工业企业的位置和作用进行一般性的描述。介绍城市各区域的面积、人口密度、用水量标准、工业企业与公共建筑的用水量，以及给排水设计手册等资料。简单介绍水源水体的名称、流量、水位、水质状况、利用情况，以及工地的自然情况、水文地质基础情况；设计依据和设计任务的简述；用水量计算，取水构筑物设计计算，净水厂各构筑物设计计算，设备选取及二级泵站设计计算。

1.2.2 污水处理工程设计说明书编写格式

（1）题目。应简明并具有概括性，通过标题，能大致了解文章的内容、专业的特点和学科的范畴。题目不应超过 25 个字，不得使用标点符号，可以两行书写，尽量不要使用英文缩写。

（2）中文摘要与关键词。摘要应简明叙述设计说明书的主要内容、特点，是一篇独立性和完整性的短文，应包括设计说明书的主要成果和结论性意见。摘要中不宜使用公式、图标，不标注引文出处，避免摘要写成目录式的内容介绍，同时避免摘要写成结论总结。

关键词应采用能包含设计说明书主要内容的通用技术词条（技术术语标准），一般列出 3~5 个，按词条的外延层次从大到小排列，关键词应在摘要中出现。

（3）外文摘要与关键词。外文摘要与中文摘要一致，关键词全部以小写字母表示，放在外文摘要之后。

（4）正文。正文包括以下内容：

1）设计任务部分。

①地理位置概述。简要介绍城市的地理位置、地貌、性质、经济概况及发展前景。设计城市的总体规划，分期建设计划及河流、铁路、重要工业企业的位置和作用进行一般性的描述。

②设计依据和设计任务简述。简单介绍收纳水体的名称、流量、水质、污染状况、水文情况、利用情况，以及当地环保部门对水体排放污水的要求等。

2）排水量及污水处理程度计算。主要确定排水量标准，计算城市最高日排水量、居民最高日生活排水量、工程最高日生产排水量、未预排水量，即可得到该城市最高日设计排水量（注意：计算城市最高日最大时的排水量，用设计流量；计算城市平均日平均时排水量，用平均流量）。

污水处理程度主要根据以下标准确定：污水排放口处悬浮物的允许增加浓度和污水排放口的出水水质要求计算悬浮物的处理程度；河水中溶解氧的容许最低浓度、河水中 BOD_5 的最高允许浓度和污水排放口处出水水质要求计算 BOD_5 的处理程度；根据污水排放口出水水质要求计算氮、磷的处理程度。

3）污水厂设计计算。根据地形、气象、水文等原始资料，考虑城市总体规划、污水的再生利用与环境影响因素，通过技术经济比较选择适宜的厂址和处理方案，并加以说明。确定各处理构筑物的设计流量，确定各构筑物的形式和数目，根据确定的污水厂位置，初步进行污水厂的平面布置和高程布置，在此基础上确定构筑物的形状，有关尺寸和安装位置等。进行各构筑物的设计计算，定出各构筑物和各主要构件的尺寸。设计时要考虑到构筑物及其构件施工上的可能性，并符合建筑模数要求。绘制出各构筑物及其有关细部的计算图，根据各构筑物的具体尺寸，确定各构筑物在平面布置上的位置，完成平面布置。确定各构筑物之间连接管道的位置、管径、长度、材料及附属设施，最后确定污水厂的高程。

4）泵站工艺设计计算。主要包括泵站位置选择和构造形式、主要尺寸、设备型号与数量、技术性能说明、水泵工作点计算和流量扬程复核等计算，集水井的面积、平面尺寸、有效深度、进水格栅井计算等。要求画出水泵特性曲线和管路特性曲线。

5）工程概算和成本分析。根据各构筑物土建工程量，采用土建工程概算单价及当地建筑工程预算定额进行编制工程概算，包括机械与电气设备、监测与控制仪器仪表、分析化验设备等费用。成本分析包括处理吨水的运行费用以及含土建和设备折旧费在内的成本费用的计算和分析。

（5）结论。结论是对设计说明书主要内容的归纳总结，要体现设计创新点，用简明扼要的文字对设计工作进行归纳，一般为 400～1000 字。

（6）致谢。致谢包括在毕业设计进行过程中所受到的帮助及有关感受，一般 200～300 字。

（7）参考文献。参考文献是在设计任务书编制的过程中参考的文献及设计资料。

1.3　水处理设计常用的设计依据及设计基础方法

1.3.1　设计依据

1.3.1.1　常用的参考资料

（1）《室外给水设计标准》（GB 50013—2018）。

（2）《室外排水设计标准》（GB 50014—2021）。

（3）《泵站设计规范》（GB 50265—2010）。

（4）《给水排水设计手册》（1～12 册）。

（5）《环境工程技术手册——废水污染控制技术手册》。

（6）《地表水环境质量标准》（GB 3838—2002）。

（7）《污水综合排放标准》（GB 8978—1996）。

（8）《城镇污水处理厂污染排放标准》（GB 18918—2002）。

（9）《污水排入城镇下水道水质标准》（GB/T 31962—2015）。

（10）《高浊废水给水设计规范》（CJJ 40—2011）。

（11）《城市排水工程规划规范》（GB 50318—2017）。

（12）《污水自然处理工程技术规程》（CJJ/T 54—2017）。

（13）《城镇污水再生利用工程设计规范》（GB 50335—2016）。

（14）《农村生活污水处理工程技术标准》（GB/T 51347—2019）。

（15）《城市给水工程规划规范》（GB 50282—2016）。

除了上述设计参考资料，还需要关注国家节能减排与污染物总量控制规划或要求、城市总体规划、项目可行性研究报告、相关批复性文件和相关地方性标准或行业标准等。

1.3.1.2 基础资料

常用的基础资料包括气象、水文、水文地质、地质、地形、当地自然条件、社会经济情况、当地管线敷设及其他相关资料。其中，气象特征资料包括当地年平均气温、最高气温、最低气温、湿度、降水量、蒸发量、土壤冰冻情况、风向玫瑰图、平均风速和最大风速等资料；水文资料包括当地有关河流的最高水位、平均水位与最低水位、水流流速、流量等；水文地质情况主要是地下水的利用情况和地面水与地下水相互补给情况；地质资料包括水处理厂选址的土壤承载力、地质勘测报告、地面沉降、地震等资料；地形资料包括当地地形图、水流域图、河道断面图、所选水处理厂周围的地形详图等；当地自然条件包括选址周围的池塘、洼地、沼泽、山谷、自然资源等资料；社会经济资料是城市的规模、人口及其分布、功能规划布局、污染源分布、城市水体污染情况、区域水环境状况、现状污水量、水资源利用情况、排污企业情况、城市供水排水情况、污染治理情况、污水排放去向和标准等；当地管线敷设资料包括给水排水管网的分布、道路布局及供电、防洪、消防、通信、燃气、供热等地下管线的敷设情况；其他资料包括城市总体规划的说明和图纸、城市各部门的专业规划、本工程项目的可行性研究报告、当地建材市场的供应价格、征地及拆迁费用、劳动力工资标准及其他管理费用等。

1.3.2 设计的基础方法

1.3.2.1 水力计算表查表方法

A 给水管道的水力计算

给水管道一般采用压力流，即水充满整个管道，其管径及水头损失的计算方法如表1-20所示。

表 1-20 给水管道水力计算表

内　容	公　式	符号含义
管道管径/m	$D = \sqrt{\dfrac{4q}{\pi v}}$	q——管道流量，m^3/s；
管道总水头损失/m	$h_z = h_y + h_j$	v——平均水流速度，m/s，通常管网中最大设计流速不应超过$2.5 \sim 3m/s$，在输送浑浊原水时，为了防止沉淀，最低流速通常不小于$0.6m/s$。考虑管网的造价和管理费用，当管径为 $100 \sim 400mm$ 时，平均经济流速为 $0.6 \sim 0.9m/s$；但管径 $D \geqslant 400mm$ 时，平均经济流速为 $0.9 \sim 1.4m/s$；
管道局部水头损失/m	$h_j = \sum \xi \dfrac{v^2}{2g}$	
铸铁管、钢管的水力坡降 i	$i = \lambda \times \dfrac{1}{d_j} \times \dfrac{v^2}{2g}$	
	$v \geqslant 1.2m/s$ 时，$i = 0.00107 \dfrac{v^2}{d_j^{1.3}}$	g——重力加速度，$9.81m/s^2$；
	$v < 1.2m/s$ 时，$i = 0.000902 \dfrac{v^2}{d_j^{1.3}}\left(1 + \dfrac{0.867}{v}\right)^{0.3}$	d_j——管道的计算内径，m；
管道沿程水头损失/m	$h_y = il = \alpha l q^2$	ξ——管道局部水头损失系数，可查《给水排水设计手册》第一册；
混凝土管道单位长度的水头损失或水力坡降	$i = \dfrac{v^2}{C^2 R} = \dfrac{n^2 v^2}{R^{\frac{4}{3}}}$	

续表 1-20

内　容	公式	符号含义
比阻（见表1-21）	$\alpha = \dfrac{64}{\pi^2 C^2 d_j^5}$	l——管道长度，m；
输配水管道或配水管网沿程阻力系数	$\lambda = \dfrac{13.16 g d_j^{0.13}}{C_h^{1.852} q^{0.148}}$	n——管道的粗糙系数； R——水力半径，m； C——流速系数，当 $0.01 \leqslant n \leqslant 0.04$ 时，$C = \dfrac{1}{n} R^{\frac{1}{6}}$；
输配水管道或配水管网的沿程水头损失/m	$h_y = \dfrac{10.67 q^{1.852} l}{C_h^{1.852} d_j^{4.87}}$	C——流速系数（谢才系数）； C_h——海曾威廉系数，见表1-22

表 1-21　巴夫洛夫斯基公式的比阻 α 值（q 以 m^3/s 计）

公称直径 d/mm	$n=0.013$ $\alpha = \dfrac{0.001743}{d_j^{5.33}}$	$n=0.014$ $\alpha = \dfrac{0.002021}{d_j^{5.33}}$	公称直径 d/mm	$n=0.013$ $\alpha = \dfrac{0.001743}{d_j^{5.33}}$	$n=0.014$ $\alpha = \dfrac{0.002021}{d_j^{5.33}}$
100	373	432	500	0.0701	0.0813
150	42.9	49.8	600	0.02653	0.03076
200	9.26	10.7	700	0.01167	0.01353
250	2.82	3.27	800	0.00573	0.00664
300	1.07	1.24	900	0.00306	0.00354
400	0.23	0.267	1000	0.00174	0.00202

表 1-22　海曾威廉系数 C_h 值

管道材料	C_h	管道材料	C_h
塑料管	150	新铸铁管、沥青管或水泥的铸铁管	130
石棉水泥管	120~140	使用五年的铸铁管、焊接钢管	120
混凝土管、焊接钢管、木管	120	使用十年的铸铁管、焊接钢管	110
水泥衬里管	120	使用二十年的铸铁管	90~110
陶土管	110	使用三十年的铸铁管	75~90

　　公称直径 d 与计算内径 d_j 的区别：以钢管和铸铁管水力计算表的内径尺寸为例，公称直径 d 小于300mm 的钢管及铸铁管，考虑锈蚀和沉垢的影响，用管道内径减去1mm 得到计算内径。例如，公称直径150mm 的钢管，外径为168mm，内径148mm，计算内径 d_j 为147mm；内径为150mm 的铸铁管，计算内径 d_j 为149mm。对于公称直径大于等于300mm 的钢管及铸铁管，不考虑直径的减小。例如，公称直径 d 为1000mm 的钢管，外径为1020mm，内径为1000mm，计算内径 d_j 为1000mm；内径为300mm 的铸铁管，计算内径 d_j 也是300mm。

　　工程中一般通过查水力计算表的方法来确定管道的直径、水力坡度。例如表1-23 中数据，如果已知钢管管道流量为21L/s 时，要求管道内水流速度为 0.8~1.2m/s（流速范围可以根据所设计管道的性质选择对应设计参数），在此可以选择公称直径为175mm 的管径，此时管道内平均流速为0.89m/s，水力坡度 $i = 0.00872$。

表 1-23 钢管水力计算表（节选）

Q		DN									
		125		150		175		200		225	
m³/h	L/s	v	1000i	v	1000i	v	1000i	v	1000i	v	1000i
68.4	19	1.55	38.3	1.12	16.4	0.81	7.25	0.62	3.71	0.48	2.02
70.2	19.5	1.59	40.4	1.15	17.2	0.83	7.62	0.63	3.89	0.49	2.12
72	20	1.63	42.5	1.18	18.1	0.85	7.98	0.65	4.07	0.51	2.21
73.8	20.5	1.67	44.6	1.21	18.9	0.87	8.35	0.67	4.27	0.52	2.31
75.6	21	1.71	46.8	1.24	19.8	0.89	8.72	0.68	4.46	0.53	2.42

B　排水管渠的计算方法

排水管渠的设计以重力流为主，不设或少设提升泵站，但当无法采用重力流时，可以采用压力流。重力流与压力流不同的是压力流是满流，而重力流是非满流，即污水管道中水深 h 和管道直径 D 的比值（设计充满度）小于 1，管道中有自由水面，如图 1-18 所示。

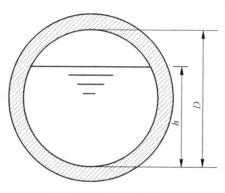

图 1-18　充满度示意图

污水管道的水力计算公式如表 1-24 所示。

表 1-24　污水管道的水力计算公式

内　容	公　式	符号含义
流量/m³·d⁻¹	$Q = Av$	A——过水断面的面积，m^2；
流速/m·s⁻¹	$v = C\sqrt{RI} = \frac{1}{n}R^{\frac{2}{3}}I^{\frac{1}{2}}$	R——水力半径，过水断面面积与湿周的比值，m； I——水力坡度（等于水面坡度，也等于管底坡度）；
流速系数	$C = \frac{1}{n}R^{\frac{1}{6}}$	n——管壁粗糙系数，见表 1-25

表 1-25　排水管渠的粗糙系数

管道类型	粗糙系数 n	管道类型	粗糙系数 n
PVC-U 管、PE 管、玻璃钢管	0.009～0.011	浆砌砖渠道	0.015
石棉水泥管、钢管	0.012	浆砌块石渠道	0.017
陶土管、铸铁管	0.013	干砌块石渠道	0.020～0.025
混凝土管、钢筋混凝土管	0.013～0.014	土明渠（包括带草皮）	0.025～0.030

在污水管道的水力计算中，设计流量及设计流速与过水断面面积有关，而流速则是管壁粗糙系数、水力半径和水力坡度的函数。为了保证污水管道的正常运行，在进行污水管道水力计算时，应该注意设计充满度、设计流速、最小管径和最小设计坡度这四个参数，其中关于设计流速和设计充满度的一般规定见表1-26；最小管径与相应的最小设计坡度的一般规定见表1-27。

表1-26　流速、充满度的一般规定

管径/mm	最大设计流速/m·s^{-1}		最大设计充满度	在设计充满度下最小设计流速/m·s^{-1}
	金属管	非金属管		
200~300	≤10	≤5	0.55	0.6
350~450			0.65	
500~900			0.70	
>1000			0.75	

表1-27　最小管径与相应的最小设计坡度的一般规定

管道类型	最小管径/mm	相应的最小设计坡度
工业废水管道	200	0.004
污水管	300	塑料管0.002，其他管为0.003
雨水管和合流管	300	塑料管0.002，其他管为0.003
雨水口连接管	200	0.01
压力输泥管	150	—
重力输泥管	200	0.01

在进行污水管道设计计算时，通常污水设计流量已知，需要确定的是管道的管径和水力坡度。这就要求考虑在规定的设计充满度和设计流速的情况下，选择合适的管道断面尺寸，保证能够排泄设计流量。在选择断面尺寸时，需要注意对应的管道坡度，第一方面是管道坡度的选择尽可能与地面坡度平行敷设，以免增大管道埋深；第二方面要保证管道坡度不能小于最小设计坡度，以免管道内流速达不到最小设计流速而产生淤积；第三方面需要避免管道坡度太大使流速大于最大设计流速而导致管壁受到过大冲刷。

在工程设计中，管道管径和水力坡度的选择通常是通过水力计算表进行查找的，下面介绍一下排水管道水力计算表的应用。

已知一污水管道采用钢筋混凝土圆管，管壁粗糙系数$n=0.014$，设计流量$Q=40$L/s，分析管道的管径及水力坡度。

在查找水力计算表之前，首先分析管道的设计规定，要求管道最小设计流速为0.6m/s，这就说明流速要比0.6m/s大，且污水管的最小管径为300mm，最小设计坡度为0.003。先查管径$D=300$mm的钢筋混凝土圆管（$n=0.014$）的水力计算表（见表1-28），此时最大设计充满度为0.55。若管径为300mm时，满足最大设计充满度的要求，设计流量为40L/s，则需要水力坡度5.8‰，流速为1.01m/s，考虑管道坡度最好不要太大，避免增大埋深。此时可以放宽管径要求，尽量保证水力坡度稍微大于3‰或等于3‰即可。如表1-29所示，此时可以选择管径350mm，设计充满度为0.5（不大于最大设计充满度

0.65)，水力坡度 3.5‰，设计流速 0.83m/s（大于最小流速 0.6m/s）；也可以选择水力坡度 3.1‰，设计充满度 0.52，设计流速 0.79m/s。

表 1-28 钢筋混凝土圆管（非满流，$n=0.014$）水力计算表（$D=300$）节选

h/D	$I/‰$												
	3.0		3.1		3.2		3.3		3.4		3.5		3.6	
	Q	v	Q	v	Q	v	Q	v	Q	v	Q	v	Q	v
0.55	28.81	0.72	29.28	0.74	29.75	0.75	30.21	0.76	30.67	0.77	31.11	0.78	31.56	0.79

h/D	$I/‰$												
	5.5		5.6		5.7		5.8		5.9		6.0		6.5	
	Q	v	Q	v	Q	v	Q	v	Q	v	Q	v	Q	v
0.55	39	0.98	39.36	0.99	39.71	1.00	40.05	1.01	40.4	1.01	40.74	1.02	42.4	1.06

表 1-29 钢筋混凝土圆管（非满流，$n=0.014$）水力计算表（$D=350$）节选

h/D	$I/‰$												
	3.0		3.1		3.2		3.3		3.4		3.5		3.6	
	Q	v	Q	v	Q	v	Q	v	Q	v	Q	v	Q	v
0.50	37.09	0.77	37.71	0.78	38.31	0.8	38.9	0.81	39.49	0.82	40.07	0.83	40.63	0.84
0.55	43.45	0.8	44.17	0.81	44.88	0.83	45.57	0.84	46.26	0.85	46.93	0.87	47.6	0.88

1.3.2.2 内插法

内插法，一般用于等比关系，是用一组已知的未知函数的自变量的值和它对应的函数值来求未知函数其他值的近似计算方法。在工程设计中，主要是辅助水力计算表查表方法使用。例如，已知钢管管道流量为 74.5m³/h，要求管内流速为 0.8～1.2m/s，现在根据水力计算表判断公称管径选择 175mm 时，符合流速要求。已知管道流量为 73.8m³/h，管径 175mm 时，流速为 0.87m/s，水力坡度为 0.00835；管道流量为 75.6m³/h，管径 175mm 时，流速为 0.89m/s，水力坡度为 0.00872，可以采用内插法估算管道流速及水力坡度。设管道流量为 74.5m³/h 时，管道流速为 v，水力坡度为 i，则：$\dfrac{74.5-73.8}{75.6-74.5}=\dfrac{v-0.87}{0.89-v}$，

$v=0.878$m/s；$\dfrac{74.5-73.8}{75.6-74.5}=\dfrac{i-0.00835}{0.00872-i}$，$i=0.00849$。

思 考 题

1-1 总结尺寸标注的注意事项。

1-2 分析平面图和剖面图绘制的注意事项。

1-3 一排水管道，已知管壁粗糙系数为 0.014，管道直径是 300mm，水力坡度为 0.004，管内水深为 150mm，求该管内污水流速。

1-4 已知净水厂一段满流管路全长 30m，管壁粗糙度为 0.5mm，管径 20cm，管道流速为 0.9m/s，此管路上装有一个 90°弯头，一个全开的闸阀，求该管路的沿程和局部水头损失。

2 水处理工艺比选及设计流量的确定

2.1 净水工艺选择

2.1.1 净水工艺及适用条件

给水处理工艺中主要的处理方法有混凝沉淀、过滤、化学沉淀、离子交换、膜处理、化学氧化及消毒、曝气、吸附及生物处理等方式。

净水工艺及构筑物的选择如表 2-1 所示。

表 2-1 净水工艺及构筑物选择

净水工艺		构筑物名称	适用条件
高浊度水预沉淀	自然沉淀	天然预沉池	适用于原水中悬浮物多为砂性大颗粒的情况
		平流式预沉池	
		辐流式预沉池	
	混凝沉淀	斜管预沉池	适用于原水中悬浮物多为黏性颗粒的情况
		沉砂池	
	澄清	水旋澄清池	宜用于中、小型工程的高浊度水处理，进水含砂量可为 60~80kg/m³
		机械搅拌澄清池	宜用于高浊度水处理的中小型工程，进水含砂量低于 40kg/m³
		悬浮澄清池	可建成单层式或双层式，其中双层式适用于高浊度水的处理，进水含砂量不大于 25kg/m³
化学预氧化	臭氧预氧化		适用于去除水中的色度、嗅味、氧化铁、锰，控制藻类和其他微生物生长，并可以改善絮凝
	高锰酸钾预氧化		
	预氯化		
	二氧化氯预氧化		
粉末活性炭吸附			原水在短时间内含有较高浓度溶解性有机物，具有异臭异味时
生物预处理		弹性填料生物接触氧化池	原水中氨氮、嗅阈值、有机物、藻含量较高，可生化性较好，水温一般在 5℃以上
		陶粒填料生物滤池	
		轻质填料生物滤池	
		悬浮填料生物接触氧化池	
一般原水沉淀	混凝沉淀	平流沉淀池	进水浊度一般小于 5000NTU，短时间内允许达到 10000NTU
		斜管（板）沉淀池	进水浊度一般为 500~1000NTU，短时间内允许达到 3000NTU

续表 2-1

净水工艺		构筑物名称	适用条件
一般原水沉淀	澄清	机械搅拌澄清池	进水浊度一般低于 3000NTU，短时间内允许达到 3000~5000NTU
		水力循环澄清池	进水浊度一般低于 500NTU，短时间内允许达到 2000NTU
		脉冲澄清池	进水浊度一般低于 3000NTU
		悬浮澄清池（单层）	进水浊度一般低于 3000NTU
		悬浮澄清池（双层）	进水浊度一般达到 3000~10000NTU
		高效沉淀池	进水浊度一般低于 10000NTU
气浮		平流式气浮池	原水中藻类和轻质悬浮物较多，浊度一般小于 100NTU
		竖流式气浮池	
普通过滤		普通快滤池	进水浊度一般不超过 5NTU
		双阀滤池	
		V 型滤池	
		双层或多层滤料滤池	
		虹吸滤池	
		重力无阀滤池	
		压力滤池	
		翻板滤池	
接触过滤（微絮凝过滤）		接触双层滤池	进水浊度一般不超过 25NTU
		接触压力滤池	
		接触无阀滤池	
		接触普通滤池	
微滤机			原水中藻类、纤维类、浮游物较多时
深度处理	氧化	臭氧接触池	原水受有机污染较严重
		臭氧接触塔	
	吸附	活性炭吸附池	
消毒	液氯		有条件供应液氯地区
	氯胺		原水中有机物较多或管网较长地区
	次氯酸钠		有条件供应和管网中途加氯
	二氧化氯		原水中有机物较多
膜处理	微滤/超滤		主要截留悬浮物、胶体、细菌、病原微生物及部分大分子有机物
	纳滤		可以截留水中大部分有机物和部分无机离子、病毒
	反渗透		可以截留水中绝大部分无机离了和有机物，适用于纯水制备，海水或苦咸水淡化
	电渗析		用于海水淡化和除盐

2.1.2　净水处理工艺的选择

2.1.2.1　常用的净水工艺

当进水浊度低于3000NTU时，或含有少量藻类（可在混凝沉淀前加杀藻药剂），一般采用原水→混凝沉淀（或澄清）→过滤→消毒。

当进水浊度不超过25NTU，且无藻类繁殖时，一般采用原水→接触过滤→消毒。

当进水浊度低于100NTU，且有藻类或轻质悬浮物时，一般采用原水→混凝→气浮→过滤→消毒。

当浊度较高，且含藻量较大时，一般采用原水→混凝沉淀→气浮→过滤→消毒。

当原水含砂量较大时，一般采用原水→预沉淀→混凝沉淀（或澄清）→过滤→消毒。

2.1.2.2　受微量有机物污染的净水工艺

受微量有机物污染的水源在处理时一般考虑增加预处理或深度处理措施，比如增加臭氧氧化、活性炭吸附及生物预处理等方法。常采用的工艺如下所示：

（1）原水→臭氧预氧化（生物预处理）→混凝沉淀（或澄清）→过滤→消毒；

（2）原水→混凝沉淀（或澄清）→过滤→活性炭吸附（臭氧接触氧化）→消毒；

（3）原水→臭氧预氧化（生物预处理）→混凝沉淀（或澄清）→过滤→臭氧接触氧化→活性炭吸附→消毒；

（4）原水→臭氧预氧化→生物预处理→混凝沉淀（或澄清）→过滤→臭氧接触氧化→活性炭吸附→消毒。

2.1.2.3　含铁、含锰、含氟水的净水处理

A　常用的除铁工艺

（1）原水→Cl_2→混凝→沉淀→过滤；

（2）原水→曝气→氧化沉淀→过滤（溶解性硅酸含量较高及色度较高时不适用）；

（3）原水→曝气→FeOOH滤层过滤（还原性物质多和氧化速度快及色度高时不适用）。

B　常用的除锰工艺

（1）原水→$KMnO_4$→混凝→沉淀→氯接触过滤；

（2）原水→Cl_2→锰砂过滤；

（3）原水→曝气→生物过滤。

C　常用的除铁除锰工艺

（1）原水→Cl_2→混凝→沉淀→过滤（除铁）→过滤（除锰）；

（2）原水→曝气→过滤（除铁）→Cl_2（$KMnO_4$）→过滤（除锰）；

（3）原水→曝气→生物除铁除锰过滤；

（4）原水→曝气→过滤（除铁）→曝气→生物除锰过滤。

D　常用的除氟工艺

（1）原水→空气分离→吸附过滤（常用滤料为活性氧化铝、骨炭等）；

（2）原水→混凝（常用絮凝剂主要为铝盐）→沉淀→过滤（适用于含氟量较低的情况）；

（3）原水→过滤→反渗透（电渗析）（适用于含氟苦咸水的淡化）。

2.2 污水处理工艺

2.2.1 污水处理的方法

污水处理的任务是采用各种方法和技术措施将污水中所含有的各种形态的污染物分离出来或将其分解、转化为无害和稳定的物质，使污水得到净化。如果按照处理原理进行分类，污水处理基本方法可以分为物理处理、化学处理和生物处理，或几种方法配合使用。如果按照水质状况及处理后出水的去向确定其处理程度，污水处理一般可分为一级处理、二级处理和三级处理。

2.2.1.1 一级处理

污水一级处理又称为污水物理化学处理，即用格栅、筛网、沉砂池、沉淀池、隔油池、气浮池、中和池、混凝池等构筑物，去除废水中的固体悬浮物、浮油，初步调整 pH值，减轻废水的腐化程度。通过格栅、筛网等筛分的方法去除较大物质；通过沉砂池、沉淀池等重力沉淀的方法去除无机颗粒和相对密度大于 1 的有凝聚性的有机颗粒；通过隔油池、气浮池等浮选的方法去除相对密度小于 1 的颗粒物或油类。通过水解酸化池将污水中的大分子物质转化为小分子物质。可通过中和池用化学方法消除污水中过量的酸和碱，使其 pH 值达到 7 左右。可通过混凝池使微小的悬浮固体、胶体颗粒聚集形成较大颗粒，从而提高沉淀效率。污水经一级处理后，一般达不到排放标准，故通常又称为预处理阶段，以减轻后续处理工序的负荷和提高处理效果。

A 筛分法

筛分法是利用筛分介质截流污水中的悬浮物。主要的处理设备是格栅、筛网，通常布置在污水处理厂或泵站的进水口，以防止管道、机械设备及其他装置堵塞。格栅主要用于截留污水中大于栅条间隙的漂浮物，筛网的网孔较小，主要滤除废水中的纤维、纸浆等细小的悬浮物，从而保证后续处理的正常运行。

B 沉淀法

污水流入池内，由于流速降低，污水中的固体物质在重力作用下进行沉淀，固体物质与水分离。沉淀法分离效果好，简单易行，应用广泛，如污水处理厂的沉砂池和沉淀池。沉砂池主要去除污水中密度较大的固体颗粒，沉淀池则主要用于去除污水中大量的呈颗粒状的悬浮固体。

C 气浮法

对一些相对密度接近于水的细微颗粒，因其自重难在水中下沉或上浮，可采用气浮装置。此法将空气打入污水中，并使其以微小气泡的形式由水中析出，污水中密度近于水的微小颗粒状的污染物质黏附到气泡上，并随气泡升至水面，形成泡沫浮渣而去除。根据空气打入方式的不同，气浮处理设备有加压溶气气浮法、叶轮气浮法和射流气浮法等。为提高气浮效果，有时需向污水中投加混凝剂。

D 离心与旋流分离

使含有悬浮固体或乳化油的污水在设备中进行高速旋转，由于悬浮固体和废水的质量不同,受到的离心力也不同,质量大的悬浮固体被抛甩到污水外侧,这样就可使悬浮固体和污水分别通过各自出口排出设备之外,从而使污水得以净化。

E 中和法

中和法主要用于处理酸碱性的污水。处理含酸污水以碱为中和剂,处理含碱污水以酸作中和剂,也可以吹入含 CO_2 的烟道气进行中和。酸或碱均指无机酸和无机碱,一般应依照"以废治废"的原则,亦可采用药剂中和处理,可以连续进行,也可间歇进行。

F 强化一级处理——混凝法

混凝法是向污水中投加一定量的药剂,经过脱稳、架桥等反应过程,使水中的污染物凝聚并沉降。水中呈胶体状态的污染物质通常带有负电荷,胶体颗粒之间互相排斥形成稳定的混合液,若水中带有相反电荷的电介质(即混凝剂)可使污水中的胶体颗粒为呈电中性,并在分子引力作用下凝聚成大颗粒下沉。这种方法用于处理含油废水、染色废水、洗毛废水等,该法可以独立使用,也可以和其他方法配合使用。常用的混凝剂有硫酸铝、碱式氯化铝、硫酸亚铁、三氯化铁等。

2.2.1.2 二级处理

污水二级处理是污水经一级处理后,再经过具有活性污泥的曝气池及沉淀池,使污水进一步净化的工艺过程。经过二级处理后的污水一般可以达到农灌水的要求和废水排放标准,但在一定条件下仍可能造成天然水体的污染。通常人们习惯把二级处理称为生物处理。

生物处理的主要工艺有活性污泥法、AB 法、A/O 法、A^2/O 法、SBR 法、氧化沟法、稳定塘法、土地处理法等多种处理方法。生物处理的原理是通过生物作用,尤其是微生物的新陈代谢功能,完成有机物的分解和生物体的合成,将有机污染物转变成无害的气体产物(CO_2)、液体产物(水)以及富含有机物的固体产物(微生物群体或称生物污泥);多余的生物污泥在沉淀池中经沉淀池固液分离,从净化后的污水中除去。

生物处理法可分为好氧处理法和厌氧处理法两类。前者处理效率高,效果好,使用广泛,是生物处理的主要方法。通常采用的生物处理法工艺有以下几种,其优缺点和适用条件见表 2-2。

表 2-2 生物处理法的优缺点和适用条件

类型	优　点	缺　点	适用条件
活性污泥法	处理程度高、负荷高、占地面积小、设备简单	能耗高、运行管理要求高、可能发生污泥膨胀,具有生物脱氮功能,只能在低负荷下实现	城市污水处理;有机工业废水处理;适用于大、中、小型污水处理厂
生物膜法	运行稳定、操作简单、耐冲击负荷能力强、能耗较低、产生污泥量少、易分离、具有脱氮功能	负荷较低、处理程度较低、占地面积较大、造价较高	城市污水处理;有机工业废水处理;特别适用于低含量有机废水处理;适用于中、小型污水处理厂
厌氧法	运行费用低、可回收沼气、耐冲击负荷、对营养物要求低	处理程度低、出水达不到排放要求、负荷低、占地面积大、产生臭气、启动时间长	高有机废水处理、污泥处理

类型	优 点	缺 点	适用条件
稳定塘	充分利用地形、工程简单、投资省、能耗少、维护方便、成本低、污水处理和利用相结合	占地面积大、污水处理效果受季节、气候影响；防渗漏处理不当，可能污染地下水；易散发臭气和滋生蚊蝇	作为二级处理的深度处理、城市污水处理、有机工业废水处理
土地处理法	能耗少、处理成本低、充分利用污水中的营养物质和水，使污水处理和利用有机的结合为一体，土地处理系统属于环境生态工程	占地面积大、污水处理效果受季节、气候影响；预处理不当，可能污染土壤和地下水；操作管理不当，有可能造成土壤堵塞	作为二级处理的深度处理、城市污水处理、有机工业废水处理

（1）活性污泥法是当前应用最为广泛的一种生物处理技术。将空气连续鼓入大量溶解有机污染物的污水中，经一段时间，水中形成大量好氧性微生物的絮凝体——活性污泥，活性污泥能够吸附水中的有机物，生活在活性污泥上的微生物以有机物为食料，获得能量，并不断生长增殖，将有机物分解、去除，使污水得以净化。

（2）生物膜法。污水连续流经固体填料，在填料上能够形成污泥垢状的生物膜，生物膜上繁殖大量的微生物，吸附和降解水中的有机污染物，能起到与活性污泥同样的净化污水作用。从填料上脱落下来死亡的生物膜随污水流入沉淀池，经沉淀池被澄清净化。生物膜法有多种处理构筑物，如生物滤池、生物转盘、生物接触氧化池和生物流化床等。

（3）厌氧生物处理法。利用兼性厌氧菌在无氧条件下降解有机污染物，主要用于处理高浓度难降解的有机工业废水及有机污泥，主要构筑物是消化池。近年来这个领域有很大的进展，开创了一系列的新型高效厌氧处理构筑物，如厌氧滤池、厌氧转盘、上流式厌氧污泥床（UASB）、厌氧流化床等高效反应装置。该法能耗低且能产生能量，污泥产量少。

2.2.1.3 三级处理

三级处理又称为深度处理或高级处理。其处理的主要对象是：营养性污染物及其他溶解物质或者水中残留的细小悬浮物、难生物降解的有机物、盐分等。采用的方法有氧化还原法、电解法、吸附、离子交换、膜分离等。

（1）氧化还原法，即污水中呈溶解状态的有机和无机污染物，在投加氧化剂和还原剂后，由于电子的迁移而发生氧化和还原作用形成无害的物质。常用的氧化剂有空气中的氧、漂白粉、臭氧、二氧化氯、氯气等，氧化法多用于处理含酚、含氰废水。常用的还原剂则有铁屑、硫酸亚铁、亚硫酸氢钠等，还原法多用于处理含铬、含汞废水。

（2）电解法，即在废水中插入电极并通过电流，则阴极板上接收电子，阳极板上放出电子。在水的电解过程中，阳极产生氧气，阴极产生氢气。上述综合过程使阳极发生氧化作用，在阴极上发生还原作用。目前电解法主要用于处理含铬及含氰废水。

（3）吸附法。污水吸附处理主要是利用固体物质表面对污水中污染物质的吸附，吸附可分为物理吸附、化学吸附和生物吸附等。物理吸附是吸附剂和吸附质之间在分子力作用下产生的，不产生化学变化，而化学吸附则是吸附剂和吸附质在化学键力作用下引起的吸附作用，因此化学吸附选择性较强。在污水处理中常用的吸附剂有活性炭、磺化煤、焦炭等。

（4）化学沉淀法。向污水中投加某种化学药剂，使它和其中某些溶解物质产生反应，生成难溶盐沉淀下来。多用于处理含重金属离子的工业废水。

（5）离子交换法。在污水处理中应用较广，使用的离子交换剂分为无机离子交换树脂、有机离子交换树脂。采用离子交换法处理污水时，必须考虑树脂的选择性。树脂对各种粒子的交换能力是不同的，这主要取决于各种离子对该种树脂亲和力的大小，另外还要考虑到熟知的再生方法等。

（6）膜分离法。渗析、电渗析、超滤、反渗透等通过一种特殊的半渗透膜分离水中的离子和分子，统称为膜分离法。电渗析法主要用于水的脱盐，回收某些金属离子等。反渗透与超滤均属于膜分离法，但其本质又有不同。反渗透作用主要是膜表面化学本性所起的作用，它分离的溶质粒径小，除盐率高，所需工作压力大；超滤所用材质和反渗透可以相同，但超滤是筛滤作用，分离溶质粒径大，透水率高，除盐率低，工作压力小。

2.2.2　污水处理的工艺流程

2.2.2.1　生活污水处理的工艺流程

目前，我国城市污水一般采用二级生物处理工艺。常用的工艺流程如下：

（1）传统活性污泥法工艺流程。

废水 → 格栅 → 沉砂池 → 沉池 → 曝气池 → 二沉池 → 消毒 → 出水
　　　　　　　　　　　　　　　　回流污泥　　　　　　　剩余污泥

（2）序批式活性污泥法工艺流程。

废水 → 格栅 → 沉砂池 → 一沉池 → SBR反应器 → 消毒 → 出水
农肥或填埋 ← 污泥浓缩脱水 ← 污泥调节池 ← 剩余污泥

（3）氧化沟工艺。

废水 → 格栅 → 沉砂池 → 一体化氧化沟 → 消毒 → 出水
外运 ← 干化污泥 ← 剩余污泥

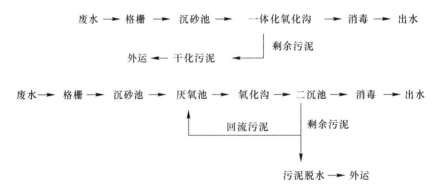

（4）AB工艺。

废水 → 格栅 → 沉砂池 → A段曝气池 → 中间沉淀池 → B段曝气池 → 二沉池 → 消毒 → 出水
　　　　　　　　回流污泥　　　　　　　　　回流污泥　　　　　剩余污泥

（5）A²/O工艺。

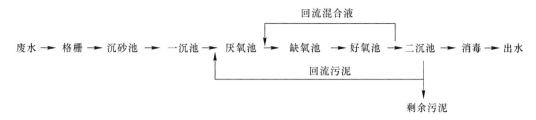

（6）生物滤池工艺。

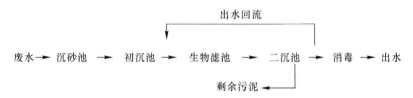

2.2.2.2 城镇污水回用的组合工艺

随着我国经济的快速发展和城市化进程的加快，水资源短缺现象在城镇尤为突出，因此城镇污水资源化的问题成为人们关心的焦点。由于城镇污水量大且集中，就近可取，基建投资省，处理成本低，是可以开发利用的重要水源，进行城镇污水回用具有一定现实意义。因此可以根据不同的水质特点和回用用途，将达标外排的污水进行处理并回用，所采用的处理方式主要是三级处理中的处理方法。

可根据回用用途不同，对处理技术进行选择，见表2-3。

表2-3 回用用途及对应的处理组合技术

回用用途	重点去除的特征污染物	特征污染物的危害	可采用的深度处理组合工艺
工业循环冷却水	硬度、无机盐、有机物	引起结垢、腐蚀；管道设备中滋生微生物	二级处理出水（→深度生物处理）→混凝沉淀→过滤→部分软化或部分脱盐→消毒→回用
农业灌溉用水	无机盐、重金属等有毒有害物质	引起土壤盐渍化；影响食品安全，带来健康危害	二级处理出水→混凝沉淀或过滤（→部分脱盐）→消毒→回用； 二级处理出水→土地处理或生态处理→回用
城市杂用水	持久性有机物、病原微生物	威胁公众健康，传播疾病	二级处理出水→混凝沉淀或过滤→化学氧化剂消毒→回用
城镇绿化用水	无机盐、氨氮、病原微生物	引起土地盐碱化，危害植物，传播疾病	二级处理出水（→深度生物处理）→混凝沉淀（→部分脱盐）→非氯消毒→回用
居民卫生用水	色度、浊度、有机物、病原微生物	影响感官，卫生器具中滋生微生物，传播疾病	二级处理出水（→深度生物处理）→混凝沉淀或过滤→氯消毒→回用
景观环境补水	氮、磷、有毒有害污染物	引起水体富营养化，危害水生生物	二级处理出水→脱氮除磷强化处理→混凝（化学）沉淀或过滤（→膜法过滤）→非氯消毒→回用
地下回灌补给水	总氮、有毒有害污染物	恶化地下水质	二级处理出水（→深度生物处理）→混凝沉淀或过滤→膜处理或高级氧化或活性炭吸附→消毒→回灌

2.2.2.3　工业废水的处理工艺

A　制浆造纸工业的污水处理

目前国内外制浆造纸工业废水的处理流程通常为：首先经过物理或物理化学的方法去除大部分悬浮物以及一部分有机物，主要技术有机械澄清、重力沉淀、混凝沉淀、气浮、筛滤等；然后采用生物法去除废水中的大部分可生物降解的有机物，常用技术有活性污泥法、氧化沟法、生物转盘等好氧生物技术以及厌氧接触法、厌氧流化床等厌氧生物技术，对于高浓度有机废水，可以采用厌氧与好氧结合的技术；最后根据不同的排放和回用要求，采用混凝沉淀、膜分离、高级氧化等技术对二级处理出水进行三级处理。

造纸行业污水处理工艺流程为：

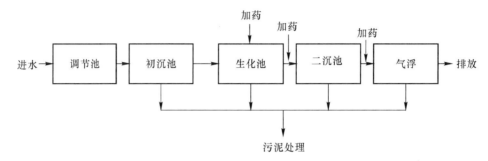

B　硫酸工业废水的处理

硫酸废水中主要污染物是氟和砷的化合物，砷具有积累性中毒作用。由于废水中有毒污染物多，所以治理比较困难，且严重污染环境。目前我国常采用的处理方法有：（1）中和法。采用电石渣对硫酸废水进行中和处理，废水经处理、澄清过滤后排放。该法主要去除水中砷、氟及重金属浓度低的废水。如果原料矿中杂质含量较高，该法处理后的废水中砷的浓度难于达到排放要求。（2）石灰-铁盐法。采用石灰乳、硫酸亚铁等絮凝剂处理硫酸废水，从而降低砷、氟浓度，但处理后才产生的污泥量大，难于处理。（3）中和-絮凝-氧化法。采用电石渣进行中和，使砷、氟、重金属以及硫化物等沉淀，在絮凝剂的作用下，使之与废水中的硫铁矿渣一起去除，再氧化除去硫化物后排放。经处理后，废水中的各项有害物质含量都大幅度下降。

C　有机磷农药废水的处理

有机磷农药废水毒物浓度高，COD 浓度一般为 5000～80000mg/L，甚至有的高达十几万毫克/升；废水成分组成复杂，含有各种农药中间体磷、硫化物、盐类、芳香族化合物和卤代芳烃有机磷、硫化物，不仅有毒而且难于降解。当前我国对农药废水处理一般以生化法为主，常采用的工艺有活性污泥法、表面加速曝气法、鼓风曝气、接触氧化等。针对该废水毒物浓度高且生物降解困难的特点，通常会补充预处理技术，以提高生化处理效果。

常采用的预处理技术如下：一是吸附法，吸附剂可采用活性炭或树脂。二是水解法，水解法可分为碱性水解和酸性水解。碱性水解常用的碱是氢氧化钠或石灰乳，酸性水解主要是在酸性条件下，使废水中硫代磷酸酯水解成二烷基磷酸，再进一步水解成正磷酸和硫化氢，之后在碱性条件下从废水中逸出的硫化氢与石灰乳中和，生成硫氢酸钙，正磷酸与石灰乳中和生成磷酸钙，形成磷沉淀去除。三是溶剂萃取法，用 N503、7301 树脂等萃取剂处理磷胺中间体亚磷酸三甲酯，除草剂二甲四氯含酚废水及乐果洗涤废水中粗乐果，可有效回收废水中的酚、乐果等有用物质。四是湿式氧化法，废水 COD 超过 50000mg/L 时采用，该法是将农药废水在高温高压下，不断通入空气（或氧气），使有毒的有机物氧化分解为无毒物质。

D　染料工业废水

染料废水中含有大量卤代物、硝基物、氨基物、苯胺及酚类等有毒物质，有些物质难以生物降解；还有氯化物、硫化物、硫酸钠等无机盐类；COD 一般在 3000～10000mg/L，有的高达数万毫克/升；废水色度达到千倍甚至数万倍。染料工业废水处理常采用物理化学法、生物法、化学法等组合工艺。

物理化学法常采用的是吸附法，选用活性炭、活化煤、焦炭、煤渣、树脂、木屑、离子交换树脂、硅藻土、粉煤灰等吸附剂，用来除色和去除废水中难生物降解的污染物。膜分离技术也是染料废水中常用的处理方法，主要是以超滤和反渗透为主。

生物法主要采用强化技术，例如投加专门培养的优势菌种；投加营养物和基质类似物，增加碳源和能源物质；利用基因工程投加遗传工程菌酶，专门性强。除此之外，一般将生物法与其他工艺优化组合，从而延长水力停留时间、增加泥龄，提高微生物有效浓度，增加污染物与微生物接触时间。如添加粉末活性炭活性污泥工艺、厌氧-好氧工艺。

化学法主要通过加化学药剂进行处理，染料废水中常采用的化学法有化学混凝法，混凝剂主要是以铝盐和铁盐为主的无机混凝剂和有机高分子混凝剂。化学氧化法主要利用氧化剂，如过氧化氢、高锰酸钾、臭氧、氯等破坏染料分子结构，达到脱色的目的。除此之外，还有光催化氧化法、电化学氧化法等方法可对染料废水进行脱色。

E　炼油厂的工业废水

炼油厂的工业废水主要含有油、硫化物、氨、挥发酚等物质。对于粒径较大的浮油和部分分散油可采用重力除油的方法，例如隔油池和油水分离装置；对于乳化油可以采用过滤法（针对油脂吸附的滤料有特制纤维、玻璃纤维、锯木屑、塑胶颗粒等）、气浮法（为了提高气浮效果，在回流加压溶气气浮工艺中向废水投加硫酸铝、氯化铝、硫酸铁、氯化铁或高分子絮凝剂）、混凝法去除。溶解油可采用吸附法和生化法去除。例如炼油厂可选用臭氧氧化法和活性炭吸附法去除油类、酚类、氰及色度，一般作为三级处理流程。采用生物处理方法去除废水中的油类、有机污染物、氨氮，如 AO 工艺、曝气生物滤池工艺、水解酸化-好氧生物处理工艺、生物转盘法。含硫废水可采用汽提法、空气氧化法、催化法去除。含酚废水通常采用烟道气或蒸汽汽提、溶剂萃取法去除。废碱液通常采用烟道气和硫酸中和或者炼油厂用废碱液吸收气体中的硫化氢，回收硫氢化钠或硫化钠。

F　纺织废水的处理

纺织废水主要处理对象是不易生物降解的有机物、染料色素及有毒物质。棉纺工业废水一般采用水解酸化+好氧生物处理装置+混凝沉淀的处理方法（活性炭吸附、混凝气浮、活性硅藻土吸附、臭氧法）；毛纺工业废水处理主要工艺流程是预曝气→加压浮选→活性污泥法→混凝沉淀→排放；麻纺工业废水处理主要采用 UASB+接触氧化工艺，水解酸化+气浮+SBR 工艺，两级厌氧+好氧处理工艺。

G　肉类加工废水的处理

肉类加工废水属于易生物降解的高悬浮物有机废水，一般以生物法处理为主。常采用活性污泥工艺、SBR工艺、厌氧（兼氧）–好氧工艺（水解酸化–生物吸附、厌氧–接触氧化等），其中厌氧处理工艺主要包括 AB（厌氧滤床）工艺、UASB（上流式厌氧污泥床）工艺、AFR（厌氧流化床）工艺、ABR（厌氧折流板反应器）工艺、两相厌氧处理工艺等；好氧处理工艺主要有活性污泥、SBR、MBR等。屠宰废水可以采用的处理工艺为：隔油+气浮+水解酸化+MBR+消毒。

　　H　其他工业废水的处理

　　（1）农药废水处理工艺。

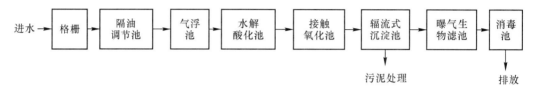

　　（2）制药生产废水处理工艺。

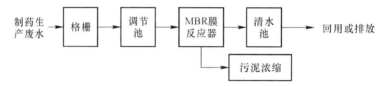

　　（3）电镀污水处理工艺。

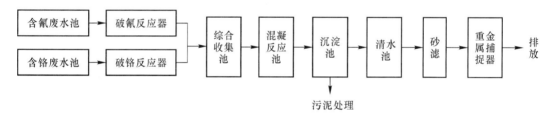

　　（4）制糖废水处理工艺。

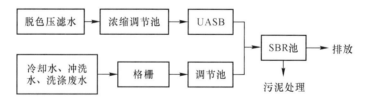

　　（5）淀粉废水处理工艺。

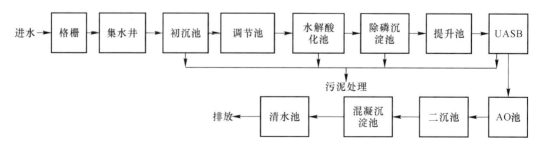

2.3　设计水量的确定

2.3.1　给水工程设计水量的确定

水处理构筑物的设计水量，应按最高日供水量加水厂自用水量确定。城市供水量主要包括综合生活用水量、工业企业用水量和其他用水量。水厂自用水量应根据原水水质、处理工艺和构筑物类型等因素通过计算确定，自用水率可采用设计规模的5%~10%。

2.3.1.1　综合生活用水量的确定

综合生活用水包括居民生活用水和公共设施用水。综合生活用水定额应根据当地国民经济和社会发展、水资源充沛程度、用水习惯，在现有用水定额基础上，结合城市总体规划和给水专业规划，本着节约用水的原则，综合分析确定。当缺乏实际用水资料的情况下，可参照表2-4和表2-5选用。

表2-4　最高日综合生活用水定额　　　　　　　　　　[L/(人·d)]

城市类型	超大城市	特大城市	Ⅰ型大城市	Ⅱ型大城市	中等城市	Ⅰ型小城市	Ⅱ型小城市
一	250~480	240~450	230~420	220~400	200~380	190~350	180~320
二	200~300	170~280	160~270	150~260	130~240	120~230	110~220
三	—	—	—	150~250	130~230	120~220	110~210

注：超大城市指城区常住人口≥1000万人的城市；特大城市指500万人≤城区常住人口<1000万人的城市；Ⅰ型大城市指300万人≤城区常住人口<500万人的城市；Ⅱ型大城市指100万人≤城区常住人口<300万人的城市；中等城市指50万人≤城区常住人口<100万人的城市；Ⅰ型小城市指20万人≤城区常住人口<50万人的城市；Ⅱ型小城市指城区常住人口<20万人。

表2-5　平均日综合生活用水定额　　　　　　　　　　[L/(人·d)]

城市类型	超大城市	特大城市	Ⅰ型大城市	Ⅱ型大城市	中等城市	Ⅰ型小城市	Ⅱ型小城市
一	210~400	180~360	150~330	140~300	130~280	120~260	110~240
二	150~230	130~210	110~190	90~170	80~160	70~150	60~140
三	—	—	—	90~160	80~150	70~140	60~130

经济开发区和特区城市根据实际情况，用水定额可酌情增加。

当采用海水或污水再生水等作为冲厕用水时，用水定额相应减少。

综合生活用水量的计算公式为：

$$Q_1 = \frac{qN}{1000}$$

式中，Q_1为综合生活最高日用水量，m^3/d；q为综合生活用水定额，L/(人·d)；N为供水系统服务的人口数，人。

2.3.1.2　工业企业用水

工业企业用水量一般根据生产工艺要求确定。大工业用水量或经济开发区的生产过程用水量宜单独计算；一般工业企业用水量应根据国民经济发展规划，结合现有工业企业用水资料分析确定。

通常估算工业企业生产用水量常采用以下方法：按照工业设备的用水量计算；按照单位工业产品的用水量和企业产品产量计算；按照单位工业产值（万元产值）的用水量和企业产值计算；按照企业的用地面积，参照相似条件下不同类型工业各自的用水定额估算。

工业企业用水量的计算公式如下：

$$Q_2 = \sum (Q_{\mathrm{I}} + Q_{\mathrm{II}} + Q_{\mathrm{III}})$$

式中，Q_2 为工业企业用水量，m^3/d；Q_{I} 为各工业企业的生产用水量，m^3/d；Q_{II} 为各工业企业的职工生活用水量，m^3/d，一般采用 $30 \sim 50 L/$（人·班），时变化系数为 $1.5 \sim 2.5$，用水时间为 $8h$；Q_{III} 为各工业企业的职工淋浴用水量，m^3/d，一般采用 $40 \sim 60 L/$（人·班），持续供水时间为 $1h$。

2.3.1.3　其他用水

其他用水主要包括浇洒市政道路、广场和绿地用水；管网漏损水量；未预见用水和消防用水。其中浇洒市政道路、广场和绿地用水量应根据路面、绿化、气候和土壤等条件确定。浇洒道路和广场用水可根据浇洒面积按 $2.0 \sim 3.0 L/(m^2 \cdot d)$ 计算，浇洒绿地用水可根据浇洒面积按 $1.0 \sim 3.0 L/(m^2 \cdot d)$ 计算。

浇洒道路和绿地用水量的计算公式为：

$$Q_3 = \frac{q_{\mathrm{L}} N_{\mathrm{L}}}{1000}$$

式中，Q_3 为浇洒道路和绿地用水量，m^3/d；q_{L} 为浇洒道路和绿地用水定额，$L/$（人·d）；N_{L} 为每日浇洒道路和绿地的面积，m^2。

管网漏损水量应按综合生活用水、工业企业用水、浇洒市政道路、广场和绿地用水量之和的 10% 计算，当单位供水量管长值大或供水压力高时，可以适当增加。

管网漏损水量的计算公式：

$$Q_4 = 10\%(Q_1 + Q_2 + Q_3)$$

未预见水量应根据水量预测时难以预见因素的程度确定，宜采用综合生活用水、工业企业用水、浇洒市政道路、广场和绿地用水、管网漏损水量之和的 8% ~ 12% 计算。

未预见水量的计算公式：

$$Q_5 = (0.08 \sim 0.12)(Q_1 + Q_2 + Q_3 + Q_4)$$

消防用水应根据当地火灾统计资料、火灾扑救用水量统计资料、灭火用水量保证率、建筑的组成和市政给水管网运行合理性等因素综合分析计算确定。如果没有详细资料，城镇市政消防给水设计流量可按同一时间内的火灾起数和一起火灾灭火设计流量计算确定。同一时间内的火灾起数和一起火灾灭火设计流量不应小于表 2-6 规定。

消防用水量的计算公式为：

$$Q_6 = \frac{q_{\mathrm{s}} N_{\mathrm{s}}}{1000}$$

式中，Q_6 为消防用水量，m^3/s；q_{s} 为一次灭火用水量，L/s；N_{s} 为同一时间内灭火次数。

表 2-6　城镇同一时间内的火灾起数和一起火灾灭火设计流量

人数/万人	同一时间内的火灾起数/起	一起火灾灭火设计流量/L·s⁻¹
$N \leqslant 1.0$	1	15
$1.0 < N \leqslant 2.5$		20
$2.5 < N \leqslant 5.0$	2	30
$5.0 < N \leqslant 10.0$		35
$10.0 < N \leqslant 20.0$		45
$20.0 < N \leqslant 30.0$		60
$30.0 < N \leqslant 40.0$		75
$40.0 < N \leqslant 50.0$	3	75
$50.0 < N \leqslant 70.0$		90
$N > 70.0$		100

2.3.1.4　水厂设计规模

通常城市给水系统的设计规模和水厂的设计规模采用综合生活用水量、工业企业用水量、浇洒道路和绿地用水量、管网漏损水量和未预见水量的最高日用水流量之和计算。当城市供水部分采用再生水直接供水时，水厂设计规模应扣除这部分再生水水量。此外，水厂、泵站和管网的设计需要根据消防用水量情况进行校核，设计值必须满足消防的需求。

最高日设计流量为：

$$Q_d = Q_1 + Q_2 + Q_3 + Q_4 + Q_5$$

在确定水资源规划和进行城市污水量的计算时，通常考虑平均日用水量；在确定取水构筑物、一级泵站和水厂净水构筑物时，通常选择最高日用水量和水厂自用水量作为设计流量；考虑二级泵站和输配水管网的规模时通常采用最高日最高时的用水量作为设计流量。

最高日最高时用水量为：

$$Q_h = \frac{K_h Q_d}{24 \times 3600}$$

式中，K_h 为时变化系数。

平均日平均时用水量为：

$$Q_h' = \frac{Q_d}{K_d \times 24 \times 3600}$$

式中，K_d 为日变化系数（考虑平均时用水量时，有具体运行时间的，按实际运行时间换算，否则按一天运行 24h 算出）。

一年中最大日用水量与平均日用水量的比值称为日变化系数 K_d，最大日中最大时用水量与最大日平均时用水量的比值称为最高日时变化系数 K_h。最高日城市综合用水时变化系数宜采用 1.2~1.6，日变化系数宜采用 1.1~1.5。当二次供水设施较多采用叠压供水模式时，时变化系数宜取大值。

2.3.2 城镇污水设计总流量的确定

城镇污水设计总流量一般是综合生活污水量和工业废水设计流量之和。在考虑污水管道设计时，通常假定排出的各种污水都在同一时间内出现最大流量，即按照各项污水最大时流量叠加的方法进行计算。

2.3.2.1 综合生活污水量

居民生活污水量一般根据当地用水量，结合建筑内部给水排水设施水平和排水系统普及程度等综合因素来考虑确定。对于给水排水系统完善的地区可按用水定额的90%计算污水量。一般地区可按用水定额的80%计算。综合生活污水指居民生活污水（居民日常生活中洗涤、冲厕、洗澡产生的污水）和公共设施（如娱乐场所、宾馆、浴室、商业网点、学校、机关办公室等）排水两部分的总水量。

综合生活污水设计流量计算公式为：

$$Q_d = \frac{nNK_z}{24 \times 3600}$$

式中，Q_d 为综合生活污水设计流量，L/s；n 为综合生活污水定额，L/（人·d），按照生活用水平均日定额的80%~90%选用；N 为设计人口数，人，指污水排水系统设计期限终期的规划人口数，根据该城镇的总体规划确定；K_z 为生活污水总变化系数，即污水量日变化系数与时变化系数的乘积。

2.3.2.2 工业污水排放量

工业污水排放量主要分两大部分：一是工业企业生活污水量，根据企业内部建筑物的排水量计算；二是工业废水量，工业废水量可按单位产品的废水量计算或按实测排水量计算。

A 设计工业生活污水流量

计算公式如下：

$$Q_{21} = \frac{A_1 B_1 K_1 + A_2 B_2 K_2}{3600T} + \frac{C_1 D_1 + C_2 D_2}{T_1}$$

式中，Q_{21} 为工业企业生活污水及淋浴污水设计流量，L/s；A_1 为一般车间最大班职工人数，人；A_2 为热车间最大班职工人数，人；B_1 为一般车间职工生活污水定额，以25L/（人·班）计；B_2 为热车间职工生活污水定额，以35L/（人·班）计；K_1 为一般车间生活污水时变化系数，以3.0计；K_2 为热车间生活污水时变化系数，以2.5计；C_1 为一般车间最大班使用淋浴的职工人数，人；C_2 为热车间最大班使用淋浴的职工人数，人；D_1 为一般车间职工淋浴污水定额，以40L/（人·班）计；D_2 为高温、污染严重车间职工淋浴污水定额，以60L/（人·班）计；T 为每班工作时数，h/班；T_1 为淋浴时间，通常以下班后60min计，即 $T_1 = 3600s$。

B 设计生产废水流量

计算公式如下：

$$Q_{22} = \frac{mMK_z}{3600T}$$

式中，Q_{22} 为设计生产废水流量，L/s；m 为生产过程中每单位产品的废水量，L/单位产品；M 为产品的平均日产量；T 为每日生产时数，h；K_z 为总变化系数。

2.3.2.3 变化系数

A 综合生活污水量变化系数

综合生活污水量总变化系数可以根据当地实际综合生活污水量变化资料确定，无测量资料时，可以根据表2-7取值。

表 2-7 综合生活污水量总变化系数 K_z 值

平均日流量/L·s^{-1}	5	15	40	70	100	200	500	≥1000
K_z	2.7	2.4	2.1	2.0	1.9	1.8	1.6	1.5

注：当污水平均日流量为中间数值时，总变化系数可用内插法求得。

B 工业区内工业废水量变化系数

不同企业中，生产废水排出情况有所不同，有的均匀排出，有的变化很大，甚至个别车间在短时间一次性排出。因此生产废水变化系数的情况取决于工厂的性质及生产工艺。生产废水量的日变化一般较小，日变化系数可以取1。时变化系数可以实测求解，例如将某企业每小时排放水量的实测值进行统计，用最大时的废水排放量除以企业一天平均时排放量，可求得时变化系数。如果没有具体数据，某些工业废水量时变化系数也可根据经验选择，例如冶金工业取 1.0~1.1；化学工业取 1.3~1.5；纺织工业取 1.5~2.0；食品工业取 1.5~2.0；皮革工业取 1.5~2.0；造纸工业取 1.3~1.8。

2.4 设 计 水 质

生活饮用水处理的原水主要来自江河、湖泊、水库等位于水体功能区划所规定的取水地段，原水水质可根据水质检测获得，供水水质则必须符合现行国家标准《生活饮用水卫生标准》（GB 5749）的有关规定，专用的工业用水给水系统水质应根据用户的要求确定。

城镇污水的设计水质应根据调查资料确定，或参照临近城镇、类似工业区和居住区的水质确定。无调查资料时，可按照下列标准采用：生活污水的五日生化需氧量按 40~60g/（人·d）计算；悬浮固体量可按 40~70g/（人·d）计算；总氮量可按 8~12g/（人·d）计算；总磷量可按 0.9~2.5g/（人·d）计算。工业废水的设计水质可参照类似工业的资料采用，其五日生化需氧量、悬浮固体量、总氮量和总磷量，可折合人口当量计算。

进水水体中不同成分之间的比值能够影响工艺的选择。例如污水中 BOD_5/COD_{Cr} 的比值是可以判定污水可生化性的方法。$BOD_5/COD_{Cr}>0.45$ 可生化性较好，$BOD_5/COD_{Cr}>0.3$ 可发生生化反应，$BOD_5/COD_{Cr}<0.3$ 较难生化，$BOD_5/COD_{Cr}<0.25$ 不易生化。C/N 的比值是判断水体是否能够脱氮的指标。理论上 C/N≥2.86 就能脱氮，但一般 C/N>4 才能进行有效脱氮。BOD_5/TP 的比值是判断水体能否有效除磷的重要指标。通常 $BOD_5/TP>17$ 可有效除磷，且比值越大，生物除磷效果越好。

城镇污水出水水质应参照相关的污水排放标准。目前我国综合污染排放标准有《污水综合排放标准》（GB 8979—1996）；地方标准有上海市的《污水综合排放标准》（DB 31/199—2018）等；行业排放标准有《城镇污水处理厂污染物排放标准》（GB 18918—

2002)、《污水排入城镇下水道水质标准》（GB/T 31962—2015）、《发酵类制药工业水污染物排放标准》（GB 21903—2008）等；若考虑水资源开发利用，提高城市污水利用率，可参照《城市污水再生利用》系列标准，例如再生水用于农田灌溉时，可参照《农田灌溉水质标准》（GB 5084），用于冲厕、道路冲洗、绿化等杂用水时，可采用《城市污水再生利用 城市杂用水水质》（GB/T 18920），用于景观用水时，可采用《城市污水再生利用 景观环境用水水质》（GB/T 18921），用于工业用水时，可采用《城市污水再生利用 工业用水水质》（GB/T 19923）等。

其中，《污水综合排放标准》按照污水排放去向，规定了 69 种水污染物最高允许排放浓度及部分行业最高允许排水量。该标准适用于现有单位水污染的排放管理，以及建设项目的环境影响评价、建设项目环境保护设施设计、竣工验收及其投产后排放管理。例如，排入《地表水环境质量标准》要求的 Ⅲ 类水域（划定的保护区和游泳区除外）和排入《海水水质标准》要求的二类海域的污水，执行《污水综合排放标准》中的一级标准；排入《地表水环境质量标准》要求的 Ⅳ、Ⅴ 类水域和排入《海水水质标准》要求的三类海域的污水，执行二级标准；排入设置有二级污水处理厂的城镇排水系统的污水，执行三级标准；排入未设置有二级污水处理厂的城镇排水系统的污水，必须根据排水系统出水受纳水体的功能要求，分别执行一级或二级标准。

地方污染物排放标准是省、自治区、直辖市人民政府对国家污染物排放标准中没做规定的项目制定的，一般严于国家污染物排放标准，两种并存情况下，通常执行地方标准。特殊行业污水排放，如造纸工业、纺织染整工业、肉类加工工业、钢铁工业等污水排放可以不执行国家污水综合排放标准，可执行行业标准。如果城镇污水厂排放或污水需要排入城镇下水管道，可以考虑执行《城镇污水处理厂污染物排放标准》和《污水排入城镇下水道水质标准》，也可以采用《污水综合排放标准》。

思 考 题

2-1　已知某污水处理厂服务面积为 15km^2，近期规划人口为 8.0 万人，远期（2050 年）规划人口为 15.0 万人，生活污水按人均生活污水排放量 400L/（人·d）计，生产废水量按近期 $2 \times 10^4 \mathrm{m}^3/\mathrm{d}$ 计，远期为 $2.5 \times 10^4 \mathrm{m}^3/\mathrm{d}$。分析污水处理厂的处理规模。

2-2　已知一造纸厂进水水质为 COD$_{Cr}$：4000~5000mg/L；BOD$_5$：1000~1500mg/L；SS 为 1000~1200mg/L，设计处理量为 1800t/d，试设计该造纸厂的工艺流程。

2-3　某城镇人口设计年限内预期发展到 10 万人，取综合生活用水定额为 200L/（人·d），经过调查，企业工业用水量为综合生活用水量的 40%，浇洒道路和绿化用水是综合生活用水与工业用水量之和的 5%，管网漏失量为上述总水量的 10%，未预见水量按前述总水量的 10%考虑，计算最高设计日用水量。

3 给水工程构筑物设计

3.1 预处理工艺的设计

3.1.1 预处理的方式

当原水季节性的出现高浊、高含砂、高氨氮、高藻等情况时，会对常规水处理工艺的运行造成严重干扰，导致水厂混凝剂或消毒剂投加量的增大，沉淀排泥或滤池冲洗频次增加，消毒效果下降或消毒副产物超标等现象。因此为了保证出水水质合格，在常规处理工艺前面采用物理、化学或生物的处理方法，对水中的污染物进行初级处理，使常规处理工艺发挥更好的作用，减轻后续处理工艺的负担，改善和提高出厂水水质的方法是给水预处理工艺。

目前常见的预处理工艺如表 3-1 所示。

表 3-1　常见的预处理方式及对应的工艺

预处理方式	具 体 工 艺
沉淀	高浊度水预沉淀
吸附	粉末活性炭吸附、黏土吸附
化学氧化	预臭氧、预氯化、二氧化氯预氧化、过氧化氢预氧化、高锰酸钾预氧化
生物降解	生物滤池、生物滤塔、生物接触氧化、生物转盘、生物流化床
pH 值调节	酸碱预处理
曝气	扬水曝气、跌水曝气
生态工程	土地处理系统

上述预处理方式应用比较广泛的是高浊度水的预沉淀、粉末活性炭吸附去除、化学预氧化和生物预处理 4 类。

3.1.2 高浊度水的预沉淀

3.1.2.1 天然预沉池的设计

A　设计要点

（1）天然预沉池的设计库容包括沉淀过程所需容积、积泥体积、事故调节水量容积和渗漏蒸发所消耗容积；

（2）天然预沉池的沉淀时间以天为单位，常按事故调节水量的要求确定；

（3）天然预沉池围堤高度除了满足预沉池设计库容要求外，需要考虑河流高水位时是否运行正常；

（4）排泥措施考虑采用吸泥船，吸泥船的泥泵尽可能采用电动机的传动方式。

B　设计计算

天然预沉池的计算方法见表3-2。

表3-2　天然预沉池计算公式

名　称		公　式	符号说明
天然预沉池容积/m³		$W = Qn + W_1$	Q——设计水量，m³/d；
积泥容积/m³		$W_1 = 3600 \dfrac{C_1 - C_4}{C_3 - C_1} Q T_1$	n——事故天数，d； T_1——泥渣浓缩时间，h，一般不低于1h；
预沉池高度/m		$H = \dfrac{W}{F} + h$	C_1——进水设计含砂量，kg/m³； C_3——平均积泥浓度，kg/m³，无实测资料时，
预沉池排泥水量	机械排泥/m³·s⁻¹	$q = \dfrac{Q(C_1 - C_4)}{C_2 - C_1}$	自然沉淀取150~300kg/m³；絮凝沉淀（投聚丙烯酰胺）取200~350kg/m³；兼做预沉池的预调蓄水池取700~1300kg/m³； C_4——出水设计含砂量，kg/m³； H——预沉池高度，m，一般不大于5m； F——预沉池面积，m²； h——预沉池超高，m，一般不小于0.5m；
	人工排泥/m³·s⁻¹	$q = \dfrac{W_2 C_3}{3600 C_2 T_2}$	C_2——排泥水含砂量，kg/m³，当采用机械连续排泥时可按C_3取值； W_2——两次清除期间内池内可能积聚的最大泥砂量，即沉淀池泥渣部分容积，m³； T_2——清除时间，h

3.1.2.2　辐流式沉淀池

A　设计要点

（1）辐流式沉淀池是一种池深较浅的圆形构筑物，由中心进水，周边出水，机械法除泥砂；

（2）沉淀池直径为30~100m，周边水深为2.4~2.7m，池底最小坡度不小于0.05，由周边坡向中心，池中心深度增加；

（3）沉淀池的出水装置可采用多口三角堰、水平薄壁堰、淹没孔口出流（见图3-1）。

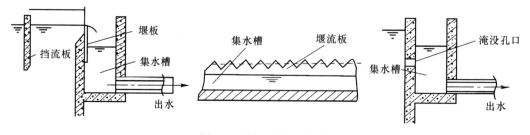

图3-1　堰口出流的形式

（4）沉淀池总出水管流速。当自然沉淀时采用1.2~1.5m/s，当混凝沉淀时采用0.6m/s；

（5）沉淀池池数不小于 2 个，沉淀池超高为 0.5~0.8m。

（6）辐流式沉淀池处理高浊度水的主要设计依据如表 3-3 所示。

表 3-3　辐流式沉淀池主要设计数据

设计参数	沉淀方式	
	自然沉淀	凝聚沉淀
进水含砂量/kg·m^{-3}	<20	<100
池子直径/m	50~100	50~100
表面负荷/m^3·h^{-1}·m^{-2}	0.07~0.08	0.4~0.5
出水浊度/NTU	<1000	100~500
总停留时间/h	4.5~13.5	2~6
排泥浓度/kg·m^{-3}	150~250	300~400
中心水深/m	4~7.2	4~7.2
周围水深/m	2.4~2.7	2.4~2.7
底坡/%	>5	>5
超高/m	0.5~0.8	0.5~0.8
刮泥机转速/min·周$^{-1}$	15~53	15~53
刮泥机外缘线速度/m·min^{-1}	3.5~6	3.5~6

（7）辐流池一般装设周边传动桁架刮泥机，每小时旋转 1~3 周，刮泥臂外缘线速度不宜大于 10m/min，常用值为 2.5~5m/min，刮泥板距地底 8~10cm。

B　计算公式

辐流式沉淀池的计算方法见表 3-4。

表 3-4　辐流式沉淀池计算公式

名　称	公　式	符号说明
总面积/m^2	$F = 1000\alpha \dfrac{Q}{u} + nf_0$	α——系数，采用 1.3~1.35； Q——沉淀池设计水量，m^3/s；
浑液面沉速/mm·s^{-1}	$v = v_0 e^{-K_V'\frac{C_W}{C_P}}$ $K_V = \lg e K_V'$	v——静止沉淀时的浑液面沉降速度，mm/s，无实验数据时，絮凝沉淀时取 0.2~0.4；自然沉淀求浑液面沉速 v；
沉淀池半径/m	$R = \sqrt{\dfrac{F}{n\pi}}$	f_0——每池进水竖管周围股流区的面积，m^2，取 0~30m^2；
单池出水量/m^3·s^{-1}	$q_1 = \dfrac{Q}{n}$	n——沉淀池个数，一般不小于 2；
沉淀池池高/m	$H = H_0 + H_1 + H_2$	v_0——絮凝颗粒自由沉降速度，mm/s，取 0.157；
沉淀池圆锥台部分高度/m	$H_1 = (R - r)i$	C_W——稳定泥砂密度，kg/m^3，CW<100；
沉淀池单池有效容积/m^3	$W_0 = 0.9W$	C_P——絮凝颗粒中泥砂的密度，kg/m^3，取 400~410kg/m^3；
沉淀池单池总容积/m^3	$W = \pi R^2 H_0 + \dfrac{\pi}{3}(R^2 + Rr + r^2) \times (R - r)i$	K_V——系数，取 4.01；

名　称	公式	符号说明
总停留时间/h	$T = \dfrac{W_0}{3600 q_1}$	H_0——沉淀池周边处水深，m，取 2.4~2.7m;
积泥区体积/m³	$W_2 = \dfrac{\pi}{3}(R^2 + Rr + r^2) \times (R - r)i$	H_2——超高，m，取 0.5~0.8m;
每小时的积泥体积 /m³·h⁻¹	$W_1 = 3600 \dfrac{C_1 - C_4}{C_2 - C_1} q_1$	r——沉淀池底部积泥坑半径，m; i——池底平均坡度，一般不小于 5%，且应向池中心逐渐加大; C_1——原水设计最大含砂量，kg/m³;
泥渣浓缩时间/h	$T_1 = \dfrac{W_2}{W_3}$	C_2——要求达到的排泥浓度，kg/m³; C_4——出水设计含砂量，kg/m³;
每池设计进水量/m³·s⁻¹	$q_0 = 0.157 d_0^2 (1 + 3.43 \sqrt[4]{P d_0^{0.75}})$	T_1——泥渣浓缩时间，h，不小于 1h; d_0——临界流速下进水管的直径，m;
原水含砂量的质量分数/%	$P = \dfrac{100 C_1}{\left(1 - \dfrac{C_1}{\rho_0}\right)\rho + C_1}$	ρ_0——泥砂密度，kg/m³; ρ——清水密度，kg/m³; m——计算分段数;
矩形周边集水槽的计算长度/m	$L_0 = \dfrac{\pi R}{m}$	h_2——计算段终点水深，m; h_1——计算段起点水深，m;
集水槽水位差/m	$\Delta h = h_1 - h_2 = \dfrac{v_2^2 - v_1^2}{2g} + h_0$	v_2——计算段终点流速，m/s; v_1——计算段起点流速，m/s; R_m——计算段平均水力半径，m;
计算段全长水头损失/m	$h_0 = \dfrac{v_m^2 L_0}{C_m R_m}$	C_m——计算段平均流速系数，根据 R_m 和集水槽粗糙系数 n 查表;
计算段平均流速/m·s⁻¹	$v_m = \dfrac{v_1 + v_2}{2}$	R_1——计算段起点水力半径，m; R_2——计算段终点水力半径，m;
计算段平均水力半径/m	$R_m = \dfrac{R_1 + R_2}{2}$	q'——通过每个孔口的流量，m³/s; μ——流量系数，采用 0.62;
孔口缝隙高度/m	$a = \dfrac{q'}{\mu b \sqrt{2gh}}$	b——孔口缝隙宽度，m，采用 0.8m; h_3——沉淀池周边处水面高度，m;
周边集水槽中计算孔口所在断面的作用水头/m	$h = h_3 - h_4$	h_4——周边集水槽中计算孔口所在断面的水面高度，m

3.1.2.3　沉砂池

对于颗粒粒径较大的泥砂预处理可选用沉砂池，常用的沉砂池主要是适用于小型预沉池的旋流式沉砂池和适用于大型预沉池的平流式沉砂池。

A　水力旋转沉砂池设计要点

沉淀时间大于 10min；池体有效沉降深度和直径之比宜采用 1:1，水流上升速度可采用 5.0mm/s，可去除粒径不低于 0.1mm 的泥砂。

B　平流式沉砂池设计要点

沉淀时间为 15~30min，水平流速为 20mm/s，进水端为了使进水分配均匀需设水流扩散过渡段。

3.1.2.4 澄清池

A 机械搅拌澄清池设计要点

（1）要求具有较大第一反应室和底部泥渣浓缩室；处理高浊度水时，沉淀泥渣应及时排除，不应回流；采用直筒型外壁和缓坡的平底；需设置机械排泥装置和中心排泥坑，一般不另设排泥斗；进水方式以底部进水为宜。

（2）为了提高絮凝效果，机械搅拌澄清池第一反应室应设置第二投药点，设置高度一般为第一反应室 1/2 高度处，以提高澄清池的处理效果和表面负荷。

（3）在使用聚丙烯酰胺絮凝剂处理高浊度水时，可以处理约 $40kg/m^3$ 以下砂含量的高浊度水，澄清池的叶轮外端线速度一般为 $1.33 \sim 1.67m/s$，使用聚丙烯酰胺时叶轮转速取高值。

（4）清水区上升流速为 $0.6 \sim 1.0mm/s$，清水区高度为 $1 \sim 1.5m$，清水区出水浊度一般小于 20NTU，个别情况为 $50 \sim 100NTU$；第一反应室停留时间（按设计水量计）为 $6 \sim 10min$，第二反应室停留时间（按设计水量计）为 $7 \sim 11min$；总停留时间为 $1.2 \sim 2h$；排泥耗水率为 $15\% \sim 30\%$，排泥浓度为 $150 \sim 300kg/m^3$，回流倍数为 $2 \sim 3$ 倍。

B 悬浮澄清池设计要点

（1）处理含砂量 $3.5 \sim 4kg/m^3$ 的原水，一定要设置底部和深部排渣孔。底部排渣孔的开启面积根据原水中含砂量确定。排渣孔的孔口应有调节开启度的设施，排渣孔的总面积一般为排渣桶总面积的 50%，排渣孔的流速一般为 $0.05m/s$。

（2）对于含砂量较高的原水，可在原水进水管上加设一条比进水管小一号的排砂管，作为定期排砂或放空之用。

（3）当原水悬浮物含量超高 3000mg/L，原水与混凝剂溶液混合至进入配水系统之前的时间不超过 3min。

（4）悬浮澄清池的平面可做圆形或矩形，采用圆形时，宜采用喷射配水，喷嘴流速为 $1.25 \sim 1.75m/s$；采用矩形时，可采用穿孔管配水，孔口流速一般为 $1.5 \sim 2.0m/s$。

（5）悬浮层高度一般为 2m，停留时间不少于 20min，每 1m 悬浮层的水头损失为 $7 \sim 8cm$；清水区高度一般为 $1.5 \sim 2.0m$，一般清水区上升流速采用 $0.5 \sim 0.8mm/s$；泥渣室的有效高度不少于 1.5m，泥渣浓缩室上升流速采用 $0.4 \sim 0.6mm/s$。

（6）强制出水量一般为出水量的 $30\% \sim 40\%$。

（7）澄清池的排泥周期与进水含砂量有关，一般为 $4 \sim 8h$；排出泥渣含水率与投药量有关，一般为 $87\% \sim 93\%$。当采用穿孔排泥管排泥时，必须在池底加设压力冲洗管。澄清池排泥管管径不小于 150mm，排泥孔眼直径不小于 20mm，孔口流速不小于 $2.5m/s$，排泥时间 $10 \sim 20min$。泥渣室内的压力冲洗管，一般水压为 $0.3 \sim 0.4MPa$，在冲洗管段设置与垂直线呈 45°向下交错排列的孔眼（孔径为 $15 \sim 20mm$）。反冲洗时间一般为 $2 \sim 3min$。

3.1.3 粉末活性炭吸附预处理

原水在短时间内含较高浓度溶解性有机物、具有异臭异味时，可采用粉末活性炭吸附。采用粉末活性炭吸附应符合下列规定：

（1）粉末活性炭投加点宜根据水处理工艺流程综合考虑确定。一般宜加于原水中，经过与水充分混合、接触后，再投加凝聚剂或氯。

（2）粉末活性炭的用量根据试验确定，宜为 5~30mg/L。

（3）湿投的粉末活性炭炭浆浓度可采用 5%~10%（按质量计）。

（4）粉末活性炭的贮藏、输送和投加车间，应有防尘、集尘和防火设施。

3.1.4 化学预氧化

化学预氧化的作用主要是去除水中有机污染物和控制氧化消毒副产物，并能够去除藻、臭味、除铁锰和氧化助凝的作用。目前最常用的是高锰酸钾（及复合高锰酸盐 PPC）、预臭氧和预氯化三种措施。常用预处理氧化剂对水质影响及特点如表 3-5 所示。

表 3-5　常用预处理氧化剂对水质影响及特点

氧化剂	除微生物	除藻	除臭味	控制氯化副产物	氧化助凝	除溶解性游离铁锰	主要氧化副产物	特点
$KMnO_4$	良好	较好	一般	较好	良好	一般	水合 MnO_2	对水质副作用小，副产物宜去除，投资小，使用灵活，但要注意控制投加量
PPC	良好	良好	良好	良好	良好	较好	水合 MnO_2	对水质副作用小，副产物宜去除，但要控制投量
臭氧	良好	良好	良好	良好	不明显	良好	醛、醇、有机酸、BrO_3^-、Br^-、THMs	有机物可生化性提高，AOC、BDOC 升高。设备投资大，运行管理复杂。除色效果好，消毒副产物等可疑致癌物质应严格控制
氯	不明显	较好	不明显		较好	不明显	THMs、HAAS 等多种氯化副产物	氯化消毒副产物对人体有害，有时产生新臭味

3.1.4.1　高锰酸钾及 PPC 预氧化

设计要点：

（1）投加点确定。宜在水厂取水口处投加，与原水充分混合反应后经过较长时间再与其他氧化、吸附和混凝剂接触，时间一般不宜小于 3min，副产物 MnO_2 需要后续滤池去除。

（2）投加量确定。药剂用量应该通过试验确定并精准控制。用于去除有机微污染藻和臭味时，高锰酸钾投加量可为 0.5~2.5mg/L；用于常规微污染原水预氧化时高锰酸钾及 PPC 投加量一般在 0.5~1.5mg/L 之间。高锰酸钾的用量在 12kg/d 以上时宜采用干投。湿投溶液浓度可为 4%。

3.1.4.2　臭氧预氧化

设计要点：

（1）投加点确定。臭氧预氧化设在混凝沉淀（澄清）工艺之前。

（2）投加量确定。臭氧投加量宜根据处理水的水质状况并结合试验结果确定，也可参照相似水质条件下的经验选用。臭氧最大投加量易控制在 1mg/L 左右，一般投加量可按 0.5mg/L 考虑。

（3）投加方式。可采用预臭氧接触池和管道混合器两种投加方式。采用预臭氧接触池时，接触时间为 2~5min，单个注入点宜设置一个加注点，臭氧气体宜通过大孔扩散器直接注入接触池内。接触池设计水深采用 4~6m，导流隔板间净距不宜小于 0.8m，接触池出水端应设置余臭氧检测仪。采用管道混合器投加时，管道混合器及相应设备应选用 S316L 材质，采用水射器抽吸将臭氧气体注入管道混合器。水射器的动力水宜采用沉淀（澄清）或滤后水。

3.1.4.3　预氯化

设计要点：

（1）投加点确定。杀藻预氯化投加点一般靠近取水头部，保证足够杀藻时间，作为预氧化剂时投加点设在混凝前。

（2）投加量确定。投加量可以通过小试确定。预氯化杀藻需要较大投量，在尽量控制消毒副产物安全的基础上，尽量保证一定余氯量。预氯化作为氧化助凝时投加量较低。

3.1.5　生物预处理

生物预处理主要适用于氨氮、嗅阈值、有机微污染物、藻含量较高的原水预处理，通过生物预处理可以去除氨氮、亚硝酸盐，减少水中消毒副产物前体物，从而降低消毒副产物的产生；可以提高絮凝效果，降低絮凝剂投加量；对原水中藻类有一定去除效果，去除原水中色度、臭味、铁锰及酚类物质；可以减少消毒剂投加量；用生物预处理可以替代预氯化等处理方式，减少 THMs 生成；去除可生物降解的有机物，抑制细菌在水处理构筑物及管道中的生长。

饮用水处理中由于原水有机物水平总体较低，对出水氨氮浓度要求较高，故多采用生物接触氧化法，目前工程中生物接触氧化池应用最为广泛。

生物预处理的注意事项：

（1）低温条件下不利于微生物新陈代谢，当设计地区水温低于 5℃ 时，应考虑生物预处理池建于室内。

（2）余氯会抑制微生物生长，因此不能采用预氯化处理。

（3）原水浊度较低时，主要采用陶粒填料、轻质填料的生物接触氧化池。当原水浊度低于 40NTU，生物接触氧化池设置在混凝沉淀之前；当浊度高于 40NTU，生物接触氧化池设在混凝沉淀之后，但注意混凝沉淀前的预氧化不能用氯。

（4）原水浊度小于 60NTU 可采用弹性填料生物接触氧化池。

（5）原水浊度在 100NTU 以内可采用悬浮填料生物接触氧化池。

A　弹性填料生物接触氧化池

设计要点：

（1）有效水深为 4~5m，生物氧化水力负荷为 2.5~4m³/（m²·h），生物氧化有效停留时间为 1.0~1.5h，气水比为 （0.7~1）∶1。

（2）曝气充氧可采用穿孔管曝气系统或微孔曝气器。

曝气量计算见表3-6。

表3-6   弹性填料生物接触氧化池的曝气量计算公式

名 称	公 式	符号说明
去除每公斤 BOD₅ 的需氧量/kg·d⁻¹	$R_0 = \dfrac{1.2Q \times \Delta C_{BOD_5}}{1000}$	Q——进入预处理池原污水量，m^3/d； ΔC_{BOD_5}——进、出 BOD_5 浓度差值，mg/L；
每天氨氮硝化需氧量/kg·d⁻¹	$R_N = \dfrac{4.57Q \times \Delta C_{NH_3-N}}{1000}$	ΔC_{NH_3-N}——进、出预处理池氨氮浓度差值，mg/L；
理论总需氧量/kg·d⁻¹	$R_T = R_0 + R_N$	R_S——标准状况下供气量，m^3/h；
供气量/m³·h⁻¹	$G_S = \dfrac{R_S}{0.28E_A}$	E_A——系统氧利用率，%

B   颗粒填料生物接触氧化池（生物滤池）

设计要点：

（1）滤池总面积按处理水量和滤速确定，滤池格数和每格面积参考普通快滤池，滤速为 4~6m/h。

（2）滤池冲洗前水头损失控制在 1~1.5m。

（3）曝气量一般取（0.5~1.5）:1；气水比一般取 1.0:1。

（4）过滤周期为 7~15d。

（5）滤池高度包括承托层、填料层和填料上水深及超高，一般总高度为 4.5~5m。其中填料层一般为 1500~2000mm，承托层一般为 400~600mm，填料层以上水深一般为 1.5~2.0m，反冲洗时填料层膨胀率可达 30%~50%，冲洗排水槽表面距填料表面高度为 1~1.5m，滤池超高为 0.3~0.5m。

（6）生物滤池一般采用气水联合反冲洗。水反冲洗强度为 10~15L/(m²·s)，气反冲洗强度为 10~20L/(m²·s)。反冲洗时首先将水放至冲洗排水槽下，用气冲洗，时间 3~5min，然后关气，用水冲洗 5min。

（7）生物接触氧化滤池设在混凝沉淀前时，反冲洗水可用原水，若设在混凝沉淀与砂滤之间，反冲洗水应采用生物滤池出水，冲洗水泵、水箱设计参考普通快滤池，反冲洗供气系统可采用穿孔管配气或长柄滤头配水配气，气源来自鼓风机。生物滤池采用穿孔管时，氧利用率约为 4%。生物滤池曝气量为反冲洗所需的 1/10~1/8。正常运行的充氧曝气和反冲洗配气一般分设两个供气系统。充氧曝气常采用穿孔管布气系统。当两套供气系统都采用穿孔管时，穿孔管开孔率、孔眼直径等需要分别计算。

C   轻质填料生物接触氧化池

设计要点：

（1）池子为向上流，适应浊度低于 100NTU 的原水，滤速一般采用 6~10m/h，池内总水力停留时间为 30~60min。

（2）滤层阻力一般不超过 0.5m。

（3）采用水进行脉冲式反冲洗，冲洗水利用滤池上部出水，短时间向下的水冲洗强度可达到 100L/(s·m²)。

（4）曝气强度与陶粒滤料生物接触氧化池类似。

D 悬浮填料生物接触氧化池

设计要点：

（1）池子有效水深 4～6m，生物氧化部分有效停留时间 0.5～1.5h，水平流速 10～20mm/s，气水比（0.65～1.5）：1，填料填充率 30%～60%。

（2）池内布气采用穿孔布气，并配合鸭嘴式曝气头，穿孔管设置成环状。

3.2 常用的药剂及投加

给水处理中，常用的水处理药剂有凝聚剂、絮凝剂、助凝剂和消毒剂。凝聚剂主要是混凝过程中起脱稳作用的药剂，常称为混凝剂；絮凝剂是通过架桥作用把颗粒连接起来的药剂；助凝剂是改善混凝效果而投加的辅助药剂，例如调制水的 pH 值和碱度，消除有机污染对混凝干扰的氧化剂等；消毒剂主要是起消毒杀菌作用的药剂。常用的药剂及其特点如表 3-7 所示。

表 3-7 常用药剂及其特点

类型	名称	特 点
混凝剂	固体硫酸铝	制造工艺复杂，水解作用缓慢，适用于水温 20～40℃，当 pH＝4～7 时，主要去除水中有机物；当 pH＝5.7～7.8 时，主要去除水中悬浮物；pH＝6.4～7.8 时，处理浊度高、色度低的水
	液体硫酸铝	制造工艺简单，贮存和运输方便，适用范围同固体硫酸铝，配置使用比固体方便，易受温度及晶核的影响形成结晶析出
	明矾	基本性能同硫酸铝，现已基本被硫酸铝替代
	硫酸亚铁	絮体形成较快，较稳定，沉淀时间短，适用于碱度高，浊度高，pH＝8.1～9.6 的水，不论冬季或夏季使用都很稳定，混凝效果良好，原水的色度较高时不宜采用，当 pH 较低时，常使用氯来氧化，使二价铁氧化成三价铁；腐蚀性较高
	氯化铁	易溶解，易混合，渣滓少，混凝效果受温度影响小，絮粒较密实，沉淀速度快，效果好，适用原水的 pH 值在 6.0～8.4 之间；在处理高浊度水时，氯化铁用量一般要比硫酸铝少，但处理低浊度水时，效果不明显；当原水碱度不够时，需要加一定量的石灰；腐蚀性强，不仅对金属有腐蚀，对混凝土也有较强腐蚀，使用中要有防腐措施
	碱式氯化铝	是无机高分子化合物，有较好的除浊、除色效果，药耗小，在处理高浊度水时尤为显著；受温度影响小，pH 适用范围宽（pH＝5～9 之间适用），不需要投加碱剂；操作方便，腐蚀性小，成本较三氯化铁低
絮凝剂	聚丙烯酰胺（PAM）	是合成有机物高分子絮凝剂，处理高浊度水（含砂量 10～150kg/cm^3）时效果显著，可用于水厂污泥脱水；水解体的效果比未水解的好，生产中应尽量采用水解体；可与常用混凝剂配合使用；固体产品不易溶解，宜在有机械搅拌的溶解槽内配置溶液，配置浓度一般为 2%，投加浓度 0.5%～1%；聚丙烯酰胺的丙烯酰胺单体有毒性，用于生活饮用水净化时，其产品应符合优等品要求

类型	名称	特　点
絮凝剂	二甲基二烯丙基氯化铵-丙烯酰胺共聚物（HCB）	该絮凝剂属于阳离子高分子聚合物，对于高浊度水处理有效；对于黄河高浊度原水，含砂量小于 $50kg/cm^3$ 时，加注量小于聚丙烯酰胺，反之则增大；对于降低沉淀后剩余浊度具有较大优越性
	活化硅酸（活化水玻璃）	适用于硫酸亚铁与铝盐混凝剂，可缩短混凝沉淀时间，节省混凝剂用量；低温低浊原水使用时效果更为显著；有一定的助滤功能，可以提高滤池滤速；需要有适宜的酸化度和活化时间
	骨胶	一般和三氯化铁混合使用，比纯投加三氯化铁效果好，成本低；投加量和澄清效果成正比，不会因为投加量过大导致混凝效果下降；投加量少，投加方便
	海藻酸钠	原料取自海草、海带根或海带等；实验证实在处理浊度较大的原水时（200NTU 左右），助凝效果较好，用量仅为水玻璃的 1/15 左右，当原水浊度低时（50NTU 左右），助凝效果下降，用量为水玻璃的 1/5 左右；价格较贵，产地仅限沿海地区
助凝剂	氯	有较强氧化功能，在处理高色度水及用作破坏水中有机物或去除臭味时，可在投凝聚剂前投氯，提高絮凝效果，减少凝聚剂用量；用硫酸亚铁作凝聚剂时，为使二价铁氧化为三价铁可在水中投氯
	生石灰、熟石灰	用于原水碱度不足时去除水中的 CO_2，调制 pH 值，保证投加絮凝剂的最佳 pH 值使用范围；有一定的软化水质作用
	氢氧化钠	用于调整水中 pH 值；投加在滤池出水后可用作水质稳定处理的碱剂；一般采用浓度不超过 30% 商品液体，在投加点稀释后投加；有强腐蚀性，在使用上要注意安全；气温低时，氢氧化钠会结晶，浓度越高越易结晶
消毒剂	液氯	液氯可以持续消毒，成本低，操作简单，投量准确；但是使用液氯时，若原水中有机物浓度高则会产生有机氯化物，原水中如果含酚，会有氯酚味，氯气有毒，需设置泄氯中和装置。适用于大中型的水厂
	漂白粉、漂白精	具有持续消毒作用，投加设备简单，价格低廉；但是同液氯一样，会产生有机氯化物和氯酚味，受光、热、潮气作用易分解失效；漂白精含有效氯达 60%~70%，使用方便，漂白粉含氯 20%~30%，用量大，设备容积大，漂白粉的溶解及调制不便。漂白精一般在水质突然变坏时临时投加，漂白粉和漂白精都适用于规模较小的水厂
	次氯酸钠	具有持续消毒的作用，操作简单，比投加液氯安全、方便，使用成本较液氯高，但比漂白粉低，易挥发分解，不宜久存，若无成品货源需要现场制备，适用于次氯酸钠供应方便的地点
	氯胺	能降低三卤甲烷和氯酚的产生，能延长管网中剩余氯的持续时间，抑制细菌生成，减轻液氯消毒时所产生的氯酚味或氯味，消毒作用比液氯慢，需较长接触时间，氯气有毒需设置泄氯中和装置，氨气对消防及环境要求高，管理较复杂。适用于原水中有机物多，输配水管线较长的场合
	二氧化氯	不会生成有机氯化物，杀菌效果比自有氯好，有强烈的氧化作用，可以除臭、除色、除氧化锰、铁等物质，投量少，接触时间短，余氯保持时间长；但是成本高，一般需要现场随时制备，设备较复杂，需要控制氯酸盐和亚氯酸盐等副产物，贮存及制备场所对消防及环境要求高，管理较复杂。适用于原水有机污染严重的地区

3.2.1 常用药剂

3.2.1.1 混凝剂

A 硫酸铝

硫酸铝的投加浓度一般为 5%~20%，水温对硫酸铝的絮凝效果影响较大，水温较低时，絮凝效果差，不但投加量大，而且矾花细而松散，形成较慢。

B 聚氯化铝

与硫酸铝相比，聚氯化铝投药量少，降低制水成本。聚氯化铝的混凝效果与盐基度关系密切，原水浊度较高，使用盐基度高的聚氯化铝，混凝沉淀效果好，当原水浊度在 80~10000NTU 时，相应的聚氯化铝最佳盐基度在 40%~85% 之间，我国目前产品盐基度控制在 60% 以上。

聚氯化铝的投加浓度随原水浊度而异，最低浓度为 5%（以商品原液计），最浓可直接投加原液。

C 氯化铁

氯化铁的混凝效果受温度影响小，在处理低温水时效果好于硫酸铝，但氯化铁腐蚀性较强，使用时要有防腐蚀措施。氯化铁投加浓度不得低于 5%。

D 硫酸亚铁

当 pH 值大于 8.5 且原水具有足够碱度和氧的存在时，可采用硫酸亚铁絮凝，效果较好。若水中溶解氧不足，可投加氯将亚铁变为高价铁。氯的投加量为 $[1/8a + (1.5 \sim 2)]$ mg/L，其中 a 为硫酸亚铁投加量，mg/L。

E 聚合硫酸铁

聚合硫酸铁投药量少，絮凝体形成速度快，颗粒密实，相对密度大，沉降速度快，对于处理水的温度和 pH 值适用范围更广，对设备腐蚀性小，原料广泛易得，价格低廉，生产成本较低。

聚合硫酸铁一般投加浓度为 2%~5%，投加量可根据试验确定，在同等条件下，与固体聚合氯化铝用量大体相当，是固体硫酸铝的 1/4~1/3。

3.2.1.2 絮凝剂

A 聚丙烯酰胺

聚丙烯酰胺在处理不同浊度时的投加量一般以原水混凝试验或相似水厂的生成运行经验确定。

生活饮用水处理的聚丙烯酰胺经常使用（每年使用时间超过 1 个月）的最高允许浓度为 1.0mg/L，非经常使用（每年使用时间不超过 1 个月）时最高允许浓度为 2.0mg/L，《生活饮用水卫生标准》（GB 5749—2006）中规定生活饮用水中丙烯酰胺单体含量小于 0.5μg/L。

水解或未水解的聚丙烯酰胺溶液的配置浓度宜为 1% 左右；其投加浓度宜为 0.1%，个别情况提高到 0.2%。

B 活化硅酸

活化硅酸适用于硫酸亚铁与铝盐混凝剂，可缩短混凝沉淀时间，节省混凝剂用量，在原水浊度低、悬浮物含量少及水温较低（14℃以下）时使用，效果显著。

3.2.1.3 消毒剂

A 液氯

消毒剂采用液氯必须设置加氯机、喷淋系统、自动计量设备及在线氯瓶称重设施。设计投氯率应根据试验或相似条件下水厂的运行经验，按最大用量确定，并使余氯量符合游离余氯在接触水体 30min 后不低于 0.3mg/L，管网末梢不低于 0.05mg/L 的规定。消毒时，氯与水的有效接触时间不小于 30min。

加氯量的计算：

$$Q = 0.001 a Q_1$$

式中，a 为设计最大投氯率，mg/L；Q_1 为需消毒的设计水量，m^3/h。

B 漂白粉（漂白精）

漂白精含有效氯 60%~70%；漂白粉含有效氯 30%~38%，但是漂白粉不稳定，在光线和空气中二氧化碳的影响下易发生水解，使有效氯减少，因此设计时有效氯一般按 20%~25%计算。加氯量（以有效氯计）和接触时间都与液氯相同。漂白粉应根据用量大小，先制成浓度为 1%~2%的澄清液（有效氯计为 0.2%~0.5%），再通过计量设备注入水中，每日配置次数不大于 3 次。滤后水投加漂白粉，漂白粉溶液需要经过 4~24h 澄清，以免杂质进入清水。

漂白粉用量的计算：

$$Q = 0.1 \frac{a Q_1}{C}$$

式中，a 为设计最大投氯率，mg/L；Q_1 为需消毒的设计水量，m^3/d；C 为有效氯含量,%，漂白粉取 20%~25%，漂白精取 60%。

C 次氯酸钠

消毒用次氯酸钠均为水溶液，当使用地有成品供应时，一般采用成品次氯酸钠；无成品时，可采用食盐经次氯酸钠发生器现场制备。成品次氯酸钠水溶液含有效氯浓度 10%~12%，pH=9.3~10，采用成品次氯酸钠水溶液，考虑运输距离和储存时间会使有效氯浓度下降，一般计算时有效氯浓度采用 5%~8%；现场制备次氯酸钠，每生产 1kg 有效氯，耗食盐量 3~4.5kg，耗电量 5~10kW·h，电解时的盐水浓度以 3%~3.5%为宜，次氯酸钠水溶液含有效氯浓度 0.12%~1.5%。加氯量（以有效氯计）和接触时间都与液氯相同。

次氯酸钠用量：

$$Q = 0.1 \frac{Q_1 a}{C}$$

式中，Q_1 为设计水量，m^3/d；a 为最大投氯率，mg/L；C 为有效氯含量,%。

D 氯胺

用氯胺消毒，氨和氯的重量比应通过试验确定，无资料时一般为 1:6~1:3。一般原水中有机物含量较多或含有酚时，采用预氯化法，宜通过先氨后氯方式生成氯胺；当原水中氨氮含量较多时可不加氨；滤池后加氯通常采用先氯后氨的方式生成氯胺，可以保障出水能较长时间维持余氯的情况。

E 二氧化氯

二氧化氯投加量与原水水质和投加用途有关，一般为 0.1~2.0mg/L。当用于除铁锰、除藻预处理时，一般投加量为 0.5~3.0mg/L；当兼做除臭时，一般投加量为0.5~1.5mg/L；仅作为出厂饮用水消毒时，一般投加量为 0.1~0.5mg/L。投加量必须保证管网末端能有 0.02mg/L 的剩余二氧化氯。二氧化氯水溶液浓度可采用 6~8mg/L。

3.2.2 药剂投加

3.2.2.1 投加方法与方式

A 投药方法

常用药剂投加方法为干投法和湿投法。其优缺点比较见表 3-8。

表 3-8 投药方法优缺点比较

投加方法	优 点	缺 点
干投法	设备占地小、设备被腐蚀的可能小、投加量易于调整、药液较新鲜	当用药量大时，需要一套破碎药剂的设备；药剂用量少时，不易调节；劳动条件差；药剂与水不易混合均匀
湿投法	容易与原水充分混合；不易阻塞入口，管理方便；投量易于调节	设备占地大；人工调制时，工作繁杂；设备容易受腐蚀；当要求加药量突变时，投药量调整较慢

B 投加方式

常用投加方式一般有重力投加和压力投加，两种方式优缺点见表 3-9。

表 3-9 投加方式优缺点比较

投加方式		作用原理	优点	缺点	适用情况
重力投加		高位药液池，利用重力作用投加药液	操作简单，投加安全可靠	必须建造高位药液池，增加加药间层高	中小水厂且输液管线不宜过长
压力投加	水射器	利用高压水在水射器喷嘴处形成负压将药液吸入并射入压力水管	设备简单、使用方便、不受药液池高程所限	效率低，如果药液浓度不当，可能引起堵塞	各种规模水厂
	加药泵	泵从药液池直接吸取药液，加入压力水管	可以定量投加，不受压力管压力所限	价格较贵，养护较麻烦	各种规模水厂，应用广泛

3.2.2.2 设计规定

A 混凝剂投加设计规定

湿式投加混凝剂时，溶解次数应根据混凝剂投加量和配制条件等因素确定，一般每日不宜超过 3 次。混凝剂投加量较大时，宜设机械运输设备或将固体溶解池设在地下。混凝剂投加量较小时，溶解池可兼作投药池。投药池应设备用池。混凝剂投配的溶液浓度，可采用 5%~20%（按固体质量计算）。石灰应制成石灰乳投加。投加混凝剂或助凝剂应采用计量泵加注，且应设置计量设备并采取稳定加注量的措施。投加方式宜采用自动控制投加。与混凝剂和助凝剂接触的池内壁、设备、管道和地坪，应根据混凝剂或助凝剂性质采取相应的防腐措施。

B　消毒剂投加的设计规定

常见的消毒剂有液氯、漂白粉、次氯酸钠、氯胺和二氧化氯等，这些消毒剂的投加点、接触时间和投加方式的相关规定见表3-10。

表 3-10　消毒剂投加的设计规定

名称	投注点	接触时间	投加方式
液氯	作预处理时，一般在混凝前投加；水厂消毒时，滤池后投加	不应小于 30min	自动真空加氯系统
漂白粉、漂白精	滤后水中投加		制备成溶液澄清后，由计量设备投加水中，可采用重力投加到水泵吸水管中，也可用水射器向压力管中投加
次氯酸钠	作预处理时，一般在混凝前投加；水厂消毒时，滤池后投加		采用重力投加或采用计量泵等压力投加
氯胺	作预处理时，一般在混凝前投加；水厂消毒时，滤池后投加	不少于 2h	可采用加氯机投加
二氧化氯	用作预处理时，一般在混凝剂加注前5min左右投加；用于除臭或出厂消毒时，投加点在滤后	预处理时，15～30min；用作出厂消毒时，不小于 30min	在管道中投加选择水射器；在水中投加选择扩散器或扩散管

3.2.3　加药间及药库布置

3.2.3.1　混凝剂加药间及药库的布置

A　加药间的布置要求

（1）加药间应尽量设置在通风良好的地段。室内必须安置通风设备、冲洗设施及具有保障工作人员卫生安全的劳动保护措施。冬季使用聚丙烯酰胺的室内保证温度不低于2℃。

（2）加药间宜靠近投药点。

（3）搅拌池边宜设排水沟，加药间的地坪应有排水坡度，四周地面坡向排水沟。各种管道宜布置在管沟里，管沟内设排水设施，并防止室外管沟积水倒灌，管沟盖板应耐腐、防滑。

（4）根据药剂品种确定加药管管材，一般采用硬聚氯乙烯管。

（5）加药间药液池边应设工作台，工作台宽度1～1.5m为宜，当采用高位溶液池时，操作平台与屋顶的净空高度不宜小于2.20m，室外储液池应尽量靠近加药间。

B　药库布置

（1）药剂仓库及加药间应根据具体情况，设置计量工具和搬运设备。药库易与加药间合并布置。

（2）混凝剂的固定储备量，应按当地供应、运输等条件确定，宜按7～15d的最大投加量计算。其周转储备量应根据当地具体条件确定。

（3）计算固体混凝剂和石灰贮藏仓库面积时，其堆放高度：当采用混凝剂时可为1.5～2.0m；当采用石灰时可为1.5m。当采用机械搬运设备时，堆放高度可适当增加。药库层高一般不小于4m，当设有起吊设备时应通过计算确定。窗台高度应高于药剂堆放高度。

（4）对于储存量较大的散装药剂，可用隔墙分格。

（5）药库外设置汽车运输道路，并有足够的倒车道，药库一般设汽车运输进出的大门，大门净宽不小于3m。

3.2.3.2 消毒剂加药间及药库的布置

A 氯（氨）库及加氯（氨）间的布置

（1）氯库和加氯间、氨库和加氨间的布置应设置在净水厂最小频率风向的上风侧，远离居住区、公共建筑、集会和游乐场所。

（2）氯（氨）库和加氯（氨）间的集中采暖应采用散热器等无明火方式。其散热器应离开氯（氨）瓶和投加设备。

（3）大型净水厂为提高氯瓶的出氯量，应增加在线氯瓶数量或设置液氯蒸发器。液氯蒸发器的性能参数、组成、布置和相应的安全措施应遵守相关规定和要求。

（4）加氯（氨）间及氯（氨）库的设计应采用下列安全措施：加氯间及氯库应与其他建筑物的任何通风口相距不少于25m，贮存氯瓶、气态氯储槽和液态氯储槽的氯库与其他建筑物边界相距分别不少于20m、40m和60m；氯库不应设置阳光直射氯瓶的窗户。氯库应设置单独外开的门，不应设置与加氯间相通的门。氯库大门上应设置人行安全门，其安全门应向外开启，并能自行关闭；加氯（氨）间必须与其他工作间隔开，并应设置直接通向外部并向外开启的门和固定观察窗；加氯（氨）间和氯（氨）库应设置泄漏检测仪和报警设施，检测仪应设低、高检测极限；氯库应设置漏氯的处理设施，贮氯量大于1t时，应设置漏氯吸收装置（处理能力按一小时处理一个所用氯瓶漏氯量计），其吸收塔的尾气排放量应符合《大气污染物综合排放标准》（GB 16297）。漏氯吸收装置应设在临近氯库的单独的房间内；氨库除设置的通风系统进出口与氯库不同外，其他安全措施与氯库相同。装卸氨瓶区域内的电气设备应设置防爆型电气装置；液氨仓库和液氯仓库要完全隔开，压力加氨管和加氯管不能同沟槽。

（5）加氯（氨）间及其仓库应设有每小时换气8~12次的通风系统。氯库的通风系统应设置高位新鲜空气进口和低位室内空气排至室外高处的排放口。氨库的通风系统应设置低位进口和高位排出口。氯（氨）库应设有根据氯（氨）气泄漏量开启通风系统或全套漏氯（氨）气吸收装置的自动控制系统。

（6）加氯（氨）间外部应备有防毒面具、抢救设施和工具箱。防毒面具应严密封藏，以免失效。照明和通风设备应设置室外开关。

B 二氧化氯制取间及库房设计

（1）设置发生器的制取间与储存物料的库房允许合建，但必须隔墙分开。每间房有独立对外的门和便于观察的窗。制取间应加喷淋装置，以防突发事故引起气体泄漏。

（2）库房面积根据物料用量，按供应和运输时间设计，不宜大于30d储存量。

（3）应设机械搬运装置、通风装置和气体传感、警报装置及气体收集中和装置。

（4）制取间及库房应按防爆建筑要求设计。

（5）应保持库房的干燥，防止强烈光线直射，在库房的门外应设防护用具。

3.3 常规构筑物的设计

3.3.1 混凝

混凝是向水体中投加一些药剂，通过凝聚剂水解产物压缩胶体颗粒的扩散层，达到胶粒脱稳而相互聚结；或通过缩聚反应形成的高聚物的吸附架桥作用，使胶粒被吸附黏结。混凝技术设备简单，易于启动和掌握操作、维护，便于间歇式操作，处理效果好，缺点是运行费用较高，产泥量较大。

3.3.1.1 溶解池和溶液池的容积计算

溶解池是将固体（块状或颗粒）药剂溶解成浓药液的构筑物。浓药液通过耐腐蚀泵或射流泵进入溶液池，并用自来水稀释到所需要的浓度。

A 溶解池设计要点

（1）溶解池数量一般不少于两个，容积为溶液池的 20%~30%。

（2）溶解池设有搅拌装置，一般药量大时采用机械搅拌，采用减速搅拌机，转速为 100~200r/min，采用全速搅拌机，转速为 1000~1500r/min；药量小时采用水力搅拌，此时溶解池的容积约等于三倍药剂用量，水压约为 0.2MPa；较大水厂也可采用压缩空气搅拌，注意石灰乳液不宜长时间连续搅拌。

（3）为了便于投置药剂，溶解池一般采用地下式，通常设置在加药间的底层，池顶高出地面 0.2m，若投药量少时采用水力淋溶，池顶宜高出地面 1m 左右。

（4）溶解池的底坡不小于 0.02，池底应有直径不小于 100mm 的排渣管。

B 溶液池的设计要点

（1）溶液池一般为高架式，或放在加药间的楼层，以便能重力投加药剂。池周围设有宽度 1.0~1.5m 的工作台，池底坡度不小于 0.02，底部应设放空管。必要时设溢流装置，将多余溶液回流到溶解池。

（2）混凝剂溶液浓度一般以 5%~20%（按商品固体质量计）较合适。溶液池应设备用池，所以数量一般不少于两个。溶液池和溶解池池壁有超高，可取 0.2m。

（3）投药量较小的溶液池，可与溶解池合并为一个池子，底部需考虑一定的沉渣高度。

C 设计计算

溶液池有效容积：

$$W_1 = \frac{24 \times 100aQ}{1000 \times 1000cn} = \frac{aQ}{417cn}$$

溶解池容积：

$$W_2 = (0.2 \sim 0.3)W_1$$

式中，Q 为处理的水量，m^3/h；a 为混凝剂最大投加量，mg/L，按无水产品计，石灰最大用量按 CaO 计；c 为溶液浓度,%，一般取 5%~20%（按商品固体混凝剂重量计算）或采用 5%~7.5%（扣除结晶水计算），石灰乳液采用 2%~5%（按纯 CaO 计算）；n 为每日调制次数，一般为 2~6 次，手工一般不多于 3 次。

D 设计例题

已知设计水量为 $36000m^3/d = 1500m^3/h$，混凝剂采用硫酸亚铁，助凝剂为液态氯，混凝剂的最大投加量为 $30mg/L$（按 $FeSO_4$ 计）。

（1）溶液池设计：c 一般取 $10\% \sim 15\%$，在此取 15%；n 一般为 $2\sim6$ 次，手工一般不多于 3 次，在此取 3。

$$W_1 = \frac{24 \times 100 aQ}{1000 \times 1000 cn} = \frac{aQ}{417cn} = \frac{30 \times 1500}{417 \times 15 \times 3} = 2.4m^3$$

溶液池设置为两个，一般交替使用，每个容积为 $2.4m^3$。

溶液池采用矩形，长×宽×高 $= 3 \times 2 \times (0.4 + 0.2)\ m^3$（式中，$0.2$ 是超高）。

投药管流量：$q = \frac{1000W_1}{60 \times 60 \times 24} = \frac{2.4 \times 1000}{60 \times 60 \times 24} = 0.028L/s$

查水力计算表得投药管管径 $d = 8mm$，相应流速为 $0.56m/s$。

（2）溶解池容积：b 取 30%。

$$W_2 = bW_1 = 30\% \times 2.4 = 0.72m^3$$

溶解池采用矩形，长×宽×高 $= 1.2 \times 1 \times (0.6 + 0.2)\ m^3$（式中，$0.2$ 是超高）。

溶解池的放水时间 $t = 10min$，则放水流量为 $q_0 = \frac{W_2}{60t} = \frac{0.72 \times 1000}{60 \times 10} = 1.2L/s$

查水力计算表，选择放水管管径 $32mm$，相应流速为 $1.5m/s$。

溶解池底部设置管径 $100mm$ 排渣管 1 根。

3.3.1.2 混合设备

原水中投加混凝剂后，应立即瞬时强烈搅动，在短时间内将药剂均匀分散到水中，这个过程称为混合。混合时间一般为 $10\sim60s$，搅拌速度梯度为 $600\sim1000s^{-1}$。混合设备应靠近絮凝池，尽可能采用直接连接的方式，连接管道内流速为 $0.8\sim1.0m/s$，管道内停留时间不宜超过 $2min$。主要混合设备有水泵混合、静态混合器和机械混合池等。常见的几种混合方式的比较如表 3-11 所示。

表 3-11　常见的混合方式及适用条件

方式	优点	缺点	适用条件
水泵混合	设备简单、混合充分、效果好、不另耗动能	吸水管较多、投药设备要增加、安装、管理麻烦，配合加药自动控制较困难，G 值（速度梯度）相对较低	适用于一级泵房离处理构筑物 120m 以内的水厂
管式静态混合器	设备简单、维护管理方便，不需土建（构）筑物，在设计流量范围内，混合效果好，不需外加动力设备	运行水量变化影响效果，水头损失较大	适用于水量变化不大的各种规模水厂
扩散混合器	不需外加动力设备，不需土建（构）筑物，不占地	混合效果受水量变化	多用于直径为 $300\sim400mm$ 进水管，安装位置应低于絮凝池水面，适用于中、小水厂

方式	优点	缺点	适用条件
跌水（水跃）混合器	利用水头的跌落扩散药剂，受水量变化影响较小，不需外加动力设备	药剂的扩散不易完全均匀，需建混合池，容易夹带气泡	适用于各种规模水厂，特别当重力流进水水头有富余时
机械混合	混合效果较好，水头损失较小，混合效果基本不受水量变化影响	需耗动能，管理维护较复杂，需建混合池	适用于各种规模水厂

A　水力混合设计

a　水泵混合设计要点

药剂溶液加入泵的吸水管中，为了防止空气进入吸水管，需加设一个装有浮球阀的水封箱；药剂如果具有腐蚀性，应注意避免腐蚀水泵叶轮及管道；一级泵房与净水构筑物距离不宜过长。

b　管式静态混合器设计要点

管式静态混合器分节数一般取 2~3 段，一般当管道内液体流速为 1.0~1.5m/s 时，其水头损失约为 0.5~1.5m。

c　扩散混合器设计要点

扩散混合器是在孔板混合器前加上锥形配药帽组成，锥形帽的夹角为 90°，锥形帽顺水流方向的投影面积为进水管总面积的 1/4，孔板开孔面积为进水管总面积的 3/4，具体尺寸见表 3-12。

表 3-12　进水管、锥形帽及孔板孔径的关系

进水管直径 d_1/mm	400	500	600	700	800
锥形帽直径 d_3/mm	200	250	300	350	400
孔板孔径 d_2/mm	340	440	500	600	700

混合器水头损失计算公式如表 3-13 所示。

表 3-13　混合器水头损失计算方法

名称	公式	符号说明
混合器水头损失/m	$h = \xi \dfrac{v_2^2}{2g}$	d_1——进水管直径，mm；
孔板孔口流速/m·s^{-1}	$v_2 = v_1 \left(\dfrac{d_1}{d_2} \right)^2$	d_2——孔板孔径，mm；v_1——进水管流速，m/s；ξ——阻力系数，取 2

扩散混合器的水头损失一般为 0.3~0.4m。混合器管节长度 $L \geqslant 500$mm，孔板处流速为 1.0~2.0m/s，混合时间为 2~3s，G 值为 700~1000s^{-1}。

d　跌水（水跃）混合

跌水混合是在混合池的输水管上加装一个活动套管，利用水流在跌落时产生的巨大冲击达到混合效果，套管内外水位差至少应保持 0.3~0.4m，最大不超过 1m。

跌水混合适用于有较多富裕水头的大、中型水厂，利用3m/s以上的流速迅速流下时所产生的水跃进行混合，混合水头差至少要在0.5m以上。

B 机械混合设计

a 设计要点

混合池可采用单格或多格串联，混合池通常设计成圆形或方形，一般池长与池宽之比为1~3；水深与池径之比一般为0.8~1.5。

机械混合的搅拌器有多种形式，如桨式、推进式或涡流式，其中桨式结构简单，加工制造容易，所能提供的混合功率最小，因此应用最多。

搅拌器设置参数如表3-14所示。

表3-14 搅拌器参数选用

名称	单位	桨式搅拌器	推进式搅拌器
固定挡板	个	4	
固定挡板宽度 b（混合池直径 D）	m	$(1/12 \sim 1/10)D$	
挡板上下边缘离静止液面和池底高度	m	$1/4D$	
搅拌器外缘线速度 v	m/s	$1.0 \sim 5.0$	$3 \sim 15$
搅拌器直径 D_0	m	$(1/3 \sim 2/3)D$	$(0.2 \sim 0.5)D$
搅拌器距混合池底高度 H_6	m	$(0.5 \sim 1.0)d$	无导流筒时为 D_0，有导流筒时不低于 $1.2D_0$
搅拌器桨叶数 Z		2，4	3
搅拌器宽度 B	m	$(0.1 \sim 0.25)D$	
搅拌器螺距 S	m		d
桨叶和旋转平面所成角度 θ	(°)	45	
搅拌器层数 e		当 H（有效高度）：$D \leqslant 1.2 \sim 1.3$ 时，$e=1$；当 H：$D>1.2 \sim 1.3$ 时，$e>2$	当 H：$d \leqslant 4$ 时，$e=1$；当 H：$d>4$ 时，$e>1$
层间距 S_0	m	$(1.0 \sim 1.5)D_0$	
安装位置要求		相邻两层桨板采用90°交叉安装	

校核搅拌功率：若计算轴功率小于或大于需要轴功率时，应调整桨板直径 D_0 和搅拌器外边缘速度 v，使 $N_1 \approx N_2$。当取桨式搅拌器直径及搅拌器外边缘速度最大值时，仍然 $N_2 < N_1$，则需要改选推进式搅拌器。

b 计算公式

混合池的设计计算公式见表3-15。

表3-15 混合池设计计算公式

名称	公式	符号说明
混合池的有效容积/m³	$V = \dfrac{QT}{n}$	Q——设计流量，m³/s； T——混合时间，min，可采用10~30s；

名称	公式	符号说明
混合池有效水深/m	$H = \dfrac{4V}{\pi D^2}$	n——池子个数;
混合池高度/m	$H' = H + \Delta H$	D——混合池直径，m，若池体是方形，则以当量直径 D_e 替代 D;
挡板宽度/m	$b = \alpha D$	$D_e = 1.13\sqrt{LB}$（L、B 为边长）; ΔH——混合池超高，m，可取 0.5m; α——挡板宽度系数，一般取 $1/12\sim1/10$;
挡板长度/m	$h = H - 2\beta$	β——挡板上下边缘距静止液面和池底的距离，通常取 $1/4D$;
垂直轴转速/r·min^{-1}	$n_0 = \dfrac{60v}{\pi D_0}$	D_0——搅拌器直径，m，$D_0 = (1/3\sim1/2)D$; v——搅拌器外缘线速度，m/s，一般取 1.5~3.0m/s; μ——水的动力黏度，kg·s/m^2; G——设计速度梯度，500~1000s^{-1};
桨板旋转角速度/rad·s^{-1}	$\omega = \dfrac{2v}{D_0}$	C——阻力系数，取 0.2~0.5; γ——水的容重，1000kg/m^3; Z——搅拌器叶数，个; e——搅拌器层数;
需要轴功率/kW	$N_1 = \dfrac{\mu V G^2}{102}$	B——搅拌器宽度，m，$B = (0.1\sim0.25)D$; R_0——搅拌器半径，m;
计算轴功率/kW	$N_2 = C\dfrac{\gamma\omega^3 ZeBR_0^4\sin\theta}{408g}$	g——重力加速度，9.81m/s^2; θ——桨板折角，取 45°; K_g——电动机工况系数，当每日 24h 连续运行时，取 1.2;
电动机功率/kW	$N_3 = \dfrac{K_g N_2}{\sum\eta_n}$	$\sum\eta_n$——传动机械效率，一般取 0.85

c   设计例题

已知设计水量为 36000m^3/d = 1500m^3/h 的水处理厂，采用桨板式机械混合池。

混合池的有效容积。采用混合时间 $T = 30$s，池子 2 个：

$$V = \frac{QT}{n} = \frac{1500 \times 30}{3600 \times 2} = 6.25\text{m}^3$$

设混合池的直径为 1.8m，则有效水深为

$$H = \frac{4V}{\pi D^2} = \frac{4 \times 6.25}{\pi \times 1.8^2} = 2.5\text{m}$$

$\dfrac{H}{D} = \dfrac{2.5}{1.8} = 1.4$，搅拌器可设两层，即 $e = 2$，搅拌器桨叶数可设为 $N = 2$。

混合池池壁设 4 块固定挡板，每块宽度 $b = \alpha D = 1/10 \times 1.8 = 0.18$m。

其上下边缘离静止液面和池底皆为 $1/4D = 0.45$m。

挡板长为

$$h = H - 2\beta = 2.5 - 2 \times \frac{1}{4} \times 1.8 = 1.6\text{m}$$

混合池的总高度：

$$H' = H + \Delta H = 2.5 + 0.5 = 3.0\text{m}$$

搅拌的计算：取搅拌器直径 $D_0 = \dfrac{1}{2}D = 0.9\text{m}$，$v$ 取 4m/s，G 取 660s^{-1}，阻力系数 C 取

0.5，搅拌器宽度 $B = 0.15D = 0.27\text{m}$，选择水温 $20℃$ 时的 $\mu = 1.029 \times 10^{-4}\text{kg} \cdot \text{s/m}^2$。

垂直轴转速：

$$n_0 = \frac{60v}{\pi D_0} = \frac{60 \times 4}{3.14 \times 0.9} = 85\text{r/min}$$

桨板的旋转角速度为

$$\omega = \frac{2v}{D_0} = \frac{2 \times 4}{0.9} = 8.89\text{rad/s}$$

需要轴功率：

$$N_1 = \frac{\mu V G^2}{102} = \frac{1.029 \times 10^{-4} \times 6.25 \times 660^2}{102} = 2.75\text{kW}$$

计算轴功率：

$$N_2 = C\frac{\gamma \omega^3 Z e B R_0^4 \sin\theta}{408g} = 0.5 \times \frac{1000 \times 8.89^3 \times 2 \times 2 \times 0.27 \times 0.45^4 \sin45°}{408 \times 9.81} = 2.75\text{kW}$$

N_1 与 N_2 相差不大，满足要求。

电动机功率：

$$N_3 = \frac{K_g N_2}{\sum \eta_n} = \frac{1.2 \times 2.75}{0.85} = 3.88\text{kW}$$

3.3.1.3 絮凝设备

絮凝阶段是创造适当的水力条件，使药剂与水混合后所产生的微絮凝体，在一定时间内凝结成具有良好物理性能的絮凝体，它应具有足够大的粒度（$0.6 \sim 1.0\text{mm}$）、密度和强度（不易破碎），并为杂质颗粒在沉淀澄清阶段迅速沉降分离创造良好条件。絮凝池一般需要足够的絮凝时间 $10 \sim 30\text{min}$，低浊、低温水选择较大值；絮凝池的平均速度梯度在 $30 \sim 60\text{s}^{-1}$，GT 值达到 $10^4 \sim 10^5$；絮凝池应尽量和沉淀池合并建造，避免采用管渠连接，如果需要管渠连接时，管渠中流速应小于 0.15m/s，并避免流速突然升高或水头跌落；絮凝池出水穿孔墙的过孔流速宜小于 0.1m/s。

絮凝池的类型及特点如表 3-16 所示。

表 3-16 絮凝池的类型及特点

类型		优点	缺点	适用条件
隔板絮凝池	往复式	絮凝效果好，构造简单，施工方便	容积较大，水头损失较大，转折处絮粒易破碎，出水流量分配不均	水量大于 $30000\text{m}^3/\text{d}$ 的水厂，水量变动小
	回转式	絮凝效果好，水头损失小，构造简单，施工方便	出水流量分配不均，出口处易积泥	水量大于 $30000\text{m}^3/\text{d}$ 的水厂，水量变动小，适用于旧池改造或扩建

续表 3-16

类型	优点	缺点	适用条件
旋流絮凝池	容积小，水头损失小	池子深，地下水位高处施工困难，絮凝效果差	一般中小型水厂
涡流絮凝池	絮凝时间短，容积小，造价低	池子深，锥底施工困难，絮凝效果差	水量小于 30000m³/d 的水厂
折板絮凝池	絮凝时间短，容积小，絮凝效果好	造价高，水量变化影响絮凝效果	水量变化不大的水厂
穿孔旋流式	构造简单，施工方便	絮凝效果差	水量变化不大的水厂
网格絮凝池	絮凝效果好，节省药剂，水头损失小，絮凝时间短	存在末端池底积泥现象，网格上可能滋生藻类，堵塞孔眼	单池处理水量在 1 万~2.5 万 m³/d，水量变化不大的水厂，水量大时，可采用两组或多组池子并联运行，适于原水水温 4.0~34℃，浊度 25~2500NTU
机械絮凝池	絮凝效果好，节省药剂，水头损失小，可适应水质水量变化	需机械设备、经常维修	大小水量均适用，并适应水量变化较大的水厂

A　隔板式絮凝池设计

a　设计要点

（1）池数一般不少于 2 个，反应时间为 20~30min，色度高，难于沉淀的细颗粒较多时宜采用高值；

（2）池内进口流速一般为 0.5~0.6m/s，出口流速一般为 0.2~0.3m/s；

（3）隔板间净距应大于 0.5m，絮凝池超高一般采用 0.3m；

（4）隔板转弯处的过水断面面积应为廊道断面面积的 1.2~1.5 倍；

（5）池底坡向排泥口的坡度一般为 2%~3%，排泥管直径不小于 150mm；

（6）往复式隔板絮凝池总水头损失为 0.3~0.5m，回转式为 0.2~0.35m；絮凝池内平均速度梯度为 20~60s^{-1}，GT 值达到 10^4~10^5。

往复式隔板絮凝池的示意图如图 3-2 所示。回转式隔板絮凝池的示意图如图 3-3 所示。

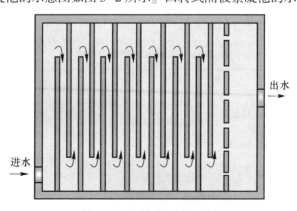

图 3-2　往复式隔板絮凝池

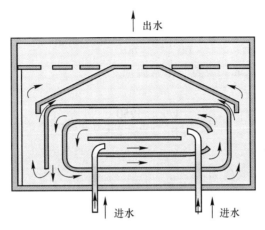

图 3-3 回转式隔板絮凝池

b 计算公式

絮凝池的设计计算方法见表 3-17。

表 3-17 絮凝池的计算公式

名 称	公 式	符号说明
总容积/m³	$V = \dfrac{QT}{60}$	Q——设计水量，m³/h； T——絮凝时间，min，取 20 ~ 30min； H_1——平均水深，m； n——池子个数； A_0——每池隔板所占面积，m²； B——池子宽度，一般采用与沉淀池等宽，m； v_{0n}——该段隔板转弯处的平均流速，m/s； S_n——该段廊道内水流转弯的次数； ξ——隔板转弯处的局部阻力系数，往复为 3.0，回转为 1.0； l_n——该段廊道的长度之和，m； v_n——该段廊道内流速，m/s； γ——水的容重，1000kg/m³； μ——水的动力黏度，kg·s/m²
每池平面面积/m³	$A = \dfrac{V}{nH_1} + A_0$	
池子长度/m	$L = \dfrac{A}{B}$	
各段水头损失/m	$h_n = \xi S_n \dfrac{v_{0n}^2}{2g} + \dfrac{v_n^2}{C_n^2 R_n} l_n$	
廊道断面的水力半径/m	$R_n = \dfrac{a_n H_1}{a_n + 2H_1}$	
流速系数	$C_n = \dfrac{1}{n} R_n^{y_n}$ $y_n = 2.5\sqrt{n} - 0.13 - 0.75\sqrt{R_n}(\sqrt{n} - 0.1)$	
隔板间距/m	$a_n = \dfrac{Q}{3600 n v_n H_1}$	
总水头损失/m	$h = \sum h_n$	
平均速度梯度/s⁻¹	$G = \sqrt{\dfrac{\gamma h}{60 \mu T}}$	

c 设计例题

已知设计水量为 36000m³/d = 1500m³/h，采用往复式隔板絮凝池。

设絮凝池反应时间为 30min，即 0.5h，总容积：

$$V = \frac{QT}{60} = \frac{1500 \times 30}{60} = 750m^3$$

絮凝池平均水深取 1.5m，设置一个絮凝池。

单池净平面积：

$$A' = \frac{V}{nH_1} = \frac{750}{1 \times 1.5} = 500m^2$$

池宽取 20.0m。

池子（隔板间净距）长度为：

$$L' = \frac{A'}{B} = \frac{500}{20} = 25m$$

本设计取超高 0.3m，$H_1 = 3.0$m。池高为 $H = 3.0 + 0.3 = 3.3$m。

隔板间距：取絮凝池起端流速 $v = 0.5$m/s，末端流速 $v = 0.2$m/s。即

$$v_1 = 0.5m/s, \quad v_2 = 0.4m/s, \quad v_3 = 0.3m/s, \quad v_4 = 0.2m/s$$

首先根据起、末端流速和平均水深算出起末端廊道宽度，然后按流速递减原则，决定廊道分段数和各段廊道宽度。廊道宽度分成 4 段（注意廊道宽度应大于 0.5m）。

起端廊道宽度：

$$a_1 = \frac{Q}{3600H_1v_1} = \frac{1500}{3600 \times 1.5 \times 0.5} = 0.6m$$

二道廊道宽度：

$$a_2 = \frac{Q}{3600H_1v_2} = \frac{1500}{3600 \times 1.5 \times 0.4} = 0.7m$$

三道廊道宽度：

$$a_3 = \frac{Q}{3600H_1v_3} = \frac{1500}{3600 \times 1.5 \times 0.3} = 0.9m$$

末端廊道宽度：

$$a_4 = \frac{Q}{3600H_1v_4} = \frac{1500}{3600 \times 1.5 \times 0.2} = 1.4m$$

各段廊道数分别为 7，7，7，7；隔板数为 28−1=27 条，水流转弯次数为 27 次。

则池子廊道总间距（隔板间净距）为：

$$L' = 7 \times 0.6 + 7 \times 0.7 + 7 \times 0.9 + 7 \times 1.4 = 25.2m$$

取隔板厚度 $\delta = 0.15$m，共 27 块隔板，则絮凝池总长度 L 为 $L = 25.2 + 27 \times 0.15 = 29.25$m，取为 30m。

水头损失计算：

$$h_n = \xi S_n \frac{v_{0n}^2}{2g} + \frac{v_n^2}{C_n^2 R_n} l_n$$

$$R_1 = \frac{a_1 H_1}{a_1 + 2H_1} = \frac{0.6 \times 1.5}{0.6 + 1.5 \times 2} = 0.25$$

絮凝池采用钢筋混凝土及砖组合结构，外用水泥砂浆抹面，粗糙系数 $n = 0.013$。

$$y_1 = 2.5\sqrt{n} - 0.13 - 0.75\sqrt{R_n}(\sqrt{n} - 0.1)$$
$$= 2.5 \times \sqrt{0.013} - 0.13 - 0.75 \times \sqrt{0.25}(\sqrt{0.013} - 0.1) = 0.15$$

$$C_1 = \frac{1}{n}R^{y_1} = \frac{1}{0.013} \times 0.25^{0.15} = 62.5$$

$$C_1^2 = 3906.25$$

其他段计算结果见表 3-18。

表 3-18 絮凝池其他段的计算结果

$R_2 = 0.28$	$R_3 = 0.35$	$R_4 = 0.48$
$y_2 = 0.15$	$y_3 = 0.15$	$y_4 = 0.15$
$C_2 = 63.6$	$C_3 = 65.7$	$C_4 = 68.9$
$C_2^2 = 4044.96$	$C_3^2 = 4316.49$	$C_4^2 = 4747.21$

廊道转弯处的过水断面面积为廊道断面积的 1.2~1.5 倍,本设计取 1.4 倍,则第一段转弯处流速:

$$v_{01} = \frac{Q}{1.4 \cdot a_1 H_1 \cdot 3600} = \frac{1500}{1.4 \times 0.6 \times 1.5 \times 3600} = 0.33\text{m/s}$$

第二段转弯处流速:

$$v_{02} = \frac{Q}{1.4 \cdot a_2 H_1 \cdot 3600} = \frac{1500}{1.4 \times 0.7 \times 1.5 \times 3600} = 0.28\text{m/s}$$

第三段转弯处流速:

$$v_{03} = \frac{Q}{1.4 \cdot a_3 H_1 \cdot 3600} = \frac{1500}{1.4 \times 0.9 \times 1.5 \times 3600} = 0.22\text{m/s}$$

第四段转弯处流速:

$$v_{04} = \frac{Q}{1.4 \cdot a_4 H_1 \cdot 3600} = \frac{1500}{1.4 \times 1.4 \times 1.5 \times 3600} = 0.14\text{m/s}$$

各段转弯处的宽度分别为:1.4×0.6 = 0.84m;1.4×0.7 = 0.98m;1.4×0.9 = 1.26m;1.4×1.4 = 1.96m。

各段廊道长度分别为:$l_1 = 7 \times (20 - 0.84) = 134.12$m,$l_2 = 133.14$m,$l_3 = 131.18$m,$l_4 = (7 - 1) \times (20 - 1.96) = 108.24$m。

各段水头损失见表 3-19:$h_n = \xi S_n \dfrac{v_{0n}^2}{2g} + \dfrac{v_n^2}{C_n^2 R_n} l_n$。

表 3-19 絮凝池各段的水头损失

段数	S_n	l_n	R_n	v_{0n}	v_n	C_n	C_n^2	ξ	h_n
1	7	134.12	0.25	0.33	0.5	62.5	3906.25	3.0	0.15
2	7	133.14	0.28	0.28	0.4	63.6	4044.96	3.0	0.10
3	7	131.18	0.35	0.22	0.3	65.7	4316.49	3.0	0.06
4	7	108.24	0.48	0.14	0.2	68.9	4747.21	3.0	0.02
合计	总水头损失 $h = 0.15 + 0.1 + 0.06 + 0.02 = 0.33$m（往复式隔板絮凝池总水头损失为 0.3~0.5m）								

GT 值计算及校核：$t = 20℃$时，水的动力黏度为 $1.029×10^{-4}\text{kg}\cdot\text{s/m}^2$，

$$G = \sqrt{\frac{\gamma h}{60\mu T}} = \sqrt{\frac{1000 \times 0.33}{1.029 \times 10^{-4} \times 30 \times 60}} = 42.21\text{s}^{-1}$$

$GT = 42.21×30×60 = 75978$，絮凝池内平均速度梯度为 $20\sim60\text{s}^{-1}$，GT 值达到 $10^4\sim10^5$，则符合要求。

B 折板絮凝池

a 设计要点

折板絮凝池一般分为三段，第一段（相对折板）：$v = 0.25\sim0.35\text{m/s}$，$G = 80\text{s}^{-1}$，$t \geqslant 240\text{s}$；第二段（相对折板或平行折板）：$v = 0.15\sim0.25\text{m/s}$，$G = 50\text{s}^{-1}$，$t \geqslant 240\text{s}$；第三段（相对折板或平行折板）：$v = 0.10\sim0.15\text{m/s}$，$G = 25\text{s}^{-1}$，$t \geqslant 240\text{s}$；絮凝时间可为 $12\sim20\text{min}$，GT 值 $\geqslant 2×10^4$。

折板夹角可采用 $90°\sim120°$；折板宽度 b 可采用 0.5m，折板长度可采用 $0.8\sim2.0\text{m}$。

折板絮凝池要设排泥设施。折板絮凝池的示意图如图 3-4 和图 3-5 所示。

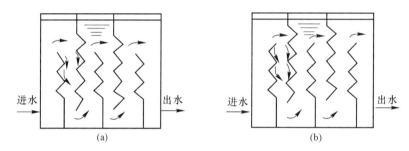

图 3-4 单通道折板絮凝池剖面示意图

（a）同波折板；（b）异波折板

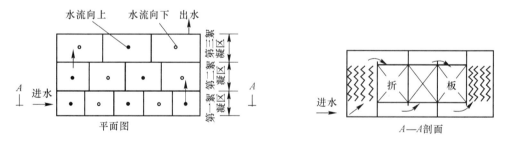

图 3-5 多通道折板絮凝池示意图

b 平折板絮凝池水头损失计算公式

平折板絮凝池水头损失计算方法见表 3-20。

表 3-20 平折板絮凝池的计算公式

名　称		公　式	符号说明
相对折板	渐放段水头损失/m	$h_1 = \xi_1 \dfrac{v_1^2 - v_2^2}{2g}$	v_1——峰速，取 $0.25\sim0.35\text{m/s}$； v_2——谷速，取 $0.1\sim0.15\text{m/s}$；

名　称	公　式	符号说明
相对折板　渐缩段水头损失/m	$h_2 = \left[1 + \xi_2 - \left(\dfrac{F_1}{F_2}\right)^2\right]\dfrac{v_1^2}{2g}$	ξ_1——渐放管阻力系数，取 0.5； ξ_2——渐缩管阻力系数，取 0.1； F_1——相对峰的断面积，m^2； F_2——相对谷的断面积，m^2； v_0——转弯或孔洞处流速，m/s； n——缩放组合的个数 ξ_3——转弯或孔洞处的阻力系数，上转弯取 1.8，下转弯或孔洞取 3.0
一个缩放组合水头损失/m	$h = h_1 + h_2$	
转弯或孔洞的水头损失/m	$h_i = \xi_3\dfrac{v_0^2}{2g}$	
总水头损失/m	$\sum h = nh + h_i$	
平行折板　弯道处水头损失/m	$h = \xi\dfrac{v^2}{2g}$	v——板件流速，取 0.15~0.25m/s； ξ——每一个 90° 弯道的阻力系数，取 0.6； n'——90° 转弯的个数； v_0——转弯或孔洞处流速，m/s
总水头损失/m	$\sum h = n'h + h_i$	
上下转弯或孔洞水头损失/m	$h_i = \xi_3\dfrac{v_0^2}{2g}$	
平行直板　转弯处水头损失/m	$h = \xi\dfrac{v^2}{2g}$	ξ——转弯处的阻力系数，按 180° 转弯计算，取 3.0； v——平均流速，取 0.05~0.1m/s； n''——180° 转弯个数； h'——进水口水头损失，m
总水头损失/m	$\sum h = n''h + h'$	

c　设计例题

已知设计水量为 $36000m^3/d = 1500m^3/h$，采用折板絮凝池。

一般絮凝池与沉淀池合建，絮凝时间为 12~20min，选择 12min，分为两格。

（1）絮凝池的尺寸。每格絮凝池有效容积为：

$$V = \frac{Qt}{60n} = \frac{1500 \times 12}{60 \times 2} = 150m^3$$

设絮凝池平均水深为 4m，则絮凝池净面积 A' 为：

$$A' = \frac{V}{H} = \frac{150}{4} = 37.5m^2$$

设每格池子的净宽度 $B' = 6m$，则池子净长 $L' = \dfrac{A'}{B'} = \dfrac{37.5}{6} = 6.25m$。

（2）絮凝池的布置。絮凝池的絮凝过程为三段：第一段 $v_1 = 0.3m/s$；第二段 $v_2 = 0.2m/s$；第三段 $v_3 = 0.1m/s$。

将絮凝池垂直水流方向分为 6 格，每格净宽为 1m，则池子净长度为 6m，每两个为一絮凝段，第一、二格采用单通道异波折板；第三、四格采用单通道同波折板；第五、六格采用直板。

（3）折板尺寸及布置。折板采用钢丝水泥板，折板宽度为 0.5m，厚度为 0.035m，折角为 90°，折板净长度可采用 0.8~2.0m，在此选择 1.0m。折板尺寸示意图如图 3-6 所示。

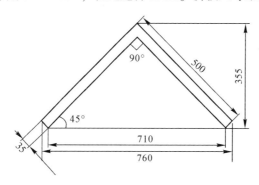

图 3-6 折板尺寸示意图

（4）板距及絮凝池长度 L 和宽度 B。第一絮凝区流速为 0.3m/s，通道宽度为 1m。

峰距：

$$b_1 = \frac{Q}{3600 \times n \times 1 \times v_1} = \frac{1500}{3600 \times 2 \times 1 \times 0.3} = 0.694 \text{m}$$

中间谷距：

$$b_2 = 0.694 + 0.355 \times 2 = 1.404 \text{m}$$

侧边峰距：

$$\frac{6.25 - 2 \times 1.404 - 0.694 \times 2 - 0.355}{2} = 0.85 \text{m}$$

侧边谷距：

$$0.85 + 0.355 = 1.205 \text{m}$$

第二絮凝区，中间间距为 $b_1+0.355 = 0.694+0.355 = 1.049$m。

侧边峰距：

$$\frac{6.25 - 4 \times 1.049 - 0.355}{2} = 0.85 \text{m}$$

侧边谷距：

$$0.85 + 0.355 = 1.205 \text{m}$$

第三絮凝区，流速为 0.1m/s，板间间距为 $b_3 = \dfrac{1500}{3600 \times 2 \times 1 \times 0.1} = 2.1$m。

考虑折板所占宽度为 $0.035 \times \sqrt{2} = 0.05$m，直板厚度为 0.125m，池壁厚 250mm，池底厚 300mm，絮凝池的实际长度 $L = 6.25 + 0.05 \times 5 + 0.25 \times 2 = 7$m；考虑格板间隔为 0.2m，絮凝池的实际宽度 $B = 6 + 0.2 \times 5 + 0.25 \times 2 = 7.5$m。

因此，由以上计算尺寸对絮凝池进行平面和剖面布置，絮凝池平面图如图 3-7 所示，剖面图如图 3-8 所示。

（5）水头损失计算。

1）第一絮凝区。

峰速为：

$$v_1 = 0.3 \text{m/s}$$

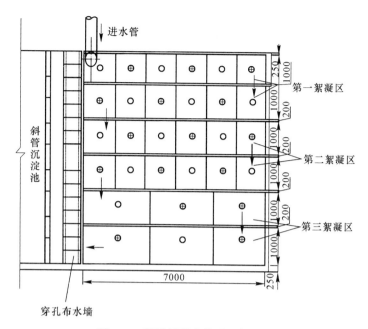

图 3-7 折板絮凝池的平面布置图

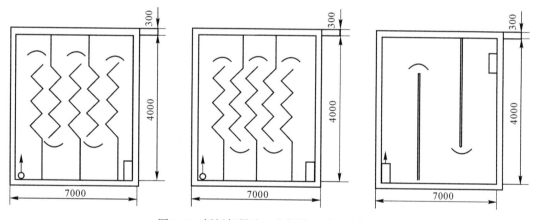

图 3-8 折板絮凝池三个絮凝区剖面示意图

谷速为：

$$v_1' = \frac{Q}{3600n \times 1 \times b_2} = \frac{1500}{3600 \times 2 \times 1 \times 1.404} = 0.15 \text{m/s}$$

侧边谷速为：

$$v_1'' = \frac{Q}{3600n \times 1 \times 1.205} = \frac{1500}{3600 \times 2 \times 1 \times 1.205} = 0.17 \text{m/s}$$

侧边峰速为：

$$v_1''' = \frac{Q}{3600n \times 1 \times 0.85} = \frac{1500}{3600 \times 2 \times 1 \times 0.85} = 0.25 \text{m/s}$$

下转弯高度为 0.9m，折板高度为 0.76×3＝2.28m。

下转弯流速为：

$$v_0' = \frac{1500}{3600 \times 2 \times 1 \times 0.9} = 0.23 \text{m/s}$$

上转弯高度为 $4.0 - 2.28 - 0.9 = 0.82 \text{m}$。

上转弯流速为：

$$v_0' = \frac{1500}{3600 \times 2 \times 1 \times 0.82} = 0.254 \text{m/s}$$

$\xi_1 = 0.5$，$\xi_2 = 0.1$，上转弯 $\xi_3 = 1.8$，下转弯 $\xi_3 = 3.0$。

中间渐放段水头损失：

$$h_1 = \xi_1 \frac{v_1^2 - v_1'^2}{2g} = 0.5 \times \frac{0.3^2 - 0.15^2}{2 \times 9.8} = 0.0017 \text{m}$$

中间渐缩段水头损失：

$$h_2 = \left[1 + \xi_2 - \left(\frac{F_1}{F_2} \right)^2 \right] \frac{v_1^2}{2g} = \left[1 + 0.1 - \left(\frac{0.694}{1.404} \right)^2 \right] \times \frac{0.3^2}{2 \times 9.8} = 0.0039 \text{m}$$

侧边渐放段水头损失：

$$h_1' = \xi_1 \frac{v_1'''^2 - v_1''^2}{2g} = 0.5 \times \frac{0.25^2 - 0.17^2}{2 \times 9.8} = 0.0009 \text{m}$$

侧边渐缩段水头损失：

$$h_2' = \left[1 + 0.1 - \left(\frac{0.85}{1.205} \right)^2 \right] \times \frac{0.25^2}{2 \times 9.8} = 0.0019 \text{m}$$

转弯孔洞处水头损失（共 3 个上转弯，2 个下转弯，2 个进水口，设进孔流速为 0.1m/s）：

$$\sum h_i = 2\xi_3' \frac{v_0'^2}{2g} + 3\xi_3'' \frac{v_0''^2}{2g} + 2\xi_3''' \frac{v_0^2}{2g} = 2 \times 3 \times \frac{0.23^2}{2 \times 9.8} + 3 \times 1.8 \times \frac{0.254^2}{2 \times 9.8} +$$
$$2 \times 3 \times \frac{0.1^2}{2 \times 9.8} = 0.037 \text{m}$$

第一、二格为单通道异波折板，侧边缩放组合共 10 个，中间缩放组合共 20 个，则第一段总水头损失为：

$$\sum h_1 = n(h_1 + h_2) + n'(h_1' + h_2') + \sum h_i = 20 \times (0.0017 + 0.0039) +$$
$$(0.0009 + 0.0019) \times 10 + 0.037 = 0.177 \text{m}$$

2）第二絮凝区。第三、四格为单通道平行折板。

板件流速：

$$v_2 = \frac{1500}{3600 \times 2 \times 1 \times 1.049} = 0.2 \text{m/s}$$

板件水头损失：

$$h = \xi \frac{v_2^2}{2g} = 0.6 \times \frac{0.2^2}{2 \times 9.8} = 0.0012 \text{m}$$

转弯形式与第一絮凝区相同，则转弯水头损失为：

$$\sum h_i = 0.034\text{m}$$

侧边峰速、谷速及布置形式与第一絮凝区相同，则侧壁水头损失为：

$$n'(h'_1 + h'_2) = (0.0009 + 0.0019) \times 10 = 0.028\text{m}$$

第二絮凝区90°弯道共40个，则总水头损失为：

$$\sum h_2 = nh + n'(h'_1 + h'_2) + \sum h_i = 40 \times 0.0012 + 0.028 + 0.037 = 0.113\text{m}$$

3）第三絮凝区。第五、六格为单通道直板，其板件流速为：

$$v_3 = 0.1\text{m/s}$$

转弯处的水头损失为：

$$h = \xi \frac{v^2}{2g} = 3.0 \times \frac{0.1^2}{2 \times 9.8} = 0.0015\text{m}$$

转弯次数为6次，进出口3个，第三絮凝区总水头损失为：

$$\sum h_3 = nh + h' = 6 \times 0.0015 + 3 \times 3 \times \frac{0.1^2}{2 \times 9.8} = 0.014\text{m}$$

第一絮凝区停留时间为：

$$T_1 = \frac{V_1}{Q} = \frac{2 \times 1 \times 6.25 \times 4.0}{\dfrac{1500}{2 \times 3600}} = 240\text{s}$$

$$G_1 = \sqrt{\frac{\gamma \sum h_1}{\mu T_1}} = \sqrt{\frac{1000 \times 0.177}{1.029 \times 10^{-4} \times 240}} = 84.7\text{s}^{-1}$$

（水温为20℃，$\mu = 1.029 \times 10^{-4}\text{kg} \cdot \text{s/m}^2$）

第二絮凝区停留时间为：

$$T_2 = \frac{V_2}{Q} = \frac{2 \times 1 \times 6.25 \times 4.0}{\dfrac{1500}{2 \times 3600}} = 240\text{s}$$

$$G_2 = \sqrt{\frac{\gamma \sum h_2}{\mu T_2}} = \sqrt{\frac{1000 \times 0.113}{1.029 \times 10^{-4} \times 240}} = 67.6\text{s}^{-1}$$

第三絮凝区停留时间为：

$$T_3 = \frac{V_3}{Q} = \frac{(7 - 0.25 \times 2 - 0.05 \times 2) \times 1 \times 4.0 \times 2}{\dfrac{1500}{2 \times 3600}} = 246\text{s}$$

$$G_2 = \sqrt{\frac{\gamma \sum h_2}{\mu T_2}} = \sqrt{\frac{1000 \times 0.014}{1.029 \times 10^{-4} \times 246}} = 23.5\text{s}^{-1}$$

絮凝池的总水头损失 $\sum h = 0.304\text{m}$，絮凝时间 $T = 726\text{s}$，则可求得 GT 值：

$$GT = \sqrt{\frac{\gamma \sum h}{\mu T}} T = \sqrt{\frac{1000 \times 0.304}{1.029 \times 10^{-4} \times 726}} \times 726 = 4.63 \times 10^4 > 2 \times 10^4$$

C　网格絮凝池

a　设计要点

（1）絮凝时间一般为 12~20min，用于处理低温、低浊水时，絮凝时间可适当延长。

（2）絮凝池分格数按照絮凝时间计算，分格数多为 8~18 格，可大致均分为三段，前段 3~5min，中段 3~5min，末段 4~5min。

（3）絮凝池竖井流速、过栅（过网）和过孔流速应逐段递减，分段数一般宜分三段，流速可分别为：竖井平均流速，前段和中段 0.12~0.14m/s，末段 0.10~0.14m/s；过栅（过网）流速，前段 0.25~0.30m/s，中段 0.22~0.25m/s；竖井之间孔洞流速，前段 0.20~0.30m/s，中段 0.15~0.20m/s，末段 0.10~0.14m/s。

（4）絮凝池一般布置成两组或多组并联形式。

（5）絮凝池内应有排泥设施，一般可用长度小于5m，直径为 150~200mm 的穿孔排泥管或单斗底排泥，采用快开排泥阀。

b　计算公式

网格絮凝池的设计计算方法见表 3-21。

表 3-21　网格絮凝池的计算公式

名　称	公　式	符号说明
总容积/m³	$W = \dfrac{QT}{60}$	
每池平面面积/m²	$A = \dfrac{W}{nH_1}$	Q——设计水量，m³/h； T——絮凝时间，min；
单个竖井面积/m²	$f = \dfrac{Q}{v_0}$	H_1——平均水深，m，水平流沉淀池配套时，池高可采用 3.0~3.4m，与斜管沉淀池配套时采用 4.2m 左右；
竖井个数	$n = \dfrac{A}{f}$	v_0——竖井平均流速，m/s；
竖井之间孔洞尺寸/m²	$A_2 = \dfrac{Q}{v_2}$	v_2——各段孔洞流速，m/s； v_1——各段过网流速，m/s；
每层网格水头损失/m	$h_1 = \xi_1 \dfrac{v_1^2}{2g}$	ξ_1——网格阻力系数，前段取 1.0，中段取 0.9；
每个孔洞水头损失/m	$h_2 = \xi_2 \dfrac{v_2^2}{2g}$	ξ_2——孔洞阻力系数，取 3.0
总水头损失/m	$h = \sum h_1 + \sum h_2$	

D　机械式絮凝池设计

a　设计要点

（1）絮凝时间为 15~20min；絮凝池一般不少于 2 个，池内一般设有 3~4 排搅拌器，各排之间可用隔墙或穿孔墙分隔，以免短流；

（2）同一搅拌器相邻叶轮应互相垂直设置；叶轮桨板中心处的线速度从第一排的 0.4~

0.5m/s，逐渐减小到最后一排的 0.2m/s；

（3）水平式搅拌轴应设于池中水深 1/2 处，每个搅拌叶轮的桨板数目一般为 4~6 块，桨板长度不大于叶轮直径的 75%，水平轴式叶轮直径应比絮凝池水深小 0.3m，叶轮边缘与池子侧壁间距不大于 0.2m；

（4）垂直式搅拌轴设于池中间，上桨板在水面下 0.3m 处，下桨板底端距池底 0.3~0.5m，桨板外缘离池壁不大于 0.25m；

（5）每排搅拌叶轮上的桨板总面积为水流截面积的 10%~20%，不宜超过 25%，每块桨板的宽度为桨板长的 1/15~1/10，一般采用 10~30cm；

（6）絮凝池深度一般为 3~4m。

b 计算公式

机械絮凝池的设计计算方法见表 3-22。

表 3-22 机械絮凝池的计算公式

名 称	公 式	符号说明
每池容积/m³	$V = \dfrac{QT}{60n}$	Q——设计水量，m³/h； T——絮凝时间，min；
水平轴式池子的长度/m	$L = \alpha Z H$	n——池子个数； H——平均水深，m；
水平轴式池子的宽度/m	$B = \dfrac{V}{LH}$	α——系数，一般选用 1.0~1.5； Z——搅拌轴排数，一般选用 3~4；
搅拌器转数/r·min⁻¹	$n_0 = \dfrac{60v}{\pi D_0}$	v——叶轮桨板中心线速度，m/s； D_0——叶轮桨板中心点旋转直径，m；
搅拌器叶轮旋转的角速度/rad·s⁻¹	$\omega = \dfrac{2v}{D_0}$	y——每个叶轮上桨板数目，个； l——桨板长度，m； φ——阻力系数，见表 3-23；
每个叶轮旋转时克服水的阻力所消耗的功率/kW	$N_0 = \dfrac{y\varphi\gamma l\omega^3}{816g}(r_2^4 - r_1^4)$	r_1——叶轮半径与桨板宽度之差，m； r_2——叶轮半径，m； γ——水的容重，1000kg/m³；
转动每个叶轮所需电动机功率/kW	$N = \dfrac{N_0}{\eta_1\eta_2} + N'$	η_1——搅拌器机械总效率，一般选 0.75； η_2——传动效率，一般选 0.6~0.95

表 3-23 阻力系数 φ

b/l	<1	1~2	2.5~4	4.5~10	10.5~18	>18
φ	1.10	1.15	1.19	1.29	1.40	2.00

c 设计例题

已知设计水量为 36000m³/d = 1500m³/h，采用机械絮凝池。设池数 $n=2$，絮凝时间 $T=15$min。

每池的容积：

$$V = \frac{QT}{60n} = \frac{1500 \times 15}{60 \times 2} = 187.5\text{m}^3$$

絮凝池水深要求 3~4m，在此取平均水深 3.5m，搅拌器排数 $Z=3$，a 取 1.3。则池长：

$$L = aZH = 1.3 \times 3 \times 3.5 \approx 14m$$

池宽：

$$B = \frac{V}{LH} = \frac{187.5}{14 \times 3.5} = 3.8m$$

絮凝池超高设为0.3m，则池高为3.8m。

搅拌设备计算。叶轮直径应比絮凝池水深小0.3m，则叶轮直径：

$$D = 3.5 - 0.3 = 3.2m$$

叶轮桨板长度不大于叶轮直径的75%，则桨板长度 l 取2.0m（2.0<3.2×0.75=2.4）。

每块桨板宽度为桨长的1/15~1/10，在此桨板宽 b 取 $2 \times \frac{1}{15} = 0.133 \approx 0.15m$。

每个搅拌叶轮的桨板数目一般为4~6块，在此取 $y = 4$。

设第一排轴装2个叶轮，共8块桨板；第二排轴装1个叶轮，共4块桨板；第三排轴装2个叶轮，共8块桨板。

每排搅拌器上桨板总面积与絮凝池过水断面面积之比：

$$\frac{8bl}{BH} = \frac{8 \times 0.15 \times 2}{3.8 \times 3.5} = 18\% < 25\%$$

根据叶轮桨板中心处的线速度，第一排 $v_1 = 0.5m/s$，第三排 $v_3 = 0.2m/s$，第二排 $v_2 = 0.35m/s$，叶轮桨板中心点的旋转直径 $D_0 = D - \frac{b}{2} \times 2 = 3.2 - 0.15 = 3.05m$。

第一排搅拌器转数：

$$n_{01} = \frac{60v_1}{\pi D_0} = \frac{60 \times 0.5}{3.14 \times 3.05} = 3.13r/min$$

第二排搅拌器转数：

$$n_{02} = \frac{60v_2}{\pi D_0} = \frac{60 \times 0.35}{3.14 \times 3.05} = 2.19r/min$$

第三排搅拌器转数：

$$n_{03} = \frac{60v_3}{\pi D_0} = \frac{60 \times 0.2}{3.14 \times 3.05} = 1.25r/min$$

第一排搅拌器叶轮旋转的角速度：

$$\omega_1 = \frac{2v_1}{D_0} = \frac{2 \times 0.5}{3.05} = 0.328rad/s$$

第二排搅拌器叶轮旋转的角速度：

$$\omega_2 = \frac{2v_2}{D_0} = \frac{2 \times 0.35}{3.05} = 0.230rad/s$$

第三排搅拌器叶轮旋转的角速度：

$$\omega_3 = \frac{2v_3}{D_0} = \frac{2 \times 0.2}{3.05} = 0.13rad/s$$

因为 $b/l = 0.075 < 1$，则 $\varphi = 1.10$，叶轮半径 $r_2 = D/2 = 1.6m$；叶轮半径与桨板宽度之差 $r_1 = 1.6 - 0.15 = 1.45m$。

各排轴上每个叶轮的功率为：

第一排：

$$N_{01} = \frac{y\varphi\gamma l\omega_1^3}{816g}(r_2^4 - r_1^4) = \frac{4 \times 1.1 \times 1000 \times 2 \times \omega_1^3}{816 \times 9.81} = 2.35\omega_1^3 = 0.083\text{kW}$$

第二排：

$$N_{02} = \frac{y\varphi\gamma l\omega_2^3}{816g}(r_2^4 - r_1^4) = 2.35\omega_2^3 = 0.029\text{kW}$$

第三排：

$$N_{03} = \frac{y\varphi\gamma l\omega_3^3}{816g}(r_2^4 - r_1^4) = 2.35\omega_3^3 = 0.005\text{kW}$$

转动叶轮所需电动机功率，在此传动效率取 0.8。

第一排（两个叶轮）：

$$N_1 = 2 \times \frac{N_{01}}{\eta_1\eta_2} + N' = 2 \times \frac{0.083}{0.75 \times 0.8} + 0.735 = 1.01\text{kW}$$

第二排（一个叶轮）：

$$N_2 = \frac{N_{02}}{\eta_1\eta_2} + N' = \frac{0.029}{0.75 \times 0.8} + 0.735 = 0.78\text{kW}$$

第三排（两个叶轮）：

$$N_3 = 2 \times \frac{N_{03}}{\eta_1\eta_2} + N' = 2 \times \frac{0.005}{0.75 \times 0.8} + 0.735 = 0.75\text{kW}$$

絮凝池的平均速度梯度：

$$G = \sqrt{\frac{10^3 P}{\mu}}$$

式中，μ 为水的绝对黏度，$\text{Pa}\cdot\text{s}$，在水 20℃时，$\mu = 1 \times 10^{-3}\text{Pa}\cdot\text{s}$；$P$ 为单位时间、单位体积所消耗的功：

$$P = \frac{2N_{01} + N_{02} + 2N_{03}}{V} = \frac{2 \times 0.083 + 0.029 + 0.005 \times 2}{187.5} = 1.1 \times 10^{-3}\text{kW/m}^3$$

$$G = \sqrt{\frac{10^3 P}{\mu}} = \sqrt{\frac{10^3 \times 1.1 \times 10^{-3}}{1 \times 10^{-3}}} = 33.2\text{s}^{-1}$$

$GT = 33.2 \times 15 \times 60 = 29850$，在 $10^4 \sim 10^5$ 范围内。

3.3.2 沉淀

沉淀池的优缺点及适用条件如表 3-24 所示。

表 3-24 沉淀池的优缺点及适用条件

形式	优点	缺点	适用条件
平流式	造价低，操作管理方便，施工简单，对原水浊度适应性强，处理效果稳定，带有机械排泥设备，排泥效果好	占地面积大，需维护机械排泥设备	一般适用于大、中型水厂

形　式	优　点	缺　点	适用条件
斜管(板)式	沉淀效率高, 池体小, 占地小	耗材多, 费用高, 对原水浊度适应性较差, 不设机械排泥装置时, 排泥困难, 设机械排泥装置时, 维护管理较麻烦	可用于各种规模水厂, 易用于老沉淀池的改建、扩建, 适用于需保温的低温地区, 单池处理水量不宜过大

3.3.2.1　平流沉淀池

A　设计要点

(1) 用于生活饮用水处理时, 沉淀出水浊度小于 5NTU。池数或分格数不少于 2 座 (原水浊度经常低于 20NTU 时可用一座, 但要设超越管)。

(2) 平流沉淀池的沉淀时间, 一般宜为 1.5~3.0h; 但处理低温、低浊或高浊水时, 沉淀时间为 2.5~3.5h; 处理含藻水时, 采用 2~4h。

(3) 平流沉淀池的水平流速可采用 10~25mm/s, 水流应避免过多转折; 处理低温、低浊或高浊水时, 水平流速可采用 8~10mm/s; 处理含藻水时, 水平流速可采用 5~8mm/s。

(4) 平流沉淀池的有效水深, 一般可采用 3.0~3.5m。沉淀池的每格宽度 (或导流墙间距), 一般宜为 3~8m, 最大不超过 15m, 长度与宽度之比不得小于 4, 长度一般在 80~100m 之间; 长度与深度之比不得小于 10。

(5) 平流沉淀池宜采用穿孔墙配水和溢流堰集水, 溢流率一般不超过 300m³/(m·d)。

(6) 沉淀池应设放空管, 放空时间不超过 6h。

(7) 弗劳德数一般控制在 $Fr = 10^{-4} \sim 10^{-5}$ 之间, 雷诺数 $Re = 4000 \sim 15000$ 之间。

B　计算方法

沉淀池的设计计算方法见表 3-25。

表 3-25　沉淀池的计算公式

名　　称		公　式	符号说明
按沉淀时间和水平流速计算	池长/m	$L = 3.6vT$	v——池内平均水平流速, mm/s; T——沉淀时间, s; Q——设计水量, m³/h; H——有效水深, m; β——池长宽比; ω——水流断面积, cm²; ρ——湿周, cm; g——重力加速度, 9.81cm/s²; ν——水的运动黏度, cm²/s
	池平面积/m²	$F = \dfrac{QT}{H}$	
	池宽/m	$b = \sqrt{\dfrac{F}{\beta}}$	
	弗劳德数	$Fr = \dfrac{v^2}{Rg}$	
	水力半径/cm	$R = \dfrac{\omega}{\rho}$	
	雷诺数	$Re = \dfrac{vR}{\nu}$	

名　称		公　式	符号说明
按悬浮物质在静水中沉降速度及悬浮物去除百分率计算	沉降速度/mm·s^{-1}，见表 3-26	$\mu = \dfrac{1.2B - 0.2A - E}{B - A}$	B——沉降速度 $\mu = 1.2$mm/s 时的悬浮物去除百分率； A——沉降速度 $\mu = 0.2$mm/s 时的悬浮物去除百分率； S_1——沉淀前水中悬浮物含量，mg/L； S_2——沉淀后水中悬浮物含量，mg/L； α——缺陷系数，取 1.2~1.5； H——池内有效水深，m
	沉淀性指数	$S = \dfrac{A}{B}$	
	要求悬浮物去除百分率	$E = \dfrac{S_1 - S_2}{S_1} \times 100\%$	
	池长/m	$L = \alpha \dfrac{vH}{3.6\mu}$	
	池过水断面/m^2	$F = \dfrac{Q}{3.6v}$	
	池宽/m	$b = \dfrac{F}{H}$	
按表面负荷率计算	池平面积/m^2	$F = \dfrac{Q}{3.6\mu_0}$	μ_0——表面负荷率，在数值上等于 μ，mm/s
	池长/m	$L = 3.6vT$	
	池宽/m	$b = \dfrac{F}{L}$	

表 3-26　沉降速度参考取值

原水特性和处理方法	沉降速度 μ/mm·s^{-1}
用混凝剂处理有色水或悬浮物含量在 200~250mg/L 以内的浑浊水	0.35~0.45
用混凝剂处理悬浮物含量大于 250mg/L 以内的浑浊水	0.5~0.6
用混凝剂处理高浊度水	0.3~0.35
不用混凝剂处理（自然沉淀）	0.12~0.15

3.3.2.2　斜管（板）沉淀池

A　设计要点

（1）斜板沉淀区的设计颗粒沉降速度、液面负荷宜通过试验或参照相似条件下的水厂运行经验确定，一般反应后的沉降速度为 0.3~0.6mm/s，侧向流斜板沉淀池设计颗粒沉降速度可采用 0.16~0.3mm/s，液面负荷可采用 6.0~12m^3/(m^2·h)，低温低浊水宜采用下限值；上向流斜管（板）沉淀区液面负荷应按相似条件下的运行经验确定，一般可采用 5.0~9.0m^3/(m^2·h)。斜板沉淀池在实际生产运转中因受进水条件、斜板结构等影响使沉淀效率降低的系数 $\eta = 0.7~0.8$。

（2）斜管（板）设计一般可采用下列数据：斜管管径为 30~40mm；侧向斜板板距为 80~100mm；下向斜板板距为 35mm；侧向流斜板板长不宜大于 1.0m，斜管长度一般为 800~1000mm；倾角为 60°。

（3）板内流速：上向流根据表面负荷计算，侧向流一般为 10~20mm/s，下向流根据下向表面负荷计算。

（4）排泥设备一般采用穿孔管或机械排泥，穿孔管排泥设计与一般沉淀池的穿孔排泥相同。

（5）斜管（板）沉淀池的清水区保护高度一般不宜小于1.0m；底部配水区高度不宜小于1.5m。

斜管沉淀池的平、剖面示意图如图3-9所示。

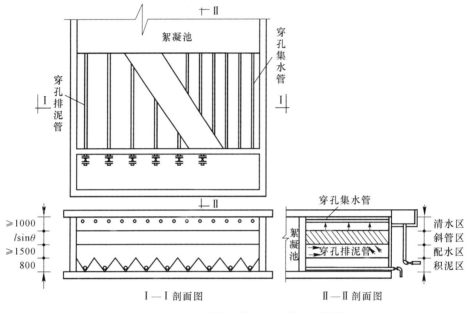

图3-9 上向流斜管沉淀池平、剖面示意图

B 计算公式

斜板沉淀池的设计计算方法见表3-27。

表3-27 斜板沉淀池的计算公式

名 称		公 式	符号说明
进入沉淀池的水量/m³·s⁻¹	上向流	$Q = \eta\mu(A_f + A)$	η——有效系数，取0.7~0.8；μ——颗粒沉降速度，m/s；A——沉淀池池底水平面积，m²；a_f'——每块斜板实际面积，m²；θ——斜板（管）倾角，取60°；l——斜板板长，m；v——板内流速，m/s；P——水平板距，m；h_1——积泥区高度（泥斗高度），m；h_2——配水区高度，m；h_3——清水区保护高度，m；
	侧向流	$Q = \eta\mu A_f$	
	同向流	$Q = \eta\mu(A_f - A)$	
斜板水平投影面积总和/m²		$A_f = Na_f'\cos\theta$	
斜板安装高度/m		$h = l\sin\theta$	
池宽/m		$B = \dfrac{Q}{vh}$	
斜板间隔数/个		$N = \dfrac{B}{P}$	
斜板组合全长（池长）/m		$L = \dfrac{A_f}{Nl\cos\theta}$	

名　称	公　式	符号说明
沉淀池总高度/m	$H = h_1 + h_2 + h_3 + h_4 + h$	h_4——池体超高，m；
复核　颗粒沉降需要时间/s	$t = \dfrac{L'}{v} = \dfrac{h}{\mu}$	v_0——管内上升流速，取 $1.4 \sim$ 2.5mm/s；
复核　颗粒沉降需要长度/m	$L' = P\tan\theta\dfrac{v}{\mu}$	d——斜管的内径或边距，取 $30 \sim$ 40mm
斜管长度/mm	$l' = \left(\dfrac{1.33v_0 - \mu\sin\theta}{\mu\cos\theta}\right)d$	

3.3.2.3　沉淀池进出口形式计算

沉淀池进口布置一般采用穿孔墙，穿孔流速可按絮凝池末端流速作为过孔流速设计穿孔墙过水面积，且池底积泥面上 0.3m 至池底范围内不设进水口。沉淀池出口布置要求在池宽方向上均匀集水，并尽量取上层清水，通常采用指形槽出水方式，指形槽集水一般两边进水，槽宽多为 0.2~0.4m，间距为 1.2~1.8m。集水管、集水渠多采用孔口出流、三角堰出水或薄壁堰出水等。各种集水方式的适用条件和设计要求见表 3-28，沉淀池进出口形式计算方法见表 3-29。

表 3-28　各集水方式适用条件和设计要求

集水方式	适用条件及设计要求
穿孔管	(1) 小型斜管、斜板沉淀池、澄清池、气浮池； (2) 集水管可用钢管、铸铁管、水泥管； (3) 集水管中心距 1.2~2.0m，管长不大于 10m； (4) 集水管上部开单排或双排斜向 ϕ20~25mm 进水孔，孔口淹没深度为 0.07~0.1m
淹没孔口出流集水槽	(1) 适用于大中型规模的沉淀池、澄清池； (2) 水中无大量树叶、小草等漂浮物； (3) 集水槽中心间距 1.5~2.0m，两侧进水孔 ϕ25~35mm，孔口淹没深度为 0.05~0.07m，出流跌落 0.05m
三角堰出流集水槽	(1) 适用于大中型规模的沉淀池、澄清池； (2) 三角形顶角一般为 90° 或 60°，倒三角形进水口淹没深度为 0.05~0.07m
水平堰出流集水槽	(1) 适用于大中型规模的沉淀池、澄清池； (2) 堰口水平，集水负荷不超过 250m³/(d·m)

表 3-29　沉淀池进出口相关计算公式

名　称	公　式	符号说明
进水穿孔墙　孔眼总面积/m²	$\Omega_0 = \dfrac{Q}{v_1}$	Q——每池设计水量，m³/s； v_1——孔眼流速，混凝沉淀池取 0.08~0.1m/s，自然沉淀池取 0.3~0.5m/s； ω_0——每个孔眼面积，m²
进水穿孔墙　孔眼数/个	$n_0 = \dfrac{\Omega_0}{\omega_0}$	

名　称		公　式	符号说明
出水	指形槽长/m	$L = \dfrac{1}{2}\left(\dfrac{Q}{q} - B\right)$	B——沉淀池宽，m，如果池宽方向未设出水设施，则 $B=0$；q——设计单位堰宽负荷，$m^3/(m \cdot d)$，采用 120~300$m^3/(m \cdot d)$
	集水槽、出水渠起端水深/m	$h = \sqrt{3}\sqrt{\dfrac{q_0^2}{gB^2}}$	q_0——集水槽、出水渠的流量，m^3/s；B——槽（渠）宽度，m；g——重力加速度，9.8m/s^2
三角堰	每个三角堰（90°）流量/$m^3 \cdot s^{-1}$	$q_1 = 1.4H_1^{2.5}$	H_1——堰上水头，m；堰口下缘与出水槽水面的距离是 50~70mm
	每个三角堰（60°）流量/$m^3 \cdot s^{-1}$	$q_2 = 0.812H_1^{2.5}$	
	三角堰数/个	$n_1 = \dfrac{Q}{q_1}$	
穿孔管	溢流量/$m^3 \cdot s^{-1}$	$Q = \mu\omega_0\sqrt{2gh}$	ω_0——孔眼总面积，m^2；ω——每个孔眼面积，m^2；μ——流量系数，取 0.62；h——堰上水深，m
	穿孔数/个	$n = \dfrac{\omega_0}{\omega}$	
水平堰	溢流量/$m^3 \cdot s^{-1}$	$Q = bm_0\sqrt{2g}h^{1.5}$	b——堰长，m，$b=2L+B$；h——堰上水深，m；m_0——堰流量系数，一般取 0.42

3.3.2.4　排泥方式计算

各种排泥方法比较如表 3-30 所示。

表 3-30　各种排泥方法的优缺点及适用条件

排泥方法	优　点	缺　点	适用条件
多斗重力排泥	可以分斗排泥，排泥均匀且无干扰，与穿孔管排泥相比，排泥管不易堵塞，排泥浓度较高	排泥不彻底，需要定期人工清洗，排泥操作劳动强度大，池底结构复杂，施工困难	原水浊度不高，一般用于中小水厂
穿孔管排泥	少用机械设备，耗水量少，池底结构简单	孔眼易堵塞，排泥效果不稳定，检修不便，原水浊度高时，排泥效果差	适应原水浊度范围较广，新建或改建的水厂
机械排泥	排泥效果好，可连续排泥，池底结构简单	设备与维修工作量较多，排泥浓度较低	原水浊度较高，排泥次数多，一般用于大中型水厂

A　多斗重力排泥

a　设计要点

斗底斜壁与水平夹角一般不宜小于 30°（有条件时用 45°），一般大小泥斗结合布置，池子前段 1/3 池长处用小泥斗，后段 2/3 处用大泥斗。

排泥管布置可以采用底部重力排泥，也可采用虹吸排泥。当泥斗较多时，可以采用 2 个泥斗设置一根排泥管，或 4 个泥斗设置一根排泥管。

b　计算公式

重力排泥斗的计算方法见表 3-31。

表 3-31　重力排泥斗的设计计算公式

名　称	公　式	符号说明
每日沉淀泥渣之干泥量/t	$G = \dfrac{86400q(S_1 - S_2)}{10^6}$	q——每池设计水量，m^3/s；
每日沉淀泥渣之泥浆体积/m^3	$V_0 = \dfrac{100G}{\rho(100 - P_2)}$	S_1——沉淀池进水悬浮物含量，mg/L； S_2——沉淀池出水悬浮物含量，mg/L； ρ——泥浆的密度，t/m^3；
泥斗贮泥部分体积/m^3	$V_1 = \dfrac{h_2}{3}(F_1 + F_2 + \sqrt{F_1 F_2})$	P_2——泥浆含水率，%； F_1——泥斗上底部平面面积，m^2； F_2——泥斗下底部平面面积，m^2；
平均排泥周期/d	$T_0 = \dfrac{V_1}{V_0}$	h_2——泥斗高度，m

B　穿孔管排泥

a　设计要点

为防止堵塞，穿孔管管径一般为 150~300mm，管道末端流速为 1.8~2.5m/s，穿孔管长度一般小于 10m。管与管之间的间距：当池底为平底时，中心距采用 1.5~2.0m，当池底斜向穿孔管的横坡与池底的夹角大于 30°时，管中心间距不受限。

穿孔管孔眼间距一般为 0.3~0.8m，孔眼向下与垂线呈 45°交叉排列，孔眼流速一般为 2.5~4m/s，孔眼总面积与穿孔管截面积之比一般采用 0.3~0.8。

排泥阀应根据原水浊度定时开启，周期最长不超过 7d。

当穿孔管较长时，宜在末端连接压力水管，定期冲洗，防止堵塞。

b　计算公式

穿孔排泥管不等距布孔的计算方法见表 3-32，等距布孔的计算方法见表 3-33。

表 3-32　不等距穿孔管排泥的计算方法

名　称	公　式	符号说明
穿孔管直径/m	$D = 1.68d\sqrt{L}$	d——孔径，m；
输泥管管径/m	$D_T = 0.05(C - 1) + D$	L——穿孔管长度，m；
穿孔管断面积与起端孔眼总面积之比	$\alpha = \dfrac{\omega}{\omega_0}$	C——一条输泥管承接穿孔管根数； ω——穿孔管断面积，m^2； ω_0——起端孔眼总面积，m^2；
任意段的流量分配系数	$K_{Qm} = \dfrac{2x_1 + (2m - 1)l\tan\varphi}{2x_1 + l\tan\varphi}$	x_1——管段起端积泥深度，m； m——区段编号；
任意段的流速系数	$K_{vm} = \dfrac{m(2x_1 + ml\tan\varphi)}{n(2x_1 + nl\tan\varphi)}$	n——穿孔管计算区段号； φ——积泥分布角度，(°)；

续表 3-32

名　称	公　式	符号说明
任意段的沿程损失系数	$K_{hm} = \dfrac{m^2(1.15x_1 + 0.45ml\tan\varphi)^2}{n^2(2x_1 + nl\tan\varphi)^2}$	l——区段长度，m，一般采用 2~4m；
穿孔管末端流速/m·s^{-1}	$v_n = \left[\dfrac{2g(H - H')}{K(\xi_1\alpha^2 K_{v1}^2 + \dfrac{2\lambda}{D}nK_{hm} + 1)} + \left(\sum\xi_T + \dfrac{\lambda_T l_T}{D_T}\right)\dfrac{C^2 D^4}{D_T^4}\right]^{0.5}$	H——孔眼中心上部的有效水深，m； H'——贮备水头，不小于 0.2m； K——修正系数，取 1.06； δ——管壁厚度，mm； d——孔径，mm； λ——摩阻系数；
孔口阻力系数	$\xi_1 = \left(\dfrac{d}{\delta}\right)^{0.7}$	ξ_T——输泥管的局部阻力系数； l_T——输泥管长度，m；
任意区段的作用水头/m	$H_m = K\left(\xi_1\alpha^2 K_{v1}^2 + \dfrac{\lambda l}{D}mK_{hm} + K_{vm}^2\right)\dfrac{v_n^2}{2g}$	e_1——第一段孔眼个数； H_1——第一段作用水头，m；
任意区段的孔眼数/个	$e_m = \dfrac{e_1 K_{Qm}\sqrt{H_1}}{\sqrt{H_m}}$	K_{v1}——末端的沿程损失系数

表 3-33　等距穿孔管排泥的计算方法

名　称	公　式	符号说明
孔口总面积与穿孔管截面积之比，查排泥均匀度表决定	$K_\omega = \dfrac{\sum\omega_0}{\omega}$	K_ω——排泥均匀度，见表 3-34； d——孔眼直径，m，一般取 0.02~0.03m； S——孔眼间距，一般取 0.3~0.8m；
孔口总面积/m^2	$\sum\omega_0 = \dfrac{\pi md^2}{4}$	D_0——穿孔管直径，m；
孔眼数/个	$m = \dfrac{L}{S} - 1$	δ——管壁厚度，m； H——沉淀池有效水深，m；
穿孔管截面积/m^2	$\omega = \dfrac{D_0^2\pi}{4}$	L——穿孔管长度 m； λ——水管的摩阻系数，
孔口阻力系数	$\xi_0 = \left(\dfrac{d}{\delta}\right)^{0.7}$	当 $D = 150$mm，$\lambda = 0.05$；
穿孔管末端流速/m·s^{-1}	$v = \left\{\dfrac{2g(H - 0.2)}{\xi_0\dfrac{1}{K_\omega} + \left[2.5 + \dfrac{\lambda L}{D_0}\dfrac{(m+1)(2m+1)}{6m^2}\right] + \dfrac{\lambda l}{D_1}\dfrac{D_0^4}{D_1^4} + \xi\dfrac{D_0^4}{D_1^4}}\right\}^{0.5}$	当 $D = 200$mm，$\lambda = 0.045$； 当 $D = 250$mm，$\lambda = 0.042$；
当 $m \geqslant 40$ 时，穿孔管末端流速/m·s^{-1}	$v = \left[\dfrac{2g(H - 0.2)}{\xi_0\dfrac{1}{K_\omega} + \dfrac{2.5}{3}\dfrac{\lambda L}{D_0} + \dfrac{\lambda l}{D_1}\dfrac{D_0^4}{D_1^4} + \xi\dfrac{D_0^4}{D_1^4}}\right]^{0.5}$	当 $D = 300$mm，$\lambda = 0.038$；
穿孔管末端流量/m^3·s^{-1}	$Q = \omega v$	

名　称	公　式	符号说明
穿孔管第一孔眼处水头损失/m	$h_0 = \xi_0 \dfrac{\left(\dfrac{v}{K_\omega}\right)^2}{2g}$	
穿孔管段的沿程水头损失/m	$h_1 = \left[2.5 + \dfrac{\lambda L}{D_0} \dfrac{(m+1)(2m+1)}{6m^2} \right] \dfrac{v^2}{2g}$	D_1——无孔输泥管直径，m； l——无孔输泥管长度，m
无孔输泥管沿程损失/m	$h_2 = \dfrac{\lambda l D_0^4 v^2}{D_1 D_1^4 2g}$	
无孔输泥管局部损失/m	$h_3 = \xi \dfrac{D_0^4 v^2}{D_1^4 2g}$	

表 3-34　K_ω 值

均匀度 m_s	0.50	0.55	0.60	0.65	0.70	0.75	0.80	0.85
K_ω	0.72	0.63	0.54	0.46	0.38	0.30	0.23	0.16

C　机械排泥

采用机械排泥时，不另设排泥斗，充分利用沉淀池的容积，排泥机械通常按机械构造分为行车式、牵引式、中心悬挂式；按排泥方式可分为吸泥机和刮泥机。

D　排泥管的设计

a　设计要点

一般排泥管管径可选用 200~300mm。

b　排泥管管径计算方法

排泥管管径的设计计算方法见表 3-35。

表 3-35　排泥管管径计算方法

名　称	公　式	符号说明
$d_p \leqslant 0.07$mm，临界速度时的泥浆流量/m³·s⁻¹	$q_0 = 0.157 d_0^2 (1 + 3.43 \sqrt[4]{P d_0^{0.79}})$	d_p——悬浮物平均粒径，mm； d_0——临界流速下排泥管管径，m； C_0——排泥泥浆浓度（也可用沉淀物浓度 C 值），kg/m³； ρ_1——泥浆中砂的密度，kg/m³； ρ——水的密度，kg/m³； l——排泥管的长度，m； i——当同样水力条件时，输送清水的水力坡度； s——泥浆的相对密度； ξ——输送清水的局部阻力系数
$d_p = 0.07 \sim 0.15$mm，临界速度时的泥浆流量/m³·s⁻¹	$q_0 = 0.2 d_0^2 (1 + 2.48 \sqrt[3]{P} \sqrt[4]{d_0})$	
泥浆中含砂量的质量百分数/%	$P = \dfrac{100 C_0}{\left(1 - \dfrac{C_0}{\rho_1}\right)\rho + C_0}$	
临界流速/m·s⁻¹	$v_0 = \dfrac{q_0}{0.785 d_0^2}$	
排泥管中水头损失/m	$\sum h_0 = i_0 l + \sum \xi_0 \dfrac{v_0^2}{2g}$	
输送泥浆的水力坡度	$i_0 = 1.1 s i$	
输送泥浆的局部阻力系数	$\xi_0 = 1.1 \xi s$	

c　沉淀池排空时间计算方法

沉淀池的排空时间设计计算方法见表3-36。

表3-36　沉淀池排空时间的计算方法

名　称	公　式	符号说明
排空矩形部分所需的时间/s	$T_1 = 0.7\dfrac{BL(H_2^{\frac{1}{2}} - H_3^{\frac{1}{2}})}{d^2}$	B——池子宽度，m； L——池子长度，m；
排空锥体部分所需时间/s	$T_2 = \dfrac{0.7B_0L}{d^2}(H_3^{\frac{1}{2}} - H_4^{\frac{1}{2}}) + \dfrac{1.4L}{3i_1d^2}(H_3^{\frac{3}{2}} - H_4^{\frac{3}{2}})$	H_2——最高水位至排空管口高度，m； H_3——矩形部分下端至排泥管口的高度，m； d——排水管直径，m； B_0——锥体底部横向宽度，m；
排空整个池子所需的时间/h，要求不大于6h	$T_0 = \dfrac{T_1 + T_2}{3600}$	H_4——锥体部分下端至排泥口的高度，m； i_1——锥底横向坡度；
排泥、放空管管径/d	$d \approx \sqrt{\dfrac{0.7BLH^{0.5}}{T_0}}$	H——沉淀池的有效水深，m

3.3.2.5　设计例题

A　已知设计规模为$1.2 \times 10^5 \text{m}^3/\text{d}$的水厂，考虑设计平流沉淀池

选用设计数据，沉淀时间宜为1.5～3h，在此选用1.5h；水平流速宜为10～25mm/s，在此选用15mm/s；沉淀池有效水深为3.0～3.5m，在此选用3.5m。

考虑水厂的自用水量，则沉淀池的设计水量为：

$$Q = 1.05 \times 120000 = 126000 \text{m}^3/\text{d} = 1.46 \text{m}^3/\text{s}$$

沉淀池长：

$$L = 3.6vT = 3.6 \times 15 \times 1.5 = 81\text{m}$$

沉淀池的容积：

$$W = QT = 126000/24 \times 1.5 = 7875 \text{m}^3$$

沉淀池宽：

$$B = \frac{W}{HL} = \frac{7875}{3.5 \times 81} = 28\text{m}$$

沉淀池分两格，每格净宽14m，中间设隔墙，总宽为14.3m。

校核：$\dfrac{L}{b} = \dfrac{81}{14} = 5.8 > 4$；$\dfrac{L}{H} = \dfrac{81}{3.5} = 23.1 > 10$。

B　已知设计规模为$1.2 \times 10^4 \text{m}^3/\text{d}$的水厂，考虑设计斜管沉淀池

a　选用设计数据

斜管沉淀区液面负荷可采用5.0～9.0$\text{m}^3/(\text{m}^2 \cdot \text{h})$，在此选择7$\text{m}^3/(\text{m}^2 \cdot \text{h})$；采用塑料片热压六边形蜂窝管，管厚0.4～0.5mm，选择0.4mm，管道内径一般为30～40mm，选择30mm，倾角60°；设计颗粒沉降速度通常可根据水中颗粒情况通过实际试验测得，如果无试验数据，可参考已建成的类似沉淀设备的运转资料确定，在此选用设计颗粒沉降速度为0.25mm/s。

考虑水厂的自用水量，沉淀池设计进水量为：
$$Q = 1.05 \times 12000 = 12600 \text{m}^3/\text{d} = 525 \text{m}^3/\text{h} = 0.15 \text{m}^3/\text{s}$$
清水区的面积为：
$$A = \frac{Q}{q} = \frac{525}{7} = 75 \text{m}^2$$
其中斜管结构占用面积按5%计算，则实际清水池的面积为：
$$A' = A \times (1 + 5\%) = 75 \times 1.05 = 78.75 \text{m}^3$$

b 尺寸设计

通常，为保证排水均匀，清水区宽 B 沿絮凝池的长边布置。在此，为了配水均匀，设计平面尺寸为 13.5m×6m，进水区沿着 13.5m 布置。

管内上升流速：
$$v = \frac{1000q}{3600} = \frac{7000}{3600} = 1.94 \text{mm/s}$$

斜管管内流速：
$$v_0 = \frac{v}{\sin 60°} = \frac{1.94}{\sin 60°} = 2.24 \text{mm/s}$$

斜管长度：
$$l' = \left(\frac{1.33 v_0 - \mu \sin \theta}{\mu \cos \theta} \right) d = \frac{1.33 \times 2.24 - 0.25 \times \sin 60°}{0.25 \times \cos 60°} \times 30 = 663 \text{mm}$$

考虑管端紊流、积泥等因素，过渡区采用 250mm。

斜管总长：
$$l = 663 + 250 = 913 \text{mm}，按 1000 \text{mm} 计$$

斜管安装高度：
$$h = l \sin \theta = 1 \times \sin 60° = 0.866 \text{m}$$

池子总高：池子超高一般选用0.3m；清水区保护高度不宜小于1.0m，选用1.2m；底部配水区高度不宜小于1.5m，选用1.5m；积泥区高度一般选用0.8m。
$$H = h_1 + h_2 + h_3 + h_4 + h = 0.3 + 1.2 + 1.5 + 0.8 + 0.87 = 4.67 \text{m}$$

c 复算管内雷诺数及沉淀时间

水力半径：
$$R = \frac{d}{4} = \frac{30}{4} = 7.5 \text{mm} = 0.75 \text{cm}$$

$t = 20℃$ 时，运动黏度取 $\nu = 0.01 \text{cm}^2/\text{s}$：
$$R_e = \frac{R v_0}{\nu} = \frac{0.75 \times 0.224}{0.01} = 16.8 < 100$$

沉淀时间：
$$T = \frac{l}{v_0} = \frac{1000}{2.24} = 446 \text{s} = 7.44 \text{min}（沉淀时间 T 一般在 4 \sim 8 \text{min}）$$

d 沉淀池进口穿孔墙

穿孔墙上的孔眼流速为 v_1，混凝沉淀池的孔眼流速为 0.08~0.1m/s；

采用 $v_1 = 0.1 \text{m/s}$，洞口的总面积：

$$\Omega_0 = \frac{Q}{v_1} = \frac{0.15}{0.1} = 1.5 \text{m}^2$$

每个洞口尺寸定为 15cm×8cm，则洞口数为：

$$1.5/(0.15 \times 0.08) = 125 \text{孔}$$

穿孔墙位于配水区 1.5m 的范围内，孔共分为 3 层，每层 42 个。

e　集水槽的尺寸设计

目前采用的办法多为集水槽出水。断面为矩形的集水槽，采用淹没式孔口集水方式。在一侧设集水渠。其中集水槽长度 L_{jsc}=沉淀池长度=6m。

每座沉淀池中集水槽的个数：

$$N = B/a = 13.5/1.35 = 10 \text{个}$$

式中，B 为清水区宽，m；a 为集水槽中心距，一般为清水区高度的 1~1.2 倍，在此取 1.35m。

每条集水槽的集水量为：

$$q = 0.15/10 = 0.015 \text{m}^3/\text{s}$$

考虑池子的超载系数为 20%，故槽中流量：

$$q_0 = 1.2q = 1.2 \times 0.015 = 0.018 \text{m}^3/\text{s}$$

假定集水槽截面为正方形，则单根集水槽槽宽 $b = 0.9(q_0)^{0.4} = 0.18 \text{m}$，为了便于施工取为 0.2m；

校核：集水槽总面积/沉淀池表面积<0.25。

起点槽中水深 $H_1 = 0.75b = 0.75 \times 0.2 = 0.15 \text{m}$；

终点槽中水深 $H_2 = 1.25b = 1.25 \times 0.2 = 0.25 \text{m}$；

淹没深度取 0.05m，跌落高度取 0.05m，槽的超高取 0.1m；

槽的高度 $H_3 = H_2 + 0.05 + 0.05 + 0.1 = 0.45 \text{m}$。

f　集水槽上孔眼的计算

集水槽所需孔眼的总面积：

$$\omega = \frac{q_0}{\mu\sqrt{2gh}} = \frac{0.018}{0.62 \times \sqrt{2 \times 9.8 \times 0.05}} = 0.03 \text{m}^2$$

式中，μ 为流量系数，对于薄壁孔口，取 0.62；h 为孔口淹没深度，取 0.05m。

取孔径 $d = 25 \text{mm}$，则单孔面积 ω_0：

$$\omega_0 = \frac{\pi}{4}d^2 = 5 \times 10^{-4} \text{m}^2$$

孔眼数 n：

$$n = \omega/\omega_0 = 60 \text{个}$$

集水槽每边孔眼数 n'：

$$n' = 30 \text{个}$$

孔眼中心距为 s_0：

$$s_0 = \frac{L_{jsc}}{n'} = \frac{6}{30} = 0.2 \text{m}$$

g 集水渠

集水渠的流量为 0.15m³/s，集水渠宽度 B 可取 0.8~1.0m，在此取 1m，渠内起端水深 h：

$$h = \sqrt{3} \sqrt[3]{\frac{Q^2}{gB^2}} = 1.73 \sqrt[3]{\frac{0.15^2}{9.8 \times 1^2}} = 0.23 \text{m}$$

起端水深 0.23m，考虑到集水槽的水流进入集水渠时应自由跌水，跌落高度取 0.1m，即集水槽底应高于集水渠起端水面 0.1m，同时考虑到集水槽顶与集水渠相平，则集水渠的总高度为 0.23+0.1+0.45 = 0.78m。

取出水管流速为 1.2m/s，则直径为

$$D = \sqrt{\frac{4Q}{\pi v}} = \sqrt{\frac{4 \times 0.15}{1.2 \times 3.14}} = 0.4 \text{m} = 400 \text{mm}$$

h 沉淀池的排泥

采用穿孔排泥管，管与管之间中心距采用 1.5~2.0m，在此选用 1.5m。

穿孔排泥管横向布置，每座沉淀池中排泥管的个数：$N' = B/a' = 13.5/1.5 = 9$ 个。沿与水流垂直方向共设 9 根，孔眼采用等距布置，穿孔管长 6m，首末端积泥均匀度为 0.5~0.85，在此取 0.5，查表得 $K_w = 0.72$；孔眼直径可采用 0.02~0.03m，在此取孔径 $d = 25$mm；孔距可采用 0.3~0.8m，在此取孔距 $s = 0.4$m。

孔口面积：$f = \dfrac{\pi d^2}{4} = \dfrac{\pi \times 0.025^2}{4} = 4.9 \times 10^{-4}$

孔眼数目：$m = \dfrac{L}{S} - 1 = \dfrac{6}{0.4} - 1 = 14$ 个

孔眼总面积：$\sum w_0 = 14 \times 4.9 \times 10^{-4} = 0.00686 \text{m}^2$

穿孔管断面面积为：$w = \sum w_0/K_w = 0.00686/0.72 = 0.0095 \text{m}^2$

穿孔管直径为：$D_0 = (4 \times 0.0095/\pi)^{0.5} = 0.11$m

取直径为 150mm，孔眼向下与中垂线成 45°角，并排排列，采用启动快开式排泥阀。

单侧排泥至集泥渠，集泥渠尺寸 $L \times B \times H = 13.5\text{m} \times 1.0\text{m} \times 2.5\text{m}$。

3.3.3 澄清

澄清池是利用池中积聚的泥渣与原水中的杂质颗粒相互接触、吸附，以达到清水较快分离的净水构筑物。水的混凝处理工艺包括水和药剂的混合、反应及絮凝体与水的分离三个阶段，澄清池就是完成上述三个过程于一体的专门设备。广义上来讲澄清池也算沉淀池中的一种，但它又不同于沉淀池。因为沉淀池一般只包括颗粒物（团）在水中由于重力大于浮力而下沉，进而脱离来水的过程。而澄清实际上就相当于"混凝+沉淀"两个部分（其中还有过滤的成分在）。因为在澄清池中一般需要加入药剂，生成矾花（这是混凝的过程），然后通过机械或水力搅拌使矾花悬浮，起到一定过滤作用，之后会再将固液通过沉淀的原理分离，出水就相对澄清了。在水处理中常用的澄清池有：机械搅拌澄清池、水力循环澄清池、脉冲澄清池。其优缺点及适用范围如表 3-37 所示。

表 3-37　不同类型澄清池的优缺点及适用范围

形式	优点	缺点	适用范围
机械搅拌澄清池	处理效率高，单位面积产水量较大，适应性较强，处理效果稳定，采用机械刮泥设备后，对较高浊度水处理有一定适应性	需要机械搅拌设备，维修较麻烦	进水悬浮物含量一般小于1000mg/L，短时间内允许达到3000~5000mg/L，一般为圆形池子，适用于大、中型水厂
水力循环澄清池	无机械搅拌设备，构造较简单	投药量大，要消耗较大的水头，对水质水温变化适应性较差	进水悬浮物含量一般小于1000mg/L，短时间内允许达到2000mg/L，一般为圆形池子，适用于大、中型水厂
脉冲澄清池	虹吸式机械设备较为简单，混合充分，布水均匀，池深较浅便于布置，也适用于平流式沉淀池的改建	真空式需要真空设备，较复杂；虹吸式水头损失较大，脉冲周期难控制；操作管理要求高，排泥不好影响处理效果；对原水水质水量变化适应性较差	进水悬浮物含量一般小于1000mg/L，短时间内允许达到3000mg/L，可建为圆形、矩形或方形池子，适用于大、中、小型水厂

3.3.3.1　机械搅拌澄清池

A　设计要点

机械搅拌澄清池清水区的上升流速，应按相似条件下的运行经验确定，一般可采用0.8~1.0mm/s，低温低浊水时，采用0.7~0.9mm/s。清水区高度为1.5~2.0m。

水在机械搅拌澄清池中的总停留时间，可采用1.2~1.5h。第一反应室、第二反应室合计停留时间一般控制在20~30min，第二反应室按计算流量计的停留时间为30~60s。第二反应室计算流量一般为出水量的3~5倍，第二反应室应设导流板，其宽度为直径的1/10左右。

搅拌叶轮提升流量可为进水流量的3~5倍，叶轮直径可为第二反应室内径的70%~80%，高度为第一反应室高度的1/3~1/2，宽度为高度的1/3，并应设置调整叶轮转速和开启度的装置。

集水方式可选用淹没孔集水槽或三角堰集水槽，过孔流速0.6m/s左右，池径小时，采用环形集水槽，池径大时，采用辐射集水槽及环形集水槽。集水槽流速为0.4~0.6m/s，出水管流速为1.0m/s左右。

进水悬浮物含量经常小于1000mg/L，且池径小于24m时，可采用污泥浓缩斗排泥或底部排泥相结合的形式，根据池子大小布置1~3个污泥斗，污泥斗的容积一般为池容积的1%~4%，小型水池也可只用底部排泥。进水悬浮物浓度超过1000mg/L，或池径不低于24m时采用机械排泥装置。重力排泥时泥渣浓度为20kg/m³，含水率为98%，机械排泥时为50kg/m³，含水率为95%。

机械搅拌澄清池是否设置机械刮泥装置，应根据池径大小、底坡大小、进水悬浮物含量及其颗粒组成等因素确定。底部锥体坡度一般在45°左右，当采用刮泥装置时，可为平底。

机械搅拌澄清池剖面示意图如图3-10所示。

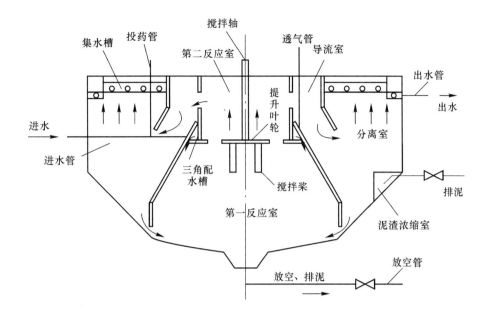

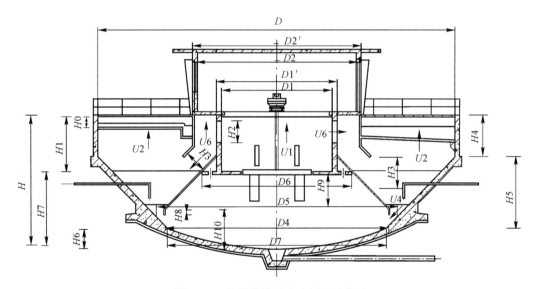

图 3-10 机械搅拌澄清池剖面示意图

B 计算方法

机械搅拌澄清池的设计计算方法见表 3-38。

表 3-38 机械搅拌澄清池的设计计算方法

名　称	公　式	符号说明
第二反应室截面积/m²	$\omega_1 = \dfrac{Q'}{u_1} = \dfrac{(3 \sim 5)Q}{u_1}$	Q'——第二反应室计算流量，m^3/s； Q——净产水能力，m^3/s；
第二反应室内径/m	$D_1 = \sqrt{\dfrac{4(\omega_1 + A_1)}{\pi}}$	u_1——第二反应室及导流室内流速，m/s，取 0.04~0.07m/s；

名　称	公　式	符号说明
第二反应室高度/m	$H_1 = \dfrac{Q't_1}{\omega_1}$	A_1——第二反应室中导流板截面积，m^2；
导流室截面积/m^2	$\omega_2 = \omega_1$	t_1——第二反应室内停留时间，s，取 30~60s；
导流室内径/m	$D_2 = \sqrt{D_1'^2 + \dfrac{4(\omega_2 + A_2)}{\pi}}$	D_1'——第二反应室外径（内径加结构厚），m；
第二反应室出水窗高度/m	$H_2 = \dfrac{D_2 - D_1'}{2}$ 并满足 $H_2 \geqslant 1.5 \sim 2.0m$	A_2——导流室中导流板截面积，m^2； u_2——分离室上升流速，m/s，取 0.0008～0.001m/s；
分离室截面积/m^2	$\omega_3 = \dfrac{Q}{u_2}$	D_2'——导流室外径（内径加结构厚），m；
池子总面积/m^2	$\omega = \omega_3 + \dfrac{\pi D_2'^2}{4}$	T——水在池中总停留时间 s，取 1.2～1.5s； V_0——池内结构部分所占容积，m^3；
池内径/m	$D = \sqrt{\dfrac{4\omega}{\pi}}$	H_4——池直壁高度，m； H_5——圆台高度，m；
池净容积/m^3	$V' = 3600QT$	D_T——圆台底直径，m；
池子计算容积/m^3	$V = V' + V_0$	H_6——池底球冠或圆锥高度，m； H_0——超高，m；
池圆柱部分容积/m^3	$W_1 = \dfrac{\pi D^2 H_4}{4}$	u_3——槽中流速，m/s，取 0.5～1.0m/s；
池圆台部分容积/m^3	$W_2 = \dfrac{\pi H_5}{12}(D^2 + DD_T + D_T^2)$	δ_3——第一反应室与第二反应室交接处结构厚，m；
池底球冠或圆锥容积/m^3	$W_3 = \dfrac{\pi D_T^2 H_6}{12}$	D_3——第一反应室上端直径，m； Q''——泥渣回流量，m^3/s；
池总高/m	$H = H_4 + H_5 + H_6 + H_0$	u_4——泥渣回流缝流速，m/s，取 0.1～0.2m/s；
三角槽直角边长/m	$B_1 = \sqrt{\dfrac{1.1Q}{u_3}}$	δ_4——第一反应室伞形板结构厚度，m；
第一反应室上端直径/m	$D_3 = D_1' + 2B_1$	
第一反应室高/m	$H_7 = H_4 + H_5 - H_1 - \delta_3$	
伞形板延长线与池壁交点处直径/m	$D_4 = \dfrac{D_T + D_3}{2} + H_7$	
回流缝面积/m^2	$\omega_6 = \dfrac{Q''}{u_4}$	
回流缝宽/m	$B_2 = \dfrac{\omega_6}{\pi D_4}$	
伞形板下端圆柱直径/m	$D_5 = D_4 - 2(\sqrt{2}B_2 + \delta_4)$	
伞形板下檐圆柱体高度/m	$H_8 = D_4 - D_5$	
伞形板离池底高度/m	$H_{10} = \dfrac{D_5 - D_T}{2}$	

名　称	公　式	符号说明
伞形板锥体高度/m	$H_9 = H_7 - H_8 - H_{10}$	q——槽内流量，m^3/s；
第一反应室容积/m^3	$V_1 = \dfrac{\pi H_9}{12}(D_3^2 + D_3 D_5 + D_5^2) +$ $\dfrac{\pi H_{10}}{12}(D_T^2 + D_T D_5 + D_5^2) +$ $W_3 + \dfrac{\pi D_5^2 H_8}{4}$	u_5——槽内流速，m/s，取 $0.4 \sim 0.6 m/s$； b——槽宽，m； i——槽底坡度； L——槽长度，m； α——动能修正系数，计算时常取 $\alpha = 1$； P——浓缩泥渣含水率，%，取 98%；
第二反应室容积/m^3	$V_2 = \dfrac{\pi D_1^2 H_1}{4} +$ $\dfrac{\pi(D_2^2 - D_1^2)(H_1 - B_1)}{4}$	ρ——浓缩泥渣密度，t/m^3； S_1——进水悬浮物含量，g/m^3； S_2——出水悬浮物含量，g/m^3； ω_0——排泥管断面积，m^2；
分离室容积/m^3	$V_3 = V' - V_1 - V_2$	h——排泥水头，m； d——排泥管管径，m；
集水槽终点水深/m	$h_2 = \dfrac{q}{u_5 b}$	ξ——局部阻力系数； λ——摩阻系数，取 0.03；
槽起点水深/m	$h_1 = \sqrt{\dfrac{2h_k^3}{h_2} + \left(h_2 - \dfrac{iL}{3}\right)^2} - \dfrac{2}{3}iL$	V_5——单个污泥浓缩室容积，m^3
槽临界水深/m	$h_k = \sqrt[3]{\dfrac{\alpha Q^2}{gb^2}}$	
污泥浓缩室容积/m^3	$V_4 = 0.01 V'$	
排泥周期/s	$T_0 = \dfrac{10^4 V_4 (100 - P)\rho}{(S_1 - S_2)Q}$	
排泥流量/$m^3 \cdot s^{-1}$	$q_1 = \mu \omega_0 \sqrt{2gh}$	
流量系数	$\mu = \dfrac{1}{\sqrt{1 + \dfrac{\lambda l}{d} \sum \xi}}$	
排泥历时/s	$t_0 = \dfrac{V_5}{q_1}$	

3.3.3.2　水力循环澄清池

A　设计要点

（1）水力循环澄清池清水区的上升流速，应按相似条件下的运行经验确定，一般可采用 $0.7 \sim 0.9 mm/s$。第一反应室出口流速为 $50 \sim 80 mm/s$，第二反应室进口流速为 $40 \sim 50 mm/s$。

（2）水力循环澄清池导流筒（第二反应室）的有效高度，一般可采用 $3 \sim 4 m$。清水区高度 $2 \sim 3 m$，超高 $0.3 m$。第二反应室导流筒的有效高度可采用 $3 \sim 4 m$。

（3）水力循环澄清池的回流水量，可为进水流量的 $2 \sim 4$ 倍。

（4）总停留时间为 $1 \sim 1.5 h$，第一反应室为 $15 \sim 30 s$，第二反应室为 $80 \sim 100 s$。

（5）水力循环澄清池池底斜壁与水平面的夹角不宜小于45°。

（6）喷嘴直径与喉管直径之比采用1:4~1:3，喉管截面积与喷嘴截面积的比值约在12~13之间，喷嘴流速为6~9m/s，喷嘴水头损失为2~5m。喉管流速为2~3m/s，喉管瞬时混合时间为0.5~0.7s。

（7）为避免池底积泥，喷嘴顶离池底的距离一般不大于0.6m。排泥装置同机械搅拌澄清池，排泥耗水量一般在5%左右，池子底部应设放空管。

水力循环澄清池示意图如图3-11所示。

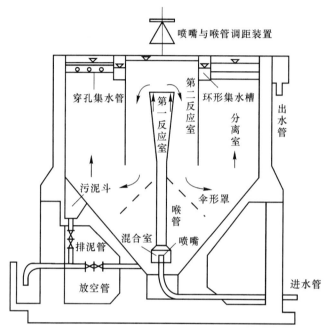

图 3-11   水力循环澄清池示意图

B   计算方法

水力循环澄清池的设计计算方法见表3-39。

表 3-39   水力循环澄清池的计算公式

名 称	公 式	符号说明
水射器喷嘴直径/m	$d_0 = \sqrt{\dfrac{4q}{\pi v_0}}$	q——进水量，m^3/s； ω_0——喷嘴断面积，m^2；
净作用水头/m	$h_p = 0.06 v_0^2$	v_1——喉管流速，m/s；
喷嘴流速/$m \cdot s^{-1}$	$v_0 = \dfrac{q}{\omega_0}$	n——回流比，取2~4；
喉管直径/m	$d_1 = \sqrt{\dfrac{4q_1}{\pi v_1}}$	
设计水量（包括回流泥渣量）/$m^3 \cdot s^{-1}$	$q_1 = nq$	

名　称	公　式	符号说明
喉管高度/m	$h_1 = v_1 t_1$	t_1——喉管混合时间，s；
喇叭口直径/m	$d_5 = 2d_1$	α_0——喇叭口角度，(°)；
喇叭口直壁高度/m	$h_5' = d_1$	d_2——第一反应室出口直径，m；
喇叭口斜壁高度/m	$h_5'' = \dfrac{d_5 - d_1}{2}\tan\alpha_0$	v_2——第一反应室出口流速，m/s；
喷嘴与喉管间距/m	$S = 2d_0$	α——第一反应室锥形筒夹角，(°)； v_3——第二反应室上口流速，m/s；
第一反应室出口断面积/m²	$\omega_2 = \dfrac{\pi}{4}d_2^2$	t_3——第二反应室反应时间，s； h_4——第一反应室上口水深，m；
第一反应室出口直径/m	$d_2 = \sqrt{\dfrac{4q_1}{\pi v_2}}$	d_3——第二反应室上口直径，m； d_2'——第二反应室出口处到第一反应室上口处的锥形筒直径，m；
第一反应室高度/m	$h_2 = \dfrac{d_2 - d_1}{2\tan\dfrac{\alpha}{2}}$	v_4——分离室上升流速，m/s； h——喷嘴法兰与地底的距离，m；
第二反应室上口断面积/m²	$\omega_3 = \dfrac{q_1}{v_3}$	h_0——喷嘴高度，m； S——喷嘴与喉管的间距，m；
第二反应室出口至第一反应室上口高度/m	$h_6 = \dfrac{4q_1 t_3}{\pi(d_3^2 - d_2^2)}$	D_0——池底部的直径，m； β——池斜壁与水平线夹角，(°)；
第二反应室高度/m	$h_3 = h_6 + h_4$	
第二反应室出口断面积/m²	$\omega_1 = \dfrac{\pi}{4}(d_3^2 - d_2'^2)$	
分离室面积/m²	$\omega_4 = \dfrac{q}{v_4}$	
澄清池直径/m	$D = \sqrt{\dfrac{4(\omega_2 + \omega_3 + \omega_4)}{\pi}}$	
池内水深/m	$H_3 = h + h_0 + h_1 + S + h_2 + h_4$	
池总高度/m	$H = H_3 + h_4$	
池锥体部分高度/m	$H_1 = \dfrac{D - D_0}{2}\tan\beta$	
池直壁高度/m	$H_2 = H - H_1$	
喉管混合时间/s	$t_1 = \dfrac{h_1}{v_1}$	
第一反应室容积/m³	$W_1 = \dfrac{\pi h_2}{3}\dfrac{d_2^2 + d_2 d_1 + d_1^2}{4}$	
第二反应室容积/m³	$W_2 = \dfrac{\pi}{4}d_3^2 h_3 - \dfrac{\pi h_6}{3}\dfrac{d_2^2 + d_2 d_2' + d_2'^2}{4}$	

名　称	公　式	符号说明
澄清池总容积/m³	$W = \dfrac{\pi D^2}{4}(H - H_1 - H_0) +$ $\dfrac{\pi H_1}{12}(D^2 + DD_0 + D_0^2)$	H_0——超高，m； C——浓缩后泥渣浓度，mg/L； t'——浓缩时间，h； S_1——进水悬浮物含量，mg/L； S_2——出水悬浮物含量，mg/L
池总停留时间/h	$T = \dfrac{W}{3600q}$	
泥渣浓缩室容积/m³	$V \approx \dfrac{3600q(S_1 - S_2)}{C}t'$	

3.3.3.3　脉冲澄清池

A　设计要点

脉冲澄清池清水区的上升流速，应按相似条件下的运行经验确定，一般可采用 0.7~0.9mm/s。脉冲澄清池一般采用穿孔管配水，上设人字形稳流板。配水管最大孔口流速为 2.5~3m/s，孔眼直径大于 20mm，配水管管底距池底高度为 0.2~0.3m，配水管中心距为 0.4~1.0m。稳流板缝隙流速为 50~80mm/s，稳流板夹角为 60°~90°。脉冲周期可采用 30~40s，充放时间比为 3:1~4:1。脉冲澄清池的悬浮层高度和清水区高度，可分别采用 1.5~2.0m。脉冲澄清池总高度一般为 4~5m。池中总停留时间为 1.0~1.5h。虹吸式脉冲澄清池的配水总管，应设排气装置。脉冲澄清池的示意图如图 3-12 所示。

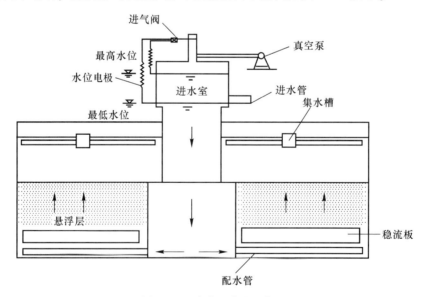

图 3-12　脉冲澄清池示意图

B　计算方法

脉冲澄清池的设计计算方法见表 3-40。

表 3-40 脉冲澄清池的计算公式

名　称	公　式	符号说明
脉冲平均流量/m³·s⁻¹	$Q_m = \dfrac{Q(1-a)t_2}{t_1} + Q$	Q——脉冲澄清池设计水量，m³/s； t_2——充水时间，s； α——悬浮水量与设计水量比值；
放水时间/s	$t_1 = \dfrac{A\Delta H}{\dfrac{\mu \sum \omega \sqrt{2g\Delta h_{max}}}{\alpha} - Q}$	ΔH——脉冲时进水室高低水位差，m，一般取 0.6~0.8m； A——进水室有效面积，m²； $\sum \omega$——配水管孔眼总面积，m²；
峰值系数（钟罩式取 1.23~1.28，真空式为 1.5~1.8）	$\alpha = \dfrac{Q_{max}}{Q_m}$	$\dfrac{A}{\sum \omega}$——孔眼面积比，钟罩式取 15~18，真空取 6~8；
脉冲过程中流量最大时，配水管孔口处的自由水头/m	$\Delta h_{max} = \dfrac{h}{C} - \sum h_1$	μ——流量系数，取 0.5~0.55； C——水位修正系数，钟罩式为 1.1~1.2，真空式为 1.0；
进水室最高水位与澄清池出水水位之差/m	$h = C\left(\sum h_i + \Delta h_{max} \right)$	h_{i1}——发生器局部损失，m； h_{i2}——发生器沿程损失，m，一般很小可忽略；
发生器和池体总水头损失/m	$\sum h_i = h_{i1} + h_{i2} + h_{i3} + h_{i4}$	h_{i3}——池体局部损失，m，按澄清池构造分别计算水头； h_{i4}——池体沿程损失，m；
中央虹吸管直径/m	$d = \sqrt{\dfrac{4Q_m}{\pi v_{01}}}$	v_{01}——中央脉冲平均流速，m/s，取 2~4m/s；
钟罩直径/m	$D = 2d$	Δt——发生脉冲前，瞬时溢流时间折算为计算流量的当量时间，取 1~3s；
进水室面积/m²	$F = \dfrac{Q(t_2 - \Delta t)t_2}{\Delta H} + Q$	h_1——中央虹吸管水封深度，取 5~15cm； v_{02}——钟罩脉冲平均流速，m/s；
钟罩顶面距中央虹吸管管顶的高度/m	$h_4 = (1.2 \sim 1.5)\dfrac{Q_m}{\pi d v_{01}}$	v_{03}——钟罩和中央管间隙脉冲平均流速，m/s；
中央虹吸管高度/m	$h_l = h_1 + \sum h_i + \Delta H - \dfrac{2}{3}h_4$	ξ_1——中央管局部阻力系数，一般取 1.7； ξ_2——钟罩局部阻力系数，一般取 1；
发生器局部损失/m	$h_{i1} = \alpha^2 \left(\dfrac{\xi_1 v_{01}^2}{2g} + \dfrac{\xi_2 v_{02}^2}{2g} + \dfrac{\xi_3 v_{03}^2}{2g} \right)$	ξ_3——钟罩和中央管间隙局部阻力系数，一般取 1； h_3——虹吸破坏管总高度，m，一般取 0.05~0.1m；
钟罩高度/m	$h_x = \dfrac{1}{3}h_4 + \Delta H + h_3 + h_2$	h_2——钟罩底边保护高度，m； h_5——进水室超高，m，一般取 0.3~0.5m；
进水室高度/m	$H_1 = h_3 + \Delta H + \sum h_i - \delta$	δ——进水室底板厚度，m

3.3.3.4 设计例题

已知设计规模为 700m³/h 的净水厂，进水悬浮物含量 ≤1000mg/L，出水悬浮物含量 ≤5mg/L，设计机械搅拌澄清池。

A 第二反应室

制水能力：

$$Q = 1.05 \times 700 = 735\text{m}^3/\text{h} = 0.204\text{m}^3/\text{s}(\text{其中 5\% 为水厂自用水量})$$

第二反应室计算流量一般为出水流量的 3~5 倍，$Q' = 5Q = 1.02\text{m}^3/\text{s}$。

第二反应室及导流室内流速为 0.04~0.07m/s，在此取 $u_1 = 0.05$m/s，则第二反应区截面积为

$$w_1 = \frac{Q'}{u_1} = \frac{1.02}{0.05} = 20.4\text{m}^2$$

设第二反应室内有导流板 4 块，导流板总截面积 $A_1 = 0.035\text{m}^2$，设
第二反应区内径：

$$D_1 = \sqrt{\frac{4(w_1 + A_1)}{\pi}} = \sqrt{\frac{4(20.4 + 0.035)}{3.14}} = 5.1\text{m}$$

通常工艺中设计构筑物壁厚在 200~350mm，此反应室壁厚 $\delta_1 = 0.25$m。则：

$$D_1' = D_1 + 2\delta_1 = 5.1 + 0.5 = 5.6\text{m}$$

第二反应室内停留时间一般取 30~60s，在此 t_1 取 50s。

第二反应区高度：

$$H_1 = \frac{Q't_1}{w_1} = \frac{1.02 \times 50}{20.4} = 2.5\text{m}$$

B 导流室

导流室中导流板截面积：

$$A_2 = A_1 = 0.035\text{m}^2$$

导流室面积：

$$w_2 = w_1 = 20.4\text{m}^2$$

导流室直径：

$$D_2 = \sqrt{\frac{4\left(w_2 + A_2 + \frac{\pi D_1'^2}{4}\right)}{\pi}} = \sqrt{\frac{4\left(0.035 + 20.4 + \frac{\pi \times 5.6^2}{4}\right)}{\pi}} = 7.6\text{m}$$

取导流室内径 $D_2 = 7.6$m，导流室壁厚 $\delta_2 = 0.2$m。

导流室外径 $D_2' = D_2 + 2\delta_2 = 8$m。

第二反应室出水窗高度 $H_2 = \dfrac{D_2 - D_1'}{2} = 1$m。

导流室出口流速：

$$u_6 = 0.05\text{m/s}$$

出口面积：

$$A_3 = \frac{Q'}{u_6} = \frac{1.02}{0.05} = 20.4\text{m}^2$$

则出口截面宽:

$$H_3 = \frac{2A_3}{\pi \times (D_2 + D_1')} = \frac{2 \times 20.4}{3.14 \times (7.6 + 5.6)} = 1\mathrm{m}$$

出口垂直高度:

$$H_3' = \sqrt{2}H_3 = 1.4\mathrm{m}$$

C 分离室

分离区上升流速一般取 $0.0008\sim0.001\mathrm{m/s}$,在此取 $u_2 = 0.001\mathrm{m/s}$。

分离室面积:

$$w_3 = \frac{Q}{u_2} = \frac{0.204}{0.001} = 204\mathrm{m}^2$$

池总面积:

$$w = w_3 + \frac{\pi D_2'}{4} = 204 + \frac{3.14 \times 8^2}{4} = 254.24\mathrm{m}^2$$

池的直径:

$$D = \sqrt{\frac{4w}{\pi}} = \sqrt{\frac{4 \times 254.24}{\pi}} = 18\mathrm{m}$$

取池子直径为 18m,半径为 9m。

D 池深计算

池中停留时间一般为 $1.2\sim1.5\mathrm{h}$,在此取 T 为 1.5h。

有效容积:

$$V' = 3600QT = 3600 \times 0.204 \times 1.5 = 1101.6\mathrm{m}^3$$

考虑增加 4% 的结构容积: $V = (1 + 0.04)V' = 1145.66\mathrm{m}^3$,池体超高 $H_0 = 0.3\mathrm{m}$。

机械搅拌澄清池池深计算示意图如图 3-13 所示,清水区高度一般为 $1.5\sim2.0\mathrm{m}$,在此设池直壁高: $H_4 = 1.8\mathrm{m}$。

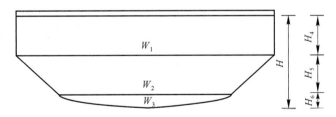

图 3-13 机械搅拌澄清池池深计算示意图

池直壁部分的容积:

$$W_1 = \frac{\pi D^2}{4}H_4 = 457.81\mathrm{m}^3$$

$$W_2 + W_3 = V - W_1 = 1145.66 - 457.81 = 687.85\mathrm{m}^3。$$

取池圆台高度 $H_5 = 3.5\mathrm{m}$,池圆台斜边倾角45°,则池底部直径:

$$D_\mathrm{T} = D - 2H_5 = 18 - 7 = 11\mathrm{m}$$

本池池底采用球壳式结构，取球冠高 $H_6 = 1$m。

圆台容积：

$$W_2 = \frac{\pi H_5}{3}\left[\left(\frac{D}{2}\right)^2 + \frac{D}{2} \times \frac{D_T}{2} + \left(\frac{D_T}{2}\right)^2\right] = \frac{3.14 \times 3.5}{3}[9^2 + 9 \times 5.5 + 5.5^2] = 588.89\text{m}^3$$

球冠体积：

$$W_3 = \frac{1}{3}\pi H_6^2\left(\frac{D_T}{2}\right)^2 = \frac{3.14}{3}\left(\frac{11}{2}\right)^2 = 31.66\text{m}^3$$

池实际容积：

$$V = W_1 + W_2 + W_3 = 31.66 + 588.89 + 457.81 = 1078.36\text{m}^3$$

$$V' = \frac{V}{1.04} = 1036.88\text{m}^3$$

实际总停留时间：

$$T = \frac{1036.88 \times 1.5}{1101.6} = 1.4\text{h} = 84\text{min}$$

池总高：

$$H = H_0 + H_4 + H_5 + H_6 = 0.3 + 1.8 + 3.5 + 1.0 = 6.6\text{m}$$

E　配水三角槽

进水流量增加 10% 的排泥水量，设槽内流速一般为 $0.5 \sim 1.0$m/s，在此取 $u_3 = 0.5$m/s。

三角槽直角边长为：

$$B_1 = \sqrt{\frac{1.10Q}{u_3}} = \sqrt{\frac{1.10 \times 0.204}{0.5}} = 0.67\text{m}$$

在此 B_1 取 0.7m。

三角配水槽采用孔口出流，孔口流速同 u_3。

出水孔总面积 $= \frac{1.10Q}{u_3} = \frac{1.10 \times 0.204}{0.5} = 0.4488\text{m}^2$

采用 $d = 0.1$m 的孔径，每孔面积为 0.00785m^2。则出水孔数 $= \frac{0.4488}{0.00785} = 57$ 个。

为施工方便采用沿三角槽每 6° 设置一孔，共 60 孔。

孔口实际流速：

$$u_3 = \frac{1.1 \times 0.204 \times 4}{0.1^2 \times \pi \times 60} = 0.48\text{m/s}$$

F　第一反应室

第二反应室板厚 $\delta_3 = 0.15$m。第一反应室上端直径为：

$$D_3' = D_1' + 2B_1 + 2\delta_3 = 5.6 + 2 \times 0.7 + 2 \times 0.15 = 7.3\text{m}$$

第一反应室高：

$$H_7 = H_4 + H_5 - H_1 - \delta_3 = 1.8 + 3.5 - 2.5 - 0.15 = 2.65\text{m}$$

$$D_4 = \frac{D_T + D_3}{2} + H_7 = \frac{11 + 7.3}{2} + 2.65 = 11.8\text{m}$$

泥渣回流缝流速一般取 0.10~0.20m/s，在此取 $u_4 = 0.15$m/s。

泥渣回流量：

$$Q'' = 4Q$$

回流缝面积：

$$\omega_6 = \frac{Q''}{u_4} = \frac{4 \times 0.204}{0.15} = 5.44 \text{m}^2$$

回流缝宽度：

$$B_2 = \frac{\omega_6}{\pi D_4} = \frac{5.44}{3.14 \times 11.8} = 0.15 \text{m}$$

设裙板厚 $\delta_4 = 0.06$m。

伞形板下端圆柱直径为：

$$D_5 = D_4 - 2(\sqrt{2} B_2 + \delta_4) = 11.8 - 2(\sqrt{2} \times 0.15 + 0.06) = 11.25 \text{m}$$

按等腰三角形计算，伞形板下檐圆柱体高：

$$H_8 = D_4 - D_5 = 11.8 - 11.25 = 0.55 \text{m}$$

伞形板离池底的高度：

$$H_{10} = \frac{D_5 - D_\text{T}}{2} = \frac{11.25 - 11}{2} = 0.125 \text{m}$$

伞形板锥部高度：

$$H_9 = H_7 - H_8 - H_{10} = 2.65 - 0.55 - 0.125 = 1.975 \text{m}$$

G 容积计算

第一反应区容积：

$$V_1 = \frac{\pi H_9}{12}(D_3^2 + D_3 D_5 + D_5^2) + \frac{\pi D_5^2}{5} H_8 + \frac{\pi H_{10}}{12}(D_5^2 + D_5 D_\text{T} + D_\text{T}^2) + W_3 = 202.18 \text{m}^3$$

第二反应区加导流区容积：

$$V_2 = \frac{\pi}{4} D_1^2 H_1 + \frac{\pi}{4}(D_2^2 - D_1^2)(H_1 - B_1) = 51.04 + 44.86 = 95.9 \text{m}^3$$

分离区容积：

$$V_3 = V' - (V_1 + V_2) = 1036.88 - (202.18 + 95.9) = 738.8 \text{m}^3$$

则实际容积比：

第二反应室：第一反应室：分离室 $= 95.9 : 202.18 : 738.8 = 1 : 2.1 : 7.7$

池各室停留时间：

第二反应室 $= \dfrac{84}{1 + 2.1 + 7.7} \approx 7.8 \text{min}$

第一反应室 $= \dfrac{84}{1 + 2.1 + 7.7} \times 2.1 \approx 16.2 \text{min}$

分离室 $= \dfrac{84}{1 + 2.1 + 7.7} \times 7.7 = 60 \text{min}$

H　进水系统

进水管流速一般为 $0.8 \sim 1.2 \mathrm{m/s}$，根据常用手册选择铸铁管 $d = 500 \mathrm{mm}$，流速为 $1.04 \mathrm{m/s}$。

I　集水系统

本池因池径较大采用辐射式集水槽和环行集水槽形式，水槽截面示意图如图 3-14 所示。

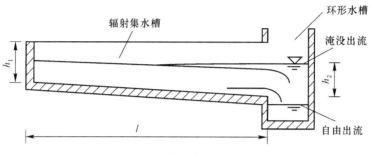

图 3-14　水槽截面示意图

a　辐射集水槽

考虑超载系数为 $1.2 \sim 1.5$，在此取 1.2，全池设 12 根辐射集水槽：

$$q_1 = \frac{1.2Q}{12} = \frac{1.2 \times 0.204}{12} = 0.0204 \mathrm{m^3/s}$$

设辐射槽宽 $b_1 = 0.25 \mathrm{m}$，槽内水流流速一般取 $0.4 \mathrm{m/s}$，槽底坡降 $il = 0.1 \mathrm{m}$，槽内终点水深：

$$h_2 = \frac{q_1}{u_{51}b_1} = \frac{0.0204}{0.4 \times 0.25} = 0.204 \mathrm{m}$$

临界水深：

$$h_k = \sqrt[3]{\frac{\alpha q_1^2}{gb^2}} = \sqrt[3]{\frac{1 \times 0.0204^2}{9.8 \times 0.25^2}} = 0.088 \mathrm{m}$$

槽内起点水深：

$$h_1 = \sqrt{\frac{2h_k^3}{h_2} + \left(h_2 - \frac{il}{3}\right)^2} - \frac{2}{3}il = \sqrt{\frac{2 \times 0.088^3}{0.204} + \left(0.204 - \frac{0.1}{3}\right)^2} - \frac{2}{3} \times 0.1 = 0.12 \mathrm{m}$$

设计取槽内起点水深 $0.2 \mathrm{m}$，终点水深 $0.3 \mathrm{m}$，孔口出流孔口前水位 $0.05 \mathrm{m}$，孔口出流跌落 $0.07 \mathrm{m}$，槽超高 $0.3 \mathrm{m}$，槽起点断面高为 $0.2+0.05+0.07+0.3 = 0.62 \mathrm{m}$；槽终点断面标高为 $0.3+0.05+0.07+0.3 = 0.72 \mathrm{m}$。

辐射集水槽采用三角堰集水槽，取堰高 $C = 0.1 \mathrm{m}$，堰宽 $b = 0.2 \mathrm{m}$，$90°$ 的三角堰，堰上水头一般为 $0.05 \sim 0.07 \mathrm{m}$，在此取 $h = 0.05 \mathrm{m}$。单堰流量：

$$q_0 = 1.4h^{2.5} = 1.4 \times 0.05^{2.5} = 0.000783 \mathrm{m^3/s}$$

辐射集水槽每侧三角堰的数目：

$$n = \frac{q_1}{2q_0} = \frac{0.0204}{2 \times 0.000783} = 13 \text{ 个}$$

加设斜板（管）流量增加一倍则 n 增加为 26 个，参照辐射集水槽长度及上述计算，取集水槽每侧三角堰的个数为 21 个。

b 环形集水槽

环形集水槽流量：

$$q_2 = \frac{1.2Q}{2} = \frac{1.2 \times 0.204}{2} = 0.1224 \text{m}^3/\text{s}$$

设环形槽宽 $b_2 = 0.5$m，槽内水流流速取 0.6m/s，环形槽采用平底槽底坡降 $il = 0$m。

槽内终点水深：

$$h_4 = \frac{q_2}{u_{52}b_2} = \frac{0.1224}{0.6 \times 0.5} = 0.408 \text{m}$$

临界水深：

$$h'_k = \sqrt[3]{\frac{\alpha q_2^2}{gb_2^2}} = \sqrt[3]{\frac{1 \times 0.1224^2}{9.8 \times 0.5^2}} = 0.18 \text{m}$$

槽内起点水深：

$$h_5 = \sqrt{\frac{2h_k'^3}{h_4} + \left(h_4 - \frac{il}{3}\right)^2} - \frac{2}{3}il = \sqrt{\frac{2 \times 0.18^3}{0.408} + (0.408 - 0)^2} - \frac{2}{3} \times 0 = 0.44 \text{m}$$

设计环形槽内水深 0.5m，孔口出流孔口前水位 0.05m，孔口出流跌落 0.07m，超高 0.3m，则槽断面高度为 0.5+0.07+0.05+0.3 = 0.92m。

总出水槽，设计流量为 $q_3 = 1.2Q = 1.2 \times 0.204 = 0.2448 \text{m}^3/\text{s}$，设槽宽 $b_3 = 0.7$m，槽内水流速度 0.8m/s，槽底坡降 $il = 0.2$m。

槽内终点水深：

$$h_6 = \frac{q_3}{u_{53}b_3} = \frac{0.2448}{0.8 \times 0.7} = 0.44 \text{m}$$

临界水深：

$$h''_k = \sqrt[3]{\frac{\alpha q_3^2}{gb_3^2}} = \sqrt[3]{\frac{1 \times 0.2448^2}{9.8 \times 0.7^2}} = 0.23 \text{m}$$

槽内起点水深：

$$h_7 = \sqrt{\frac{2h_k''^3}{h_6} + \left(h_6 - \frac{il}{3}\right)^2} - \frac{2}{3}il = \sqrt{\frac{2 \times 0.23^3}{0.44} + \left(0.44 - \frac{0.2}{3}\right)^2} - \frac{2}{3} \times 0.2 = 0.31 \text{m}$$

设计槽内水深为 0.5m，超高 0.3m，$h = 0.5+0.3 = 0.8$m。

J 排泥及排水计算

污泥浓缩室总容积据经验按池总容积 1% 考虑：

$$V_4 = 0.01V' = 0.01 \times 1036.88 = 10.4 \text{m}^3$$

分设三斗，每斗容积为 $V_斗 = 3.47 \text{m}^3$。

浓缩斗采用一个，形状为正四棱台体，其尺寸采用：上底为 2.0m × 2.0m；下底为 0.6m × 0.6m；棱台高 1.8m。

故实际浓缩室的体积为：

$$V'_4 = \left[2 \times 2 + 0.6 \times 0.6 + \sqrt{(2 \times 2) \times (0.6 \times 0.6)}\right] \times \frac{1.8}{3} = 3.336 \text{m}^3$$

三斗容积为 $V_4 = 3.336 \times 3 = 10\text{m}^3$。污泥斗容积是池容积的 0.96%。污泥浓缩室的排泥管直径采用 100mm；池底中心排空管直径为 DN250mm。

3.3.4　气浮

气浮是空气以微小气泡形式通入水中，使杂质颗粒黏附上气泡，形成表观密度小于水的絮体，絮体上浮至水面，形成浮渣层，从而将杂质与污染物分离的过程。气浮主要用来去除污水中密度接近水或难以沉淀的悬浮物，例如藻类、可溶性杂物（如表面活性剂）等。水处理中气浮法常通过混凝剂使胶体颗粒形成絮体后采用，从而提高气浮效率。

气浮池平面常采用长方形、平底。出水管位置略高于池底。水面设刮泥机和集泥槽。因为附有气泡的颗粒上浮速度很快，所以气浮池容积较小，停留时间仅十多分钟。

根据气泡产生方式不同，气浮法分 4 种：布气气浮法（分散空气气浮法）是利用机械剪切力将混合于水中的空气粉碎成细小气泡；电气浮法是在水中设置正负电极，当通上直流电后，阴极产生微小气泡；生物及化学气浮法是利用微生物作用或在水中投放化学药剂反应后产生气体；溶气气浮法是在一定压力下使空气溶解于水并达到饱和状态，然后骤减至常压，使溶于水中的空气以微气泡形式从水中逸出，从而起到气浮作用。根据气泡析出时所处压力情况不同，溶气气浮法又分压力溶气气浮和溶气真空气浮两种。在工程设计中，压力溶气气浮法应用最广。这是由于该方法气浮净化效果较好，操作过程中气泡与水的接触时间可以人为控制，而且工艺比较简单，造价较低，管理维修较为便利。

3.3.4.1　设计要点

（1）气浮池一般宜用于浑浊度小于 100 NTU，含有藻类等密度小的悬浮物质，水源受污染、色度高、溶解氧低以及温度较低致使澄清效果不好的原水。

（2）絮凝时间取 10~20min，为避免打碎絮粒，絮凝池与气浮池联建，进入气浮池接触室的水流要求布水均匀，且水流流速控制在 0.1m/s 左右。

（3）接触室的上升流速，一般可采用 10~20 mm/s，室内停留时间不宜小于 60s；分离室的向下流速，一般可采用 1.5~2.0 mm/s，分离表面负荷率取 5.4~7.2m³/（m²·h），对于矩形分离室，长宽比一般为（1~2）:1。

（4）气浮池的单格宽度不宜超过 10m；池长不宜超过 15m；有效水深一般可采用 2.0~2.5m，池中水流停留时间一般为 15~30min。

（5）溶气罐的压力及回流比，应根据原水气浮试验情况或参照相似条件下的运行经验确定，溶气气浮压力为 0.2~0.4MPa，回流比（溶气水量/待处理水量）为 5%~10%，反应时间为 5~10min。

（6）溶气释放器的型号及个数应根据单个释放器在选定压力下的出流量及作用范围确定。

（7）压力容器罐一般采用阶梯环为填料，填料层高度常取 1.0~1.5m，罐的直径一般根据过水截面负荷率 100~150m²/（m³·h）选取，罐高为 2.5~3m。压力溶气罐的总高度一般可采用 3.0m。

（8）气浮池集水应力求均匀，一般采用穿孔集水管，集水管的最大流速易控制在 0.5m/s 以内。

（9）气浮池排渣一般采用刮渣机定期排除，集渣槽可设置在池的一端，两端或径向。刮渣机的行车速度控制在 5m/min 以内。浮渣含水率在 96%~97%。

压力溶气系统示意图如图 3-15 所示。

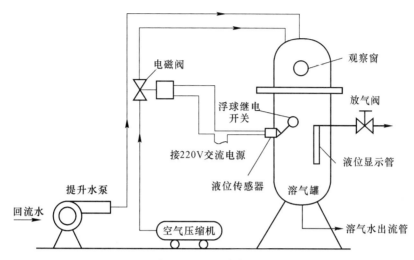

图 3-15　压力溶气系统

3.3.4.2　设计计算

气浮池的设计计算方法见表 3-41。

表 3-41　气浮池的计算公式

名称	公式	符号说明
气浮所需空气量 L·h⁻¹	$Q_g = \varphi Q R a_c$	Q——气浮池设计水量，m³/h；
加压容器水量/m³·h⁻¹	$Q_p = RQ$	R——回流比，%，取 5%~10%；
接触室的表面积/m²	$A_c = \dfrac{Q + Q_p}{v_c}$	a_c——实验条件下释放量，L/m³； φ——水温矫正系数，取 1.1~1.3（试验时水温与冬季水温相差大取高值）；
分离室的表面积/m²	$A_s = \dfrac{Q + Q_p}{v_s}$	p——选定的容器压力，9.8×10⁴Pa； v_c——选定接触室中水流的上升流速，m/h；
池子有效水深/m	$H = v_s t$	v_s——气浮分离速度，m/h；
气浮池容积/m³	$V = (A_c + A_s)H$	t——分离室中水流停留时间，h； I——过流密度，m³/(m²·h)，填料罐选用 100~150
容器罐直径/m	$D_d = \sqrt{\dfrac{4Q_p}{\pi I}}$	m³/(m²·h)； h_1——罐顶、底封头高度，根据罐直径确定，m；
溶气罐高度/m	$H' = 2h_1 + h_2 + h_3 + h_4$	h_2——布水区高度，m，一般取 0.2~0.3m； h_3——贮水区高度，m，一般取 1.2~1.4m；
空压机额定气量/m³·min⁻¹	$Q'_g = \varphi' \dfrac{Q_g}{60 \times 1000}$	h_4——填料区高度，m，当采用阶梯环时，取 1.0~1.5m；
溶气释放器个数	$n = \dfrac{Q_p}{q}$	φ'——安全系数，一般取 1.2~1.5； q——选定溶气压力下单个释放器的出流量，m³/h

3.3.4.3　计算例题

已知条件：处理水量为 50000m³/d 的水厂，设计平流式部分回流压力溶气气浮池。试验条件下回流比取 10%，试验条件释气量取 60L/m³，水温校正系数取 1.2。

气浮池所需空气量：

$$Q_g = \varphi QRa_c = \frac{50000}{24} \times 1.2 \times 10\% \times 60 = 15000 \text{L/h}$$

安全系数 φ' 取 1.4，所需空压机额定气量：

$$Q'_g = \varphi' \frac{Q_g}{60 \times 1000} = 1.4 \times \frac{15000}{60000} = 0.35 \text{m}^3/\text{min}$$

根据额定气量选择空压机 V-0.36/7 两台，一用一备，对应电动机为 Y100L-2。

加压溶气所需水量：

$$Q_p = RQ = \frac{0.1 \times 50000}{24} = 208.3 \text{m}^3/\text{h}$$

压力容器罐选 2 座，采用填料罐，选择 $I = 3600 \text{ m}^3/(\text{m}^2 \cdot \text{d}) = 150 \text{m}^3/(\text{m}^2 \cdot \text{h})$。

$$D_d = \sqrt{\frac{4Q_p/2}{\pi I}} = \sqrt{\frac{2 \times 208.3}{3.14 \times 150}} = 0.94 \text{m}$$

选用标准填料罐规格 $D_d = 1.0 \text{m}$。

实际过流密度：

$$I = \frac{Q_p/2}{\dfrac{\pi}{4}(D_d)^2} = \frac{208.3/2}{\dfrac{3.14}{4} \times 1.0^2} = 133 \text{m}^3/(\text{m}^2 \cdot \text{h})$$

气浮池个数 $N=4$，接触室中水流的上升流速选择 15mm/s，气浮分离室中水流流速选择 2mm/s，在接触室停留时间为 60s，在分离室停留时间为 18min。

单格接触室表面积 $A_c = \dfrac{Q + Q_p}{4v_c} = \dfrac{50000/24 + 208.3}{4 \times 0.015 \times 3600} = 10.6 \text{m}^2$

单格分离室表面积 $A_s = \dfrac{Q + Q_p}{4v_s} = \dfrac{50000/24 + 208.3}{4 \times 0.002 \times 3600} = 80 \text{m}^2$

对于矩形分离室，长宽比一般为 (1~2):1，则选择分离室宽 $B_s = 8.0 \text{m}$，分离室长 $L_s = 10 \text{m}$，分离室水深 $H_s = v_s \times t = 0.002 \times 18 \times 60 \approx 2.2 \text{m}$，即分离室水深为气浮池有效水深。

接触室的池宽 $B_c = B_s = 8.0 \text{m}$，接触室池长 $L_c = 10.6/8 \approx 1.4 \text{m}$，接触室气水接触的水深 $H_c = v_c \times t = 0.015 \times 60 = 0.9 \text{m}$。

气浮池容积：

$$V = (A_c + A_s)H = (10.6 + 80) \times 2.2 \approx 200 \text{m}^3$$

气浮池采用穿孔管进行集水，可按照布管情况分配流量，并令孔眼的水头损失为 0.3m，按照公式 $v_0 = \mu\sqrt{2gh}$ 计算孔眼出口流速，确定孔眼尺寸和个数。

选择 GTV-4 型单只释放器，出水量为 7.5m³/h，作用范围 1000mm，接管口径 40mm。则释放器的个数：

$$n = \frac{Q_p}{q} = \frac{208.3}{7.5} = 28 \text{个}$$，每格接触室沿宽度方向布置 7 个溶气释放器，每两个释放器间隔 1m。

3.3.5 过滤

过滤是一种将悬浮在液体中的固体颗粒分离出来的工艺。其基本原理是在压力差的作用下，悬浮液中的液体透过可渗性介质（过滤介质），固体颗粒被介质所截留，从而实现液体和固体的分离。水处理中过滤主要用于去除水中呈分散悬浊状的无机质和有机质粒子。常用的几种滤池及其适用条件如表 3-42 所示。

表 3-42 常用滤池的特点及适用条件

名称		优 点	缺 点	适用条件
普通快滤池	单层滤料	运行、管理可靠，有成熟的运行经验，池深较浅	阀件较多，一般为大阻力冲洗，必须设冲洗设备	大、中、小型水厂；单池面积一般不大于100m²
	双层滤料	滤速比其他滤池高；含污能力较大（为单层滤池的 1.5～2 倍），工作周期较长；无烟煤滤料易得	滤料粒径选择较严格；冲洗操作要求高；煤砂之间易积泥，管理麻烦，滤料易流失	大、中、小型水厂；单池面积一般不大于100m²；用于改建旧普通快滤池
接触双层滤料滤池		对滤前水的浊度适用大，可直接过滤，一次净化原水，处理构筑物少，占地较小；基建投资低，降速过滤，水质较好	加药管理复杂，工作周期较短，其他缺点同双层滤料的普通快滤池	用于 5000m³/d 以下的小水厂
V 型滤池		运行稳妥可靠，采用均粒粒料，滤床含污量大、周期长、滤速高、水质好。具有气水反洗和水表面扫洗，冲洗效果好，可用于污水深度处理	一般需设置鼓风机等配套设备；池深比普通快滤池大，土建复杂	适用于大、中型水厂；每格池面积可达 150m² 以上
无阀滤池	重力式	一般不设闸阀，管理维护较简单，能自动冲洗	清砂较为不便	适用于中、小型水厂，单池面积一般不大于25m²
	压力式	可一次净化，省去二级泵站，可作为小型、分散、临时性供水	清砂较为不便，其他缺点同接触双层滤料滤池	适用于小型水厂，单池面积一般不大于5m²
虹吸滤池		不需大型阀门，不需冲洗水泵或冲洗水箱，易于自动化操作	土建结构复杂、池深大、单池面积不能过大，反冲洗浪费水量、冲洗效果不易控制，变水位等速过滤，水质不如降速过滤	适用于中型水厂（水量 2×10⁴～10×10⁴m³/d），单池面积不宜过大，每组滤池数不少于 6 池

3.3.5.1 普通快滤池

A 设计参数

（1）当要求水质为饮用水时，单层细砂滤料滤池的正常滤速采用 7～9m/h，强制滤速为 9～12m/h；均匀级配滤料正常滤速为 8～10m/h，强制滤速为 10～13m/h。滤池设计工作周期一般采用 24h。

（2）滤池数一般不少于 2 个，其个数的选择见表 3-43。

表 3-43　滤池个数的选择

滤池总面积/m²	滤池数/个	滤池总面积/m²	滤池数/个
<30	2	100~150	4~6
30~50	3	150~200	5~6
50~100	3~4	200~300	6~8

当单个滤池面积不超过 30m² 时，滤池长宽比为（1.5：1）~（2：1）；单个滤池面积大于 30m² 时，滤池长宽比为（2：1）~（4：1）；当采用旋转式表面时，长宽比为（3：1）~（4：1）。

滤池布置：滤池数少于 5 个时，宜采用单行排列，反之采用双行。单个滤池面积大于 50m² 时，管廊中可设置中央集水渠。

（3）滤池冲洗前的水头损失最大值一般为 2.0~3.0m，滤池上面水深一般为 1.5~2.0m，滤池超高一般采用 0.3m。滤料层厚度不小于 700mm，采用大阻力配水系统时常用承托层厚度为 100mm。

（4）单层滤料快滤池宜采用大阻力或中阻力配水系统；三层滤料滤池宜采用中阻力配水系统。其中大阻力配水系统是带有干管（渠）和穿孔支管的"丰"字形配水系统，开孔比为 0.20%~0.28%，通过池内配水、配气系统的水头损失大于 3m；中阻力配水系统常见的配水形式有滤球式、管板式、二次配水滤砖、三角形内孔的二次配水（气）滤砖，开孔比 0.6%~0.8%，通过池内配水、配气系统的水头损失为 0.5~3.0m。穿孔管式大阻力配水系统参数见表 3-44。

表 3-44　管式大阻力配水系统参数

名　称	单位	数值	备注
干管始端流速	m/s	1.0~1.5	
支管始端流速	m/s	1.5~2.0	
支管孔眼流速	m/s	3~6	
孔眼总面积与滤池面积之比	%	0.20~0.25	
支管中心距离	m	0.2~0.3	
支管下侧距池底距离	cm	$D/2+50$	D 为干管直径
支管长度与其直径之比值		≤60	
孔眼直径	mm	9~12	孔眼分设支管两侧，与垂线呈 45°
干管横截面积应大于支管总横截面积的倍数		0.75~1.0	向下交错排列

注：干管直径或渠宽大于 300mm 时，顶部应装滤头、管嘴或把干管埋入地底。

（5）普通快滤池一般采用单水冲洗，当无辅助冲洗时，冲洗强度可采用 12~15L/（m²·s）。冲洗水的供给方式：用水泵时，其能力按冲洗单格滤池考虑（设备用泵）；用高位水箱时，其有效容积按冲洗水量的 1.5 倍计算。

（6）滤池管（槽）流速：浑水进水管（槽）流速为 0.8~1.0m/s；冲洗水管（槽）流速为 2.0~2.5m/s；清水出水管流速为 0.8~1.2m/s；排水管（渠）流速为 1.0~1.5m/s。

（7）配水系统干管末端应装排气管，当滤池面积小于 25m² 时，排气管管径为 40mm；滤池面积为 25~100m² 时，排气管管径为 50mm。滤池闸阀的启闭一般采用水力和电动，但当池数较少，且闸阀直径不超过 300mm 时，采用手动。

（8）冲洗排水槽的总平面面积不应大于滤池面积的 25%，滤料表面到洗砂排水槽底的高度应等于冲洗时滤层的膨胀高度。滤层最大膨胀率一般为 30%~50%，槽长一般不大于 6m，两槽间的中心距一般为 1.5~2.1m，槽的超高一般为 0.075m，槽内流速一般为 0.6m/s。洗砂排水槽一般采用始端深度为末端深度的一半，或槽底采用平坡，使始、末端断面相同。

B 计算公式

普通快滤池的设计计算方法见表 3-45。

表 3-45 普通快滤池的计算公式

名 称	公 式	符号说明
滤池面积/m²	$F = \dfrac{Q}{vt}$	Q——设计日废水量，m³/d； v——滤速，m/h；
滤池的实际工作时间/h·d⁻¹	$t = t_w - t_0 - t_1$	t_w——滤池工作时间，h/d； t_0——滤池停运后的停留时间，h/d，一般取 0.5~0.67h/d；
单格滤池面积/m²	$f = \dfrac{F}{N}$	t_1——滤池反冲洗及操作时间，h/d； N——滤池个数； h_1——承托层高度，m；
滤池高度/m	$H = h_1 + h_2 + h_3 + h_4$	h_2——滤料层高度，m，一般采用 0.7m； h_3——砂面上水深，一般采用 1.5~2.0m；
洗砂排水槽排水量/L·s⁻¹	$Q_0 = q l_0 a_0$	h_4——超高，一般采用 0.3m； q——冲洗强度，L/(m²·s)，一般选 12~15L/(m²·s)；
槽底为三角形断面时的末端尺寸/m（见图 3-16）	$x = \sqrt{\dfrac{q l_0 a_0}{1000 v'}}$	l_0——槽长，m，不大于 6m； a_0——两槽间中心距，m，一般取 1.5~2.1m；
槽底为半圆形断面的末端尺寸/m（见图 3-16）	$x = \sqrt{\dfrac{q l_0 a_0}{4570 v'}}$	v'——排水槽流速，一般采用 0.6m/s； e——滤层最大膨胀率，一般为 30%~50%；
槽顶距砂面的高度/m	$H_e = h_2 e + 2.5x + \delta + 0.075$	δ——槽底厚度，m； 0.075——槽超高，m

3.3.5.2 V 型滤池

A 设计参数

（1）滤速可采用 8~10m/h，强制滤速 10~13m/h，过滤周期一般在 24~48h。

滤层水头损失：冲洗前的滤层损失可采用 2.0m。滤层表面以上水深不应小于 1.2m。

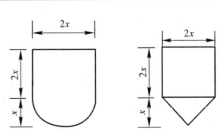

图 3-16 洗砂排水槽断面形式

（2）单池尺寸：为保证冲洗时表面扫洗及排水效果，单格滤池宽度宜在 4m 以内，最大不超过 5m，无资料时可参考表 3-46 和表 3-47。

表 3-46　V 型滤层尺寸及面积

宽度/m	长度/m	单格面积/m²	双格面积/m²
3.00	8.00～13.00	24.0～39.0	48.0～78.0
3.50	8.00～14.30	28.0～50.0	56.0～100.0
4.00	11.50～16.30	46.0～56.0	92.0～130.0
4.50	12.20～17.80	55.0～80.0	110.0～160.0
5.00	14.00～20.00	70.0～100.0	140.0～200.0

表 3-47　滤池总过滤面积与滤池个数

滤池总过滤面积/m²	滤池数/个	滤池总过滤面积/m²	滤池数/个
<80～400	4～6	800～1000	8～12
400～600	4～8	1000～1200	12～14
600～800	6～10	1200～1600	12～16

V 型滤池的布置可分为单排和双排布置，就单池而言，可分为单格和双格布置。当池数少于 5 个时采用单排布置，单池内一般采用双格对称布置，若单池面积小于 25m² 时，采用单格布置。

（3）滤料采用均粒石英砂，滤料厚度为 1200～1500mm，有效粒径为 0.85～1.2mm，不均匀系数不超过 1.4。承托层厚度一般为 50～100mm，采用 2～4mm 的粗石英砂。

（4）V 型滤池进水槽的斜面与池壁的倾斜度宜为 45°～50°，进水槽的槽底配水孔口至中央排水槽边缘的水平距离宜在 3.5m 以内，最大不得超过 5m。表面扫洗配水孔的预埋管纵向轴线应保持水平。V 型槽过滤时处于淹没状态，槽内设计始端流速不大于 0.6m/s，冲洗时池水位下降，槽内水面低于倾斜壁 50～100mm。V 型槽底部布水孔沿槽长方向均匀布置，内径一般为 20～30mm，过孔流速在 2.0m/s 左右，孔中心一般低于用水单独冲洗时池内水面 50～150mm。V 型滤池的冲洗排水槽顶面宜高出滤料层表面 500mm。

（5）V 型滤池一般采用气水反冲洗，冲洗水可以采用冲洗水泵或冲洗水箱供应，冲洗水泵选择较多，水泵的能力应按单格滤池冲洗水量设计，并应设备用机组。反冲洗空气总管的管底应高于滤池的最高水位。V 型滤池宜采用长柄滤头配气、配水系统，其配水系统由配气配水渠、气水室及滤板、滤头组成。长柄滤头配气配水系统的设计，应采取有效措施，控制同格滤池所有滤头滤帽或滤柄顶表面在同一水平高程，其误差不得大于 ±5mm。

配气配水渠进口处冲洗水流速一般不超过 1.5m/s；进口处冲洗空气流速一般不超过 5m/s。

气水室中气垫层厚度一般为 100～200mm；配气气孔顶宜与滤板板底平，配气孔过孔流速为 10～15m/s；配水孔孔底应与池底平，孔口流速为 1.0～1.5m/s。

滤头一般每平方米滤池面积布置 30～50 个，滤头滤帽缝隙总面积与滤池过滤面积之比在 1.25%～2.0%。

（6）滤后水出水稳流槽，槽内水面标高与滤料层底面标高基本持平，槽内水深为2~2.5倍滤后水出水管管径，出水管为淹没流，管顶不应高出溢流堰堰顶。溢流堰堰上水深为0.2~0.25m，按薄壁无侧收缩非淹没出流堰计算确定堰宽和堰顶标高。

（7）管廊布置时应注意：空气干管应高于滤池待滤水位，各格滤池进气控制阀后应设排气支管，排气支管可以设在空气管上，也可以从配水配气渠最高点接出。排气支管出口应高于池顶面50~100mm，管上设电动阀或电磁阀。

（8）各种管渠流速可见表3-48。V型滤池的平剖面示意图如图3-17~图3-19所示。

表3-48　各种管渠的流速要求

名称	流速/m·s⁻¹	名称	流速/m·s⁻¹
待滤水进水总渠	0.7~1.0	冲洗空气输气管	10~15
滤后水总管渠	0.6~1.2	排水总渠	0.7~1.5
冲洗水输水管	2.0~3.0	排水槽出口	1.0~1.5

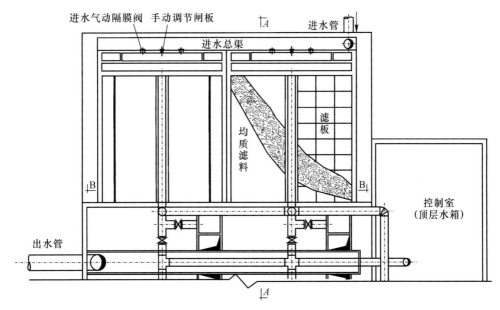

图3-17　V型滤池平面示意图

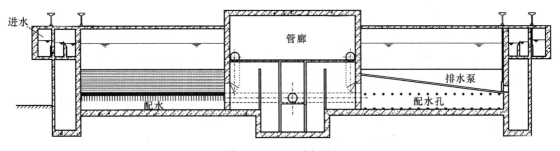

图3-18　A—A剖面图

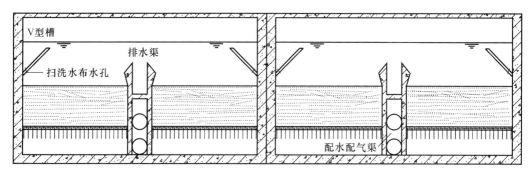

图 3-19　B—B 剖面图

B　计算公式

V 型滤池的设计计算方法见表 3-49。

表 3-49　　V 型滤池的计算公式

名　称	公　式	符号说明
滤池产水量/$m^3 \cdot h^{-1}$	$Q_1 = (1 + \alpha)Q$	T——滤池过滤周期，h； α——水厂自用水率，5%； Q——设计水量，m^3/h；
滤池总面积/m^2	$F = \dfrac{Q_1}{vT}$	v——正常滤速，m/h； n——滤池分格数； h_1——气水室高度，m，一般 0.7~0.9m；
单格滤池面积/m^2	$f = \dfrac{F}{n}$	h_2——滤板厚度，m，预制板一般采用 0.1~0.15m，整浇板采用 0.2~0.3m； h_3——承托层厚度，m，一般选 1.2~1.5m；
滤池的高度/m	$H = h_1 + h_2 + h_3 + h_4 +$ $h_5 + h_6 + h_7$	h_4——滤料层厚度，m，一般取 1.2~1.6m； h_5——滤层上面水深，m，一般取 1.2~1.5m； h_6——进水系统跌差，m，一般为 0.3~0.5m； h_7——进水总渠超高，一般为 0.3~0.5m；
滤池冲洗时，排水槽顶的水深/m	$H_1 = \left[\dfrac{(q_1 + q_2)B}{0.42\sqrt{2g}} \right]^{\frac{2}{3}}$	q_1——表面扫洗水强度，$m^3/(m^2 \cdot s)$； q_3——水冲洗强度，$m^3/(m^2 \cdot s)$； B——单边滤床宽度，m

3.3.5.3　虹吸滤池

A　设计要点

（1）虹吸滤池的最少分格数应按滤池在低负荷运行时，仍能满足一格滤池冲洗水量的要求确定。通常每座滤池 6~8 格，各格清水渠隔开。

（2）虹吸滤池冲洗前的水头损失，一般可采用 1.5m。虹吸滤池冲洗水头应通过计算确定，一般宜采用 1.0~1.2m，并应有调整冲洗水头的措施。

（3）虹吸进水管和虹吸排水管的断面积宜根据下列流速计算确定：进水管为 0.6~1.0m/s；排水管为 1.4~1.6m/s。

（4）虹吸滤池采用中、小阻力系统。水头损失一般控制在 0.2~0.4m。

（5）排水虹吸管一般采用矩形断面，也可用圆形断面，水量较小时采用铸铁管，水量较大时用钢板焊制。一般虹吸进水管流速为 0.6~1.0m/s，虹吸排水管流速为 1.4~1.6m/s。

B 计算公式

虹吸滤池的设计计算方法见表3-50。

表 3-50 虹吸滤池的计算公式

名　称	公式	符号说明
滤池处理水量/$m^3 \cdot h^{-1}$	$Q = (1 + \alpha)Q_1$	α——自用水系数，取5%；Q_1——净产水量，m^3/h；v——设计滤速，m/h，取7~9m/h；N——格数，取6格以上；B——单格滤池宽度，m；L——单格滤池长度，m；v_1——进水流速，m/s，取0.6~1.0m/s；$\sum \xi$——局部阻力系数之和；v_2——事故进水流速，m/s；β——矩形面系数，取1.2；C——谢才系数；R——水力半径，m；L——虹吸管长度，m；q——冲洗强度，$L/(m^2 \cdot s)$，取12~15L/($m^2 \cdot s$)；a——开孔比，%；μ——孔口流量系数，取0.65~0.79；v_4——排水虹吸管流速，m/s，取1.4~1.6m/s；H_0——集水室高度，m，取0.3~0.4m；H_1——滤板厚度，m，取0.1~0.2m；H_2——承托层厚度，m，取0.2m；H_3——滤料厚度，m，取0.7~0.8m；H_4——洗砂排水槽底至砂面距离，m；H_5——洗砂排水槽高度，m；H_6——洗砂排水槽堰上水头，m，取0.05~0.10m；H_7——冲洗水头，m，取1.0~1.2m；H_8——清水堰上水头，m，取0.1~0.2m；H_9——过滤水头，m，取1.5m或以上；H_{10}——滤池超高，m，取0.3m
滤池面积/m^2	$F = \dfrac{24Q}{23v}$	
单格面积/m^2	$f = \dfrac{F}{N}$ $f = BL$	
虹吸管进水量/$m^3 \cdot h^{-1}$	$Q_2 = \dfrac{Q}{N - 1}$	
断面面积/m^2	$\omega_1 = \dfrac{Q_2}{3600v_1}$	
进水虹吸管水头损失/m	$h_f = h_{f1} + h_{f2}$	
进水虹吸管局部水头损失/m	$h_{f1} = \beta \sum \xi \dfrac{v_2^2}{2g}$	
进水虹吸管沿程水头损失/m	$h_{f2} = \dfrac{v_2^2}{C^2 R}L$	
滤板孔眼流速/$m \cdot s^{-1}$	$v_3 = \dfrac{qf}{1000\omega_2}$	
滤板孔眼面积/m^2	$\omega_2 = \dfrac{fa}{100}$	
滤板水头损失/m	$h_3 = \dfrac{v_3^2}{2g\mu^2}$	
排水虹吸管断面面积/m^2	$\omega_3 = \dfrac{qf}{1000v_4}$	
滤池高度/m（一般在5.2~6.0m）	$H = H_0 + H_1 + H_2 + H_3 + H_4 +$ $H_5 + H_6 + H_7 + H_8 + H_9 +$ H_{10}	

3.3.5.4　重力无阀滤池

A　设计参数

（1）无阀滤池分格数一般采用 2~3 格，滤速 4~6m/h；冲洗时间 4~5min；冲洗强度可采用平均值 14~16L/（m² · s）。

（2）每格无阀滤池应设单独的进水系统，进水系统应有防止空气进入滤池的措施。进水分配堰堰口标高=虹吸辅助管管口标高+进水管及虹吸上升管内各项水头损失+保证堰上自由出流的高度（10~15cm）；每格分配箱大小一般为 （0.6m×0.6m）~（0.8m×0.8m）；进水分配箱底与滤池冲洗水箱持平；进水管内流速为 0.5~0.7m/s；进水管 U 形存水弯的底部中心标高可放在排水井井底标高处；进水挡板直径应比虹吸上升管管径大 10~20cm，距离管口 20cm。

（3）浑水区为顶盖与滤层之间的空间，顶盖面与水平面夹角是 10°~15°。浑水区高度（不包括顶盖锥体部分高度），应等于反冲洗时滤料层的最大膨胀（膨胀率为 50%）高度再加保护高度（10cm）。

滤料层如果采用单层滤料，则粒径为 0.5~1.0mm，滤料厚度 700mm；采用双层滤料，无烟煤粒径 1.2~1.6mm 时，滤料厚度为 300mm，砂粒径 1.0~0.5mm 时，滤料厚度为 400mm。

承托层的材料和组成与配水方式有关，可参考表 3-51。

表 3-51　承托层的材料、组成及配水方式

配水方式	承托材料	粒径/mm	厚度/mm
滤板	粗砂	1~2	100
格栅	卵石	1~2	80
		2~4	70
		4~8	70
		8~16	80
尼龙网	卵石	1~2	每层 50~100
		2~4	
		4~8	
滤帽（头）	粗砂	1~2	100

（4）配水系统采用小阻力系统，集水室高度一般采用 0.3~0.5m，出水管管径同进水管管径。无阀滤池冲洗前的水头损失，一般采用 1.5m。过滤室内滤料表面以上的直壁高度，应等于冲洗时滤料的最大膨胀高度再加保护高度。无阀滤池的反冲洗应设有辅助虹吸设施，并设调节冲洗强度和强制冲洗的装置。冲洗水箱置于滤池顶部，水箱容积按一格滤池冲洗一次所需水量确定。虹吸管管径取决于冲洗水箱平均水位与排水井水封水位的高差和冲洗过程中平均强度下各项水头损失的总和。虹吸下降管管径应比上升管管径小 1~2 级。虹吸破坏管管径一般采用 15~20m。

（5）管内流速见表 3-52。

表 3-52　配水管道的流速要求

表 3-52　配水管道的流速要求

管道名称	流速/m·s^{-1}	管道名称	流速/m·s^{-1}
进水管	0.5~0.7	虹吸上升管	1.0~1.5
出水管	0.5~0.7	虹吸下降管	2.0~2.5

B　计算公式

无阀滤池的设计计算方法见表 3-53。

表 3-53　无阀滤池的计算公式

名称	公式	符号说明
滤池净面积/m^2	$F = (1 + a)\dfrac{Q}{v}$	Q——设计水量，m^3/h； v——滤速，m/h； a——考虑反冲洗水量增加的百分数，一般取 4%
冲洗水箱的高度/m	$H = \dfrac{60Fqt}{2000(F + F_1)}$	q——反冲洗强度，L/(m^2·s)，取 15L/(m^2·s)； t——冲洗时间，min，取 5min； F_1——连通渠及斜边壁厚面积，m^2
进水堰口标高/m	$h = h_1 + h_2 + h_3$	h_1——虹吸辅助管管口标高，m； h_2——进水及虹吸上升管内各项水头损失之和，m； h_3——保证堰上自由出流的高度，m，取 0.1~0.15m

3.3.5.5　反冲洗系统

在有颗粒滤料的滤床中常见的冲洗方法有三种。一是用水进行反冲洗，高速水流通过滤料，产生剪切力把悬浮物冲走，水的冲洗强度为 6~8L/(m^2·s)，历时 3~5min；二是用水反冲洗辅以表面冲洗，表面冲洗水是在滤层上面由喷嘴喷出，表面冲洗强度为 0.5~2.0L/(m^2·s)，两个周期历时 4~6min；三是气水联合冲洗，气强度为 13~17L/(m^2·s)，水强度为 6~8L/(m^2·s)，历时 4~8min。

供给冲洗水的方式有两种，一是冲洗水泵，二是冲洗水塔（箱）。前者投资省，但操作麻烦，耗电大；后者造价高，但操作简单，耗电较均匀。

A　单独用水反冲洗

单独用水反冲洗的冲洗强度及冲洗时间见表 3-54，计算方法见表 3-55。

表 3-54　水冲洗强度及冲洗时间

滤料组成	冲洗强度/L·m^{-2}·s^{-1}	膨胀率/%	冲洗时间/min
单层细砂级配滤料	12~15	45	7~5
双层煤、砂级配滤料	13~16	50	8~6
三层煤、砂、重质矿石级配滤料	16~17	55	7~5

表 3-55　单独用水反冲洗的计算方式

名　　称	公　　式	符号说明
水塔容积/m³	$V = \dfrac{1.5Atq \times 60}{1000} = 0.09Atq$	A——滤池面积，m²； t——冲洗时间，min；
水塔底高出滤池排水槽顶的距离/m	$H_0 = h_1 + h_2 + h_3 + h_4 + h_5$	q——冲洗强度，L/(m²·s)； h_1——从水塔至滤池的管道中总水头损失，m； h_5——备用水头，m，一般取 1.5~2.0m；
滤池配水系统水头损失/m	$h_2 = \left(\dfrac{q}{10\alpha\beta}\right)^2 \times \dfrac{1}{2g}$	α——孔眼流量系数，一般为 0.65~0.7m； β——孔眼总面积与滤池面积之比，采用 0.2% ~ 0.25%；
承托层水头损失/m	$h_3 = 0.022qh'$	g——重力加速度，9.81m/s²； h'——承托层厚度，m；
滤料层水头损失/m	$h_4 = (\gamma_s - 1)(1 - m_0)l_0$	γ_s——滤料相对密度，kg/m³； m_0——滤料膨胀前孔隙率，%； l_0——滤料膨胀前厚度，m；
水泵扬程/m	$H = h_0 + h_1' + h_2 + h_3 + h_4 + h_5$	h_0——排水槽顶与清水池最低水位之差，m； h_1'——从清水池到滤池冲洗管道中的水头损失，m

B　有表面冲洗的水反冲洗

表面冲洗分为固定式表面冲洗和旋转式两种。

固定式表面冲洗的冲洗强度为 2~3L/(m²·s)，冲洗时间 4~6min，冲洗水头 0.2MPa，穿孔孔眼总面积和滤池总面积之比为 0.03%~0.05%。穿孔管中心距为 0.5~1m，孔眼间距采用 80~100mm，孔眼双排布置，交错排列，孔眼与水平线夹角 45°。穿孔管直径一般为 32~50mm，管底距滤池砂面高 50~75mm。计算方法如表 3-56 所示。

表 3-56　冲洗管的计算公式

名　　称	公　　式	符号说明
穿孔管孔眼流速/m·s⁻¹	$v = \dfrac{q \times 10^{-3}}{\varphi}$	q——表面冲洗强度，L/(m²·s)； φ——穿孔孔眼总面积和滤池总面积之比，%
冲洗干管始端要求的水头/m	$H \geqslant \dfrac{9v_1^2 + 10v_2^2}{2g}$	v_1——干管流速，m/s，一般选 2.5~3.0m/s； v_2——穿孔管始端流速，m/s

旋转式表面冲洗的冲洗强度为 0.5~0.75L/(m²·s)，冲洗时间 4~6min，冲洗水头一般为 0.4~0.5MPa，旋转管水流速度为 2.5~3.0m/s，喷嘴出口流速采用 25~35m/s，喷嘴与水平面倾斜角度采用 24°~25°，喷嘴直径 3~10mm，旋转管上的喷嘴间距为 15~25cm，旋转管底与砂面距离为 50mm，旋转管管径为 38~75mm，旋转管转速一般为 4~7r/min，计算方法如表 3-57。

表 3-57 旋转式表面冲洗的计算公式

名　称	公　式	符号说明
旋转管中造成喷嘴流速的要求水头/m	$H_0 = \dfrac{v_1^2}{2g\varphi^2}$	v_1——喷嘴出口流速，m/s； φ——流速系数，取 0.92
每根旋转管流量/L·s^{-1}	$q_1 = 0.001 I_1 f_1$	I_1——冲洗强度，L/(m²·s)； f_1——每根旋转管所负担的滤池面积，m²
每根旋转管上孔眼总面积/m²	$w_1 = \dfrac{q_1}{\mu \sqrt{2gH_0}}$	μ——流量系数，取 0.82
旋转管末端最小管径/m	$d_{\min} = \sqrt[1.32]{0.00606 r_0}$	r_0——旋转半径，m
旋转臂面积的垂直投影/m²	$f_2 = 2 r_0 d_1$	d_1——旋转管平均外径，m

C 气水联合冲洗

实际工作中气水联合冲洗的工作方式有两种。一是先气后水的冲洗方式，多用于级配石英砂滤料滤池。另一种是先气冲洗-气水同时冲洗-后水冲洗方式，多用于级配石英砂滤料滤池以及均粒石英砂滤料滤池。配气配水系统中，配气干管和支管进口处空气流速为 10m/s，空气从孔眼中出流速度为 30~35m/s，孔眼直径为 1~2mm，孔距 70~100mm，孔眼向下 45°交错布置。气水反冲洗设计参数如表 3-58 所示，气水联合反冲洗的计算方法见表 3-59。

表 3-58 气水冲洗强度和历时

滤料层结构和水冲洗时滤料层膨胀率		先气冲洗		气水同时冲洗			后水冲洗		表面扫洗		冲洗周期/h
		强度/L·m^{-2}·s^{-1}	历时/min	气强度/L·m^{-2}·s^{-1}	水强度/L·m^{-2}·s^{-1}	历时/min	强度/L·m^{-2}·s^{-1}	历时/min	强度/L·m^{-2}·s^{-1}	历时/min	
双层滤料，膨胀率 40%		15~20	3~1	—	—	—	6.5~10	6~5			12~24
单层细砂级配石英砂滤料，膨胀率 30%		15~20	3~1	—	—	—	8~10	7~5			12~24
单层粗砂均粒石英砂，不膨胀或微膨胀	有表面扫洗	13~17	2~1	13~17	1.5~2	5~4	3.5~4.5	8~5	1.4~2.3	全程	24~36
	无表面扫洗	13~17	2~1	13~17	3~4	4~3	4~8	8~5			24~36

表 3-59 气水反冲洗的计算方式

名　称	公　式	符号说明
冲洗水和空气通过长柄滤头时比单一水通过滤头的水头损失增量/m	$\Delta h = n(0.01 - 0.01 v_1 + 0.12 v_1^2)$	n——气水比； v_1——滤柄中水的流速，m/s； v——孔眼空气流速，m/s；

名　　称	公　　式	符 号 说 明
空气通过大阻力配气系统时 压力损失/Pa	$h = 1.5v^2$	h_1——输气管道的压力总损失，Pa； h_2——配气系统的压力损失，Pa； K——系数，1.05~1.10； h_3——配气系统出口至空气溢出面的水深，m；
鼓风机出口处的静压/Pa	$H_A = h_1 + h_2 + 9810Kh_3 + h_4$	h_4——富余压力，4900Pa； h_5——气水室冲洗水水压，Pa； q——空气冲洗强度，L/(m²·s)；
采用长柄滤头气水同时冲洗时 鼓风机出口静压/Pa	$H_A = h_1 + h_2 + h_4 + h_5$	f——单个滤池面积，m²； t——单个滤池设计冲洗时间，min； V——中间储气罐容积，m³；
空压机容量/m³·min⁻¹	$W = \dfrac{(0.06qft - VP)K}{t}$	P——储气罐可调节的压力倍数； K——漏损系数，1.05~1.1

3.3.5.6 设计例题

已知设计水量为 50000m³/d，设计 V 型滤池过滤。

A　设计参数选取

考虑水厂自用水量（包括反冲洗水量）占 5%，则：

$$Q = 50000 \times (1 + 5\%) = 52500\text{m}^3/\text{d}$$

滤池冲洗周期 24h，滤速 $v = 10$m/h，每天冲洗 $t_1 = 15$min/d

冲洗强度：第一步气冲，强度为 15L/(m²·s)，第二步气水同时冲洗，气冲强度为 15L/(m²·s)，水冲强度为 6L/(m²·s)，第三步水冲强度为 8L/(m²·s)。表面扫洗利用一个滤池的过滤水量。

B　滤池池体尺寸

滤池每天实际工作时间：

$$T = t_w - t_1 = 24 - \frac{15}{60} = 23.75\text{h/d}$$

滤池面积：

$$F = \frac{Q}{vT} = \frac{52500}{10 \times 23.75} = 221\text{m}^2$$

滤池数设为 4 个，呈单排布置。

每个滤池的面积为：

$$f = \frac{F}{n} = \frac{221}{4} = 55.25\text{m}^2，取单个滤池尺寸 56\text{m}^2。$$

根据滤池尺寸及面积关系表，4 个滤池采用双格布置，则单格的长 $L = 8$m，宽 $B = 3.5$m，即单个滤池过滤面积为：2×8×3.5＝56m²。

实际滤速：

$$v = \frac{Q}{FT} = \frac{52500}{56 \times 4 \times 23.75} = 9.87 \text{m/h}$$

滤池的高度：气水室高度 h_1 采用 0.8m；滤板厚度 h_2 取 0.1m；承托层厚度 h_3 取 0.1m；滤料层厚度 h_4 取 1.2m；滤料上水深 h_5 采用 1.25m；进水系统跌差 h_6 取 0.25m；滤池超高 h_7 采用 0.5m，则滤池高度：

$$H = h_1 + h_2 + h_3 + h_4 + h_5 + h_6 + h_7 = 0.8 + 0.1 + 0.1 + 1.2 + 1.25 + 0.25 + 0.5 = 4.2 \text{m}$$

滤池各种管渠的计算如表 3-60 所示。

表 3-60　滤池管渠计算

管渠名称	流量/m³·s⁻¹	管渠断面	流速/m·s⁻¹
进水总渠	0.61	0.8m×0.9m	0.85
单个滤池进水渠	0.15	0.4m×0.4m	0.94
冲洗水管	8×56/1000＝0.448	D＝500mm	2.28
冲洗空气管	15×56/1000＝0.84	D＝300mm	11.9
单格滤池出水管	0.15	D＝450mm	0.94

C　配水配气系统

滤板的尺寸采用混凝土滤板，975mm×975mm×100mm。

每格滤池滤板数量 3×8＝24 块，每块滤板的滤头数 7×7＝49 个。

选择 LC-Q2 型长柄滤头，缝隙面积 2.8cm²/个。

开孔比 $\beta = 2.8 \times 10^{-4} \times 49 = 1.37\%$。

气水室配水孔孔口流速采用 1m/s。

冲洗水流量：

$$Q_1 = 8 \times 56 \times \frac{1}{1000} = 0.448 \text{m}^3/\text{s}$$

双侧布孔，孔口尺寸选择 60mm×60mm 方孔。

孔口数：0.448/1/(0.06×0.06)＝124 个，每侧 62 个。

孔口总面积为 124×0.06×0.06＝0.446m²。

实际孔口流速：

$$0.448/0.446 = 1 \text{m/s}$$

气水室配气孔孔口流速采用 15m/s。

空气流量为

$$Q_1 = 15 \times 56 \times \frac{1}{1000} = 0.84 \text{m}^3/\text{s}$$

孔口尺寸采用 ϕ32，孔口数 70 个，双侧布孔，单侧 35 个。

配气孔总面积：

$$\frac{\pi \times 0.032^2}{4} \times 70 = 0.056 \text{m}^2$$

实际孔口流速 0.84/0.056＝15m/s。

D V型槽计算

V型槽扫洗流量等于1个滤池的过滤水量：$56 \times 9.87 = 553 \text{m}^3/\text{h} = 0.154 \text{m}^3/\text{s}$。

设扫洗孔孔径为32mm，共100只，每条V型槽50只，孔总开口面积：

$$\frac{\pi \times 0.032^2}{4} \times 100 = 0.08 \text{m}^2$$

孔口流速：$0.154/0.08 = 1.93 \text{m/s}$。

E 冲洗水排水系统的计算

排水槽水量：

$$Q_3 = \frac{(6+8) \times 56}{1000} = 0.784 \text{m}^3/\text{s}$$

排水槽净宽1m，采用0.05底板坡度坡向出口，槽底最低点高出滤板底0.1m。

水冲洗加表面扫洗，排水槽顶水深：

$$H_1 = \left[\frac{(q_1+q_2)B}{0.42\sqrt{2g}} \right]^{\frac{2}{3}} = \left[\frac{(6+8) \times 10^{-3} \times 3.5}{0.42\sqrt{2 \times 9.81}} \right]^{\frac{2}{3}} = 0.09 \text{m}$$

排水槽出口阀门采用800mm×800mm气动闸板阀，过孔流速为1.23m/s。

F 冲洗水泵计算

冲洗水泵流量：气水同时冲洗时，$Q_{\min} = \dfrac{6 \times 56}{1000} = 0.336 \text{m}^3/\text{s}$；水冲洗时，$Q_{\max} = \dfrac{8 \times 56}{1000} = 0.448 \text{m}^3/\text{s}$。

设排水槽顶与吸水池水面高差为$h_0 = 2.5$m，水泵吸水口与滤池间冲洗管道的水头损失：

$$h_1' = il + \sum \xi \frac{v'^2}{2g} = 4\text{m} (\text{具体计算过程需画出最不利管道草图，计算过程略})$$

滤池配水系统水头损失$h_2' = 0.2$m。

承托层的水头损失h_3'忽略不计。

滤料层的水头损失：

$$h_4' = (\gamma_s - 1)(1 - m_0)h_2 = \left(\frac{2.65}{1} - 1 \right) \times (1 - 0.41) \times 1.2 = 1.17 \text{m}$$

富余水头$h_5' = 1.5$m，水泵扬程为2.5+4.0+0.2+1.17+1.5=9.37m。

根据流量$0.448 \text{m}^3/\text{s}$，扬程9.37m进行选泵。

G 鼓风机计算

鼓风机风量：

$$Q_4 = \frac{1.05 \times 15 \times 56}{1000} = 0.882 \text{m}^3/\text{s}$$

输气管的压力损失$p_1 = 3000$Pa，配气系统的压力损失$p_2 = 2000$Pa，气水室中水压力$p_3 = 9810(h_0 + h_2' + h_3' + h_4') = 9810 \times (2 + 0 + 0.2 + 1.17) = 33060$Pa，富余压力$p_4 = 4900$Pa，鼓风机的出口压力$p = p_1 + p_2 + p_3 + p_4 = 3000 + 2000 + 33060 + 4900 = 42960$Pa，根据风量和出口压力选择鼓风机。

3.3.6 消毒

目前常见的消毒的方法有液氯法、氯胺消毒、二氧化氯消毒、臭氧消毒法和紫外线消毒法，也可采用上述方法组合。其主要的优缺点和适用条件如表3-61所示。

表 3-61 消毒法的优缺点及适用条件

名称	优 点	缺 点	适用条件
液氯	效果可靠，投配设备简单，投量准确，价格便宜，具有持续消毒的作用	原水有机物高时会产生有机氯化物，原水含酚时产生氯酚味，需要泄氯中和装置	适用于大、中型水厂，且液氯提供方便
氯胺	降低三氯甲烷和氯酚产生，延长余氯持续时间	接触时间较长，需要设置泄氯中和装置，氨气对消防及环境要求高，管理复杂	原水中有机物多，输配水管线较长
臭氧	具有强氧化能力，为最活跃的氧化剂之一，对微生物、病毒、芽孢等具有杀伤力，消毒效果好，接触时间短，能除臭、去色、去除铁锰等物质，能除酚，无氯酚味，不会生成有机氯化物	基建投资大，电耗高，制水成本高，臭氧在水中不稳定，易挥发，无持续消毒作用，设备复杂，管理麻烦	适用于原水有机污染严重的场所，一般结合氧化用作预处理或与活性炭连用
二氧化氯	不生成有机氯化物、杀菌效果好、有强烈氧化作用，可以除臭、去色、除氧化铁锰等物质，投加量少、接触时间短、余氯保持时间长	成本高、需现场制备，制取设备复杂，要控制氯酸盐和亚氯酸盐等副产物，贮存和制备场所要求高	适用于原水有机污染严重时
紫外线	杀菌效果高，接触时间短，不改变水的物理化学性质，不会生成有机氯化物和氯酚味，具有成套设备，操作方便	没有持续消毒作用，易受重复污染，电耗高，灯管寿命短	适用于工矿企业、集中用户供水，不适用管路过长的供水

3.3.6.1 消毒池设计计算

消毒池药剂投加及设计规定详见本章第二节常用的药剂及投加。

消毒池平均水深一般为2~3m，水面超高为0.2~0.3m，池底坡度为2%~3%。

池平面形状一般采用矩形，设导流隔板，间距以柱为限，一般取2.5~3m。

消毒池计算见表3-62。

表 3-62 消毒池的计算公式

名 称	公 式	符号说明
消毒池容积/m³	$V = QT$	Q——单池污水设计流量，m³/s； T——消毒接触时间，s，氯消毒一般为30min
消毒池表面积/m²	$F = \dfrac{V}{h}$	h——消毒池有效水深，m
消毒池池长/m	$L = \dfrac{F}{B}$	B——消毒池宽度，m
消毒池池高/m	$H = h + h'$	h'——消毒池超高，m，取0.3m

3.3.6.2　臭氧消毒

A　设计规定

（1）臭氧净水设施的设计应包括气源装置、臭氧发生装置、臭氧气体输送管道、臭氧接触池，以及臭氧尾气消除装置。臭氧投加位置应根据净水工艺不同的目的确定：以去除溶解性铁、锰、色度、藻类，改善嗅味以及混凝条件，减少三氯甲烷前驱物为目的的预臭氧，一般应设置在混凝沉淀（澄清）之前；以氧化难分解有机物、灭活病毒和消毒或与其下游的生物氧化处理设施相结合为目的的后臭氧，一般应设置在过滤之前或过滤之后。

（2）臭氧投加率宜根据待处理水的水质状况并结合试验结果确定，也可参照相似水质条件下的经验选用。

（3）所有与臭氧气体或溶解有臭氧的水体接触的材料必须耐臭氧腐蚀。

（4）气源装置：臭氧发生装置的气源可采用空气或氧气。所供气体的露点一般应低于-60℃，其中的碳氧化合物、颗粒物、氮以及氩等物质的含量不能超过臭氧发生装置所要求的规定。

气源装置的供气量及供气压力应满足臭氧发生装置最大发生量时的要求。供应氧气的气源装置可采用液氧储罐或制氧机。液氧储罐供氧装置的液氧储存量应根据场地条件和当地的液氧供应条件综合考虑确定，一般不宜少于最大日供氧量的三天用量。制氧机供氧装置应设有备用液氧储罐，其备用液氧的储存量应满足制氧设备停运维护或故障检修时的氧气供应量，一般不应少于两天的用量。

供应空气的气源装置应设在室内。供应氧气的气源装置一般设置在露天，但对产生噪声的设备应有降噪措施。

（5）臭氧发生装置的产量应满足最大臭氧加注量的要求。臭氧发生装置应尽可能设置在离臭氧接触池较近的位置。当净水工艺中同时设置有预臭氧和后臭氧接触池时，其设置位置宜靠近用气量较大的臭氧接触池。臭氧发生装置必须设置在室内。

（6）臭氧气体输送管道直径应满足最大输气量的要求，管材应采用不锈钢。

（7）臭氧接触池的个数或能够单独排空的分格数不宜少于两个。

臭氧接触池的接触时间应根据不同的工艺目的和待处理水的水质情况，通过试验或参照相似条件下的运行经验确定。无试验资料时可参照表3-62。

臭氧接触池必须全密闭。池顶应设置尾气排放管和自动气压释放阀。池内水面与池内顶宜保持0.5~0.7m距离。臭氧接触池水流宜采用竖向流，可在池内设置一定数量的竖向导流隔板。导流隔板顶部和底部应设置通气孔和流水孔。接触池出水一般采用薄壁堰跌水出流。

预臭氧接触池宜符合下列要求：接触时间一般为2~5min；臭氧气体宜通过水射器抽吸后注入设于进水管上的静态混合器，或通过专用的大孔扩散器直接注入接触池内。注入点一般只设一个；抽吸臭氧气体水射器的动力水不宜采用原水；接触池设计水深一般宜采用4~6m；导流隔板间净距一般不宜小于0.8m；接触池出水端应设置余臭氧监测仪。

后臭氧接触池宜符合下列要求：接触池一般由二到三段接触室串联而成，由竖向隔板分开；每段接触室由布气区和后续反应区组成，并由竖向导流隔板分开；总接触时间应根据工艺目的确定，一般宜控制在6~15min之间，其中第一段接触室的接触时间一般宜为2min左右；臭氧气体宜通过设在布气区底部的微孔曝气盘直接向水中扩散，气体注入点数与接触室的设置段数一致；曝气盘的布置应能保证布气量变化过程中的布气均匀，其中第一段布气区的布气量一般宜占总布气量的50%左右；接触池的设计水深一般宜采用5.5~6m，布气区的深度与长度之比宜大于4；导流隔板间净距一般不宜小于0.8m；接触池出水端必须设置余臭氧监测仪。接触反应装置的主要设计参数如表3-63所示。

表3-63　接触反应装置主要设计参数

处理要求	臭氧投加量/mgO$_3$·L^{-1}H$_2$O	去除效率/%	接触时间/min
杀菌及灭活病毒	1~3	>90~99	数秒至10~15min，依所用接触装置类型而异
除臭味	1~2.5	80	>1
脱色	2.5~3.5	80~90	>5
除铁除锰	0.5~2	90	>1
COD	1~3	40	>5
CN$^-$	2~4	90	>3
ABS	2~3	95	>10
酚	1~3	95	>10
除有机物等（O$_3$-C工艺）	1.5~2.5	60~100	>27

（8）臭氧尾气消除装置一般应包括尾气输送管、尾气中臭氧浓度监测仪、尾气除湿器、抽气风机、剩余臭氧消除器，以及排放气体臭氧浓度监测仪及报警设备等。臭氧尾气消除一般宜采用电加热分解消除、催化剂接触催化分解消除或活性炭吸附分解消除等方式，以氧气为气源的臭氧处理设施中的尾气不应采用活性炭吸附分解消除方式。臭氧尾气消除装置的设计气量应与臭氧发生装置的最大设计气量一致。抽气风机宜设有抽气量调节装置，并可根据臭氧发生装置的实际供气量适时调节抽气量。电加热臭氧尾气消除装置可设在臭氧接触池池顶，也可另设它处。装置一般应设在室内，室内应有强排风设施，必要时应加设空调设备。催化剂接触催化和活性炭吸附的臭氧尾气消除装置一般宜直接设在臭氧接触池池顶，且露天设置。

B　计算公式

臭氧接触池（塔）的设计计算方法见表3-64。

表3-64　臭氧接触池（塔）的计算公式

名　称	公　式	符号说明
连续处理时，接触氧化塔（池）容积/m³	$V = \dfrac{tQ_1}{60}$	t——水塔停留时间，min； Q_1——水流量，m³/h；
塔体截面面积/m²	$F_A = \dfrac{tQ_1}{60H_A}$	H_A——塔内有效水深，m，一般取4~5.5m； H_B——扩散器以上水深，m，一般取5~7m； B——池宽度，m；
塔径/m	$D = \sqrt{\dfrac{4F_A}{\pi}}$	t_i——各接触反应室停留时间，min，其中$t_2 \geqslant 4$min；

名　称	公　式	符号说明
径高比（一般采用 1:（3~4）。如果计算的 $D>1.5m$ 时，可分为几个直径较小的塔或设计成接触池）	$K_A = \dfrac{D}{H_A}$	C_0——根据实验计算水中所需臭氧投加量，gO_3/m^3；
塔总高/m	$H = (1.25 \sim 1.35)H_A$	Y_1——发生器所产臭氧化气浓度，gO_3/m^3，一般取 $10 \sim 20 gO_3/m^3$；
池体面积/m²	$F_B = \dfrac{tQ_1}{60H_B}$	f——每只扩散元件的总表面积，m^2，陶瓷滤棒 πdl（d 为棒直径，l 为棒长），微孔扩散板 $\dfrac{\pi d^2}{4}$（d 为扩散板直径）；
池长度/m	$L = \dfrac{F_B}{B}$	ω——气体扩散速度，m/h；
两个接触反应室的水力停留时间/min	$t = t_1 + t_2$	d_0——气泡直径，取 $1 \sim 2mm$；
三个接触反应室的水力停留时间/min	$t = t_1 + t_2 + \dfrac{t_2}{2} + t_3$	R——微孔孔径，取 $20 \sim 40\mu m$； a，b——系数，使用钛板时 $a = 0.19$，$b = 0.066$；
各反应室长度/m	$l_i = t_i \times \dfrac{L}{t}$	h_1——塔内或池内水深，m；
臭氧化气布气系统中每小时投配的总臭氧量/$gO_3 \cdot h^{-1}$	$C = 1.06Q_1C_0$	h_2——布气元件水头损失（以 $9.8kPa$ 计）；
水中所需投加的臭氧化气流量（0℃，1 个标准大气压下）/$m^3 \cdot h^{-1}$	$Q = \dfrac{C}{Y_1}$	h_1——臭氧化气输送管道水头损失（以 $9.8kPa$ 计）
水中所需投加的发生器工作状态下（$t=20℃$，$p=0.08MPa$）的臭氧化气流量/$m^3 \cdot h^{-1}$	$Q' = 0.614Q$	
微孔扩散元件数	$n = \dfrac{Q}{\omega f}$	
使用微孔钛板时的气体扩散速度/$m \cdot h^{-1}$	$\omega' = \dfrac{d_0 - aR^{\frac{1}{3}}}{b}$	
臭氧发生器工作压力（以 $9.8kPa$ 计）	$H > 9.8h_1 + h_2 + h_3$	
间断批量时接触氧化塔（池）容积/m³	$V' = \dfrac{t'kQ_1'}{\varphi^n}$	t'——每批处理所需接触反应时间，h； k——安全系数，取 1.15； φ——塔充满系数，取 0.75； n——塔个数； Q_1'——每批处理的水流量，m/h
干燥器所需干空气量（0℃，1 个标准大气压下）/$m^3 \cdot h^{-1}$	$V_1 = \dfrac{Q}{\alpha}$	α——系数，取 0.92
总干空气量（0℃，1 个标准大气压下）/$m^3 \cdot h^{-1}$	$V_2 = (1.2 \sim 1.5)V_1$	

续表 3-64

名　称	公　式	符号说明
采用活性炭处理尾气时，活性炭用量/kg	$G = \dfrac{24TQc}{1000\beta}$	T——活性炭吸附工作周期，d，一般取 30d； c——尾气的臭氧含量，g/m^3； β——活性炭吸附容量 gO_3/gC，取 5g/g
活性炭吸附柱的容积（活性炭吸附柱一般高度为 1.2m，直径 200~500mm，应设备用柱）/m^3	$V_3 = \dfrac{G}{\gamma}$	γ——活性炭容量，kg/m^3，可取 $450kg/m^3$

3.3.6.3　紫外线消毒

紫外线消毒系统设计应依据对紫外线不敏感、耐受力强的微生物所需要的照射剂量进行设计。有效剂量通常指独立第三方机构出具的所选紫外线设备的生物验定剂量。设计紫外线消毒器应符合国家标准《城市给排水紫外线消毒设备》（GB/T 19837—2005）。

生活饮用水的紫外线剂量宜根据试验资料或类似运行经验确定。如果无资料，可以根据标准中规定的生活饮用水消毒所需的紫外线有效剂量不低于 $40mJ/cm^2$。

紫外线照射渠的设计，应符合下列要求：照射渠水流均布，灯管前后的渠长度不宜小于 1m；水深应满足灯管的淹没要求。紫外线照射渠不宜少于 2 条，当采用一条时，宜设置超越渠。

思　考　题

3-1　已知一水厂设计水量为 $2.5 \times 10^4 m^3/d$，混凝剂最大投加量为 20mg/L，试设计一个溶液池。

3-2　某水厂设计流量为 $5 \times 10^4 m^3/d$，水厂自用水量为 5%，絮凝池总水头损失为 0.29m，试设计隔板絮凝池。

3-3　已知水厂设计水量为 $10 \times 10^4 m^3/d$，水厂自用水量为 5%，采用滤后加氯，投氯量为 3mg/L，若采用 0~10kg/h 的加氯机，试设计一个加氯间。

3-4　某水厂设计水量为 $5 \times 10^4 m^3/d$，水厂自用水量为 5%，试设计斜管沉淀池。

3-5　已知设计水量为 $4800 m^3/h$，采用单层石英砂滤料，试设计普通快滤池。

4 污水控制工程构筑物设计

4.1 物 理 分 离

4.1.1 格栅设计计算

格栅是一组平行的金属栅条、带钩的塑料栅条或金属筛网组成。一般安装在污水沟渠、泵房集水井进口、污水处理厂进水口及沉砂池前。根据栅条间距，截留不同粒径的悬浮物和漂浮物，以减轻后续构筑物的处理负荷，保证设备的正常运行。格栅分为平面格栅和曲面格栅（又称回转式格栅）。按栅条间隙可分为粗格栅（采用人工清除时为 25~40mm，采用机械清除时为 16~25mm），细格栅（1.5~10mm），其他属于中格栅。按栅渣清除方式可分为机械清渣和人工清渣。机械清渣采用回转式、或栅条置于外侧用耙头抓渣，适于水量大、渣多或机械程度、自动化程度较高时采用；人工清渣适于水量小、少栅渣，当栅渣多为纤维状物质而难于用耙清除时，也多采用定时吊起栅渣人工清除。

4.1.1.1 格栅的设计规定

（1）污水处理系统或水泵前，必须设置格栅。格栅栅条间隙宽度应根据水质、水泵类型及叶轮直径确定。

1）按照泵站性质，一般污水格栅的间隙为 16~25mm，雨水格栅的间隙不低于 40mm；

2）按照水泵类型及口径 D，栅条间隙小于水泵叶片间隙，一般轴流泵小于 $D/20$，混流泵和离心泵小于 $D/30$；

3）人工清除格栅间隙宜为 25~40mm；格栅间隙的总面积应计算确定，当用人工清除时，应不小于进水渠道有效面积的 2 倍；采用机械清除时，应不小于进水渠道的 1.2 倍。

一般废水处理厂可设置两道格栅，总提升泵站前设置粗格栅或中格栅，处理系统前设中格栅或细格栅，也可在总提升泵站前只设置一道中格栅。大型废水处理厂可以设置粗、中、细三道格栅。水泵前格栅栅条间隙应根据水泵要求确定，如果泵前格栅间隙不大于 25mm，废水处理系统前可不再设置格栅。

（2）污水过栅流速宜采用 0.6~1.0m/s。栅前渠道流速采用 0.4~0.9m/s，栅后到集水池的流速可采用 0.5~0.7m/s。通过格栅水头损失与过栅流速相关，通过粗格栅的水头损失一般为 0.08~0.15m；通过中格栅的水头损失一般为 0.15~0.25m；通过细格栅的水头损失一般为 0.25~0.60m。

（3）格栅安装角度一般为 45°~75°，小角度较省力，但占地面积大。对于人工清渣，为省力一般角度为 30°~60°，设计面积应采用较大的安全系数，一般不小于进水渠道面积的 2 倍，以免清渣过于频繁；对机械清渣，除转鼓式格栅除污机外，格栅安装角度一般为 60°~75°，特殊时为 90°，回转式的一般为 60°~90°，过水面积一般应不小于进水管渠的有效面积的 1.2 倍。

（4）格栅除污机底部前端距井壁尺寸为：钢丝绳牵引除污机或移动悬吊葫芦抓斗式除污机应大于1.5m；链动刮板除污机或回转式固液分离机应大于1.0m。

（5）格栅上部必须设置工作平台，其高度应高出格栅前最高设计水位0.5m，工作平台上应有安全和冲洗设施。格栅工作平台两侧边道宽度宜采用0.7~1.0m。工作平台正面过道宽度，采用机械清除时不应小于1.5m，采用人工清除时不应小于1.2m。

（6）粗格栅截留的污染物，其栅渣的含水率为50%~90%，密度为600~1100kg/m³。细格栅栅渣含水率为80%~90%，密度为900~1100 kg/m³。当每日渣量大于0.2m³时，一般采用机械清渣，格栅台组数不宜少于2台。若仅为1台时，应另设一条人工清渣格栅备用。粗格栅栅渣宜采用带式输送机输送；细格栅栅渣宜采用螺旋输送机输送。格栅除污机、输送机和压榨脱水机的进出料口宜采用密封形式，根据周围环境情况，可设置除臭处理装置。格栅间应设置通风设施和有毒有害气体的检测与报警装置。

4.1.1.2 平面格栅设计计算

平面格栅设计计算方法如表4-1所示。格栅水力计算示意图如图4-1所示。

表4-1 平面格栅设计计算表

名　称	计算公式	符号说明
栅前流速/m·s⁻¹	$v_1 = \dfrac{Q_{max}}{b_1 h}$	Q_{max}——最大设计流量，m³/s；
栅条间隙数/个	$n = \dfrac{Q_{max}\sqrt{\sin\alpha}}{dhv}$	b_1——栅前渠道宽度，m； h——栅前渠道水深，m； d——栅条间距，m；
栅槽宽度/m	$b = s(n-1) + dn$	v——污水流经格栅的速度，m/s；
过栅的水头损失/m	$h_2 = k\xi\dfrac{v^2}{2g}\sin\alpha$	α——格栅倾角，(°)； s——栅条宽度，m； k——系数，格栅被栅渣阻塞时，水头损失
栅后槽的总高度/m	$H = h + h_1 + h_2$	增大的系数，一般采用2~3；
格栅前的渠道深度/m	$H_1 = h + h_1$	ξ——局部阻力系数，见表4-2； h_2——过栅水头损失，m；
栅槽的总长度/m	$L = L_1 + L_2 + 1.0 + 0.5 + \dfrac{H_1}{tg\alpha}$	h_1——格栅前渠道超高，一般$h_1 = 0.3$m； b_1——进水渠道宽度，m； α_1——进水渠道渐宽部位的展开角度，一般
进水渠道渐宽部位的长度/m	$L_1 = \dfrac{b - b_1}{2tg\alpha_1}$	$\alpha_1 = 20°$； W_1——单位栅渣量，m³栅渣/10³m³废水； 格栅间隙为25~100mm，$W_1 = 0.05~0.004$mm；
格栅槽与出水渠道连接处的渐窄部位的长度/m	$L_2 = 0.5L_1$	格栅间隙为10~25mm，$W_1 = 0.12~0.05$mm； 格栅间隙为1.5~10mm，$W_1 = 0.15~0.12$mm；
每日栅渣量/m³·d⁻¹	$W = \dfrac{Q_{max}W_1 \times 86400}{K_z \times 1000}$	K_z——污水流量总变化系数，见表2-7

表 4-2   栅条断面形状与阻力系数 ξ 的关系

栅条断面形状	一般尺寸/mm	公式	说明		断面形状为圆形的水力条件较方形好，但刚度较差。矩形断面刚度好，但水力条件不如圆形。半圆形断面水力条件和刚度都较好，但形状较复杂，目前多采用断面形状为矩形的栅条
锐边矩形	厚 10mm，宽 50mm	$\xi = \beta\left(\dfrac{s}{d}\right)^{\frac{4}{3}}$	形状系数	$\beta = 2.42$	
迎水面为半圆的矩形	厚 10mm，宽 50mm			$\beta = 1.83$	
圆形	直径 20mm			$\beta = 1.79$	
梯形				$\beta = 2.00$	
两头半圆的矩形	厚 10mm，宽 50mm			$\beta = 1.67$	
正方形	边长 20mm	$\xi = \left(\dfrac{d + s}{\varepsilon d} - 1\right)^{2}$	收缩系数 ε，一般取 0.64		

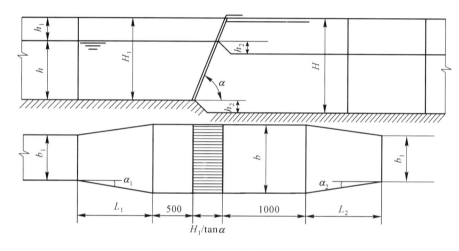

图 4-1   格栅水力计算示意图

4.1.1.3   回转式格栅设计计算

栅槽宽度 b：回转式格栅的栅槽宽度是根据设备过流能力来确定的，一般选用时最大设计流量应为厂家标注过流能力的 80% 左右。

过栅水头损失 h_2：

$$h_2 = Ckv^2$$

过栅流速 v：

$$v = \frac{Q_{max}}{b_1 h}$$

式中，C 为格栅设置倾角系数，s^2/m，见表 4-3；k 为过栅水流系数，与格栅和形状有关，见表 4-4；Q_{max} 为最大设计流量，m^2/s；b_1 为格栅净宽，m；h 为栅前水深，m。

表 4-3   格栅倾角系数

格栅倾角/(°)	45	60	75	90
$C/s^2 \cdot m^{-1}$	1.0	1.118	1.235	1.354

表 4-4　过栅水流系数

栅条间隙/mm	1	3	6	10	15	30
k 值	0.91~1.17	0.4~0.55	0.32~0.41	0.50~0.60	0.31	0.29

4.1.1.4 设计例题

A　设计参数

污水处理厂设计流量 $Q_{max} = 30000\text{m}^3/\text{d} = 0.35\text{m}^3/\text{s}$；栅前流速 $0.4~0.9\text{m/s}$，取 0.7m/s；过栅流速宜采用 $0.6~1.0\text{m/s}$，取 0.8m/s；根据泵站性质选用污水格栅，栅条间隙宽度选择 20mm，采用矩形栅条，其厚度为 10mm，即 $s = 0.01\text{m}$，格栅倾角选用 $60°$；在此选用间隙宽度 20mm 的格栅，单位栅渣量 $W_1 = 0.05 ~ 0.12\text{m}^3$ 栅渣/10^3m^3 废水，单位栅渣量取 0.07m^3 栅渣/10^3m^3 废水。

B　计算

根据流体力学中所学的最优水力断面，即面积一定而过水能力（流量）最大的明槽（渠）断面可知，矩形水槽的宽深比为 $2:1$ 的最好。

根据 $v_1 = \dfrac{Q_{max}}{b_1 h} = \dfrac{Q_{max}}{2b_1^2}$ 计算得

$$b_1 = \sqrt{\frac{2Q_{max}}{v_1}} = \sqrt{\frac{2 \times 0.35}{0.7}} = 1\text{m}$$

则栅前水深：$h = \dfrac{b_1}{2} = \dfrac{1}{2} = 0.5\text{m}$

栅条数目：

$$n = \frac{Q_{max}\sqrt{\sin\alpha}}{dhv} = \frac{0.35 \times \sqrt{\sin 60°}}{0.02 \times 0.5 \times 0.8} = 40.7(\text{取 } n = 41)$$

栅槽有效宽度：

$$b = s(n-1) + dn = 0.01 \times (41-1) + 0.02 \times 41 = 1.22\text{m}$$

进水渠道渐宽部分长度，其中 α_1 取 $20°$：

$$L_1 = \frac{b - b_1}{2\tan\alpha_1} = \frac{1.22 - 1}{2\tan 20°} = 0.3\text{m}$$

栅槽与出水渠道连接处较窄部分长度：

$$L_2 = 0.5L_1 = 0.5 \times 0.3 = 0.15\text{m}$$

过栅水头损失（其中 k 取 3，因为栅条形状为锐边矩形，则 $\beta = 2.42$）：

$$h_2 = k\xi \frac{v^2}{2g}\sin\alpha = k\beta\left(\frac{s}{d}\right)^{\frac{4}{3}}\frac{v^2}{2g}\sin\alpha = 3 \times 2.42 \times \left(\frac{0.01}{0.02}\right)^{\frac{4}{3}} \times \frac{0.8^2}{2 \times 9.8} \times \sin 60° = 0.08\text{m}$$

栅前渠道超高取 $h_1 = 0.3\text{m}$，则栅前槽总高度 H_1：$H_1 = h + h_1 = 0.5 + 0.3 = 0.8\text{m}$

栅后槽总高度 H：$H = h + h_1 + h_2 = 0.5 + 0.3 + 0.08 = 0.88\text{m}$

格栅总长度：$L = L_1 + L_2 + 1.0 + 0.5 + \dfrac{H_1}{\tan\alpha} = 0.3 + 0.15 + 1.0 + 0.5 + \dfrac{0.8}{\tan 60°} = 2.41\text{m}$

每日栅渣量（K_z 取 1.50）：

$$W = \frac{Q_{max} W_1 \times 86400}{K_z \times 1000} = \frac{30000 \times 0.07}{1.5 \times 1000} = 1.4 \text{m}^3/\text{d} > 0.2 \text{m}^3/\text{d}$$

则宜采用机械格栅清渣。

4.1.2 沉砂池的设计计算

沉砂池一般设置在细格栅之后,初沉池或二级生化处理系统之前,用以分离水中较大的无机颗粒,避免设备、管道磨损和阻塞;可以减轻沉淀池的无机负荷;改善污泥的流动性,以便于排放、输运。常见的沉砂池类型有平流式沉砂池、竖流式沉砂池、曝气沉砂池和旋流沉砂池等。其中曝气沉砂池较多,沉砂池的特点如表4-5所示。

表4-5　沉砂池的特点

沉砂池名称	特　点
平流式沉砂池	构造简单,处理效果好,平面为长方形,采用机械刮砂。 沉沙中夹杂一些有机物,易于腐化散发臭味,难于处理,并且对于有机物包裹的砂粒去除效果不好,对于排出的砂粒必须进行专门洗砂
竖流式沉砂池	占地面积较小,平面为圆形或方形,水由设在池中心的进水管自上而下进入池内,管下设伞形挡板使废水在池中均匀分布并沿整个过水断面缓慢上升,水流方向与沉砂方向相反。处理效果较差,运行管理不便,国内外极少采用
曝气沉砂池	曝气沉砂池与平流式沉砂池一样是平面呈长方形,只是在平流沉砂池的侧墙上设置一排空气扩散器,使污水产生横向流动,形成螺旋形的旋转状态。在曝气作用下,颗粒之间产生摩擦,将包裹在颗粒表面的有机物、油脂摩擦去除,从而提高除砂效率及有机物、油脂分离效率
旋流式沉砂池	一般设计为圆形,池中心有可调速旋转浆板,进水渠道在原池切向位置,出水渠道对应圆池中心,中心旋转浆板下设有砂斗。可以通过合理调节浆板转速,有效去除其他形式沉砂池难于去除的细砂。并且其节省占地及土建费用、能耗降低、改善运行条件,目前旋流式沉砂池多采用国外产品,价格过高,在土建造价上的节省往往会被抵消

4.1.2.1 沉砂池的设计规定

(1) 城市污水厂一般均设置沉砂池,并且沉砂池的个数或分格数应不小于2,并宜按照并联设计;当废水较少时,可按1格工作,1格备用考虑;工业污水是否要设置沉砂池,应根据水质情况而定。沉砂池的超高不宜小于0.3m。

(2) 设计流量应按分期建设考虑。当废水为自流进入时,应按每期最大设计流量计算;当废水为提升流入时,应按每期工作水泵的最大组合流量计算;在合流制处理系统中,应按降雨时的设计流量计算。

(3) 沉砂池去除的砂粒相对密度为1.3~2.7、粒径为0.1~0.3mm。

(4) 分流制城市污水的沉砂量可按每10^6m³污水沉砂4~30m³计算,其含水率约为60%,容重约1500~1600kg/m³。合流制城市污水沉砂量变化较大,无资料时可按每10^6m³污水沉砂4~180m³计算。

(5) 污水贮砂斗的容积应按不大于2d的沉砂量计算,采用重力排砂时,砂斗壁的倾角不应小于55°。

(6) 除砂一般采用泵吸式或气提式机械排砂,排出的砂水混合物体积为洗砂后沉砂量的250~500倍,排砂管直径不应小于200mm。清洗后砂砾宜暂存在贮砂装置中,有效容积为 1~3m³。

4.1.2.2　平流式沉砂池的设计

A　设计参数

最大流速应为 0.3m/s，最小流速应为 0.15m/s；最高时流量的停留时间不应小于 30s，一般在 30~60s；有效水深不应大于 1.2m，一般选用 0.25~1.0m，每格宽度不宜小于 0.6m；池底坡度一般为 0.01~0.08。平流式沉砂池的示意图如图 4-2 所示。

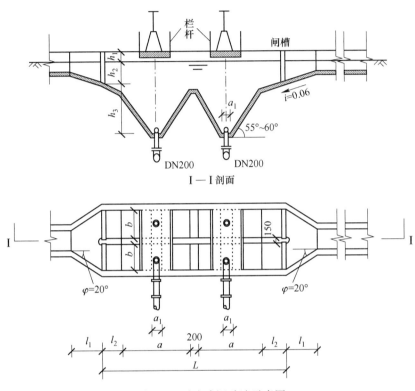

图 4-2　平流式沉砂池示意图

h_1—沉砂池池体超高；h_2—设计有效水深；h_3—沉砂室高度；a—沉砂斗上底宽度；a_1—沉砂斗下底宽度；

b—沉砂池单格宽度（不宜小于 600mm）；l_1—入流渠和出流渠的长度；l_2—沉砂池坡向沉砂斗的过渡部分长度

B　计算公式

平流式沉砂池的设计计算方法见表 4-6。

表 4-6　平流式沉砂池的计算公式

名　称	公　式	符号说明
长度/m	$L = vt$	v——最大设计流量时的流速，m/s；
水流断面面积/m²	$A = \dfrac{Q_{\max}}{v}$	t——最大设计流量时的停留时间，s； $Q_{\max}$——最大设计流量 m³/s； h_2——设计有效水深，m；
池总宽度/m	$B = \dfrac{A}{h_2}$	X——城市污水沉砂量。设计时，分流制一般采用 30m³/10⁶m³ 污水，合流制适当放大；

名　称	公　式	符号说明
沉砂室所需容积/m³	$V = \dfrac{Q_{\max}XT \times 86400}{K_z \times 10^6}$	T——两次清除沉砂的间隔时间，d； K_z——污水流量总变化系数，见表 2-7； h_1——超高，m；
池总高度/m	$H = h_1 + h_2 + h_3$	h_3——沉砂室高度，m；
验算最小流速/m·s⁻¹	$v_{\min} = \dfrac{Q_{\min}}{n_1 w_{\min}}$	$Q_{\min}$——最小流量，m³/s； n_1——最小流量时工作的沉砂池数目，个； $w_{\min}$——最小流量时沉砂池中水流断面面积，m²

4.1.2.3　竖流式沉砂池的设计

A　设计参数

最大流速为 0.1m/s，最小流速为 0.02m/s；最大流量时停留时间不小于 20s，一般采用 30~60s；中心进水管最大流速为 0.3m/s。竖流式沉砂池的示意图如图 4-3 所示。

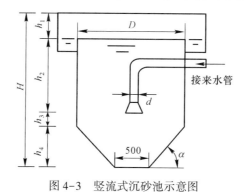

图 4-3　竖流式沉砂池示意图

B　计算公式

竖流式沉砂池设计计算方法见表 4-7。

表 4-7　竖流式沉砂池的计算公式

名　称	公　式	符号说明
中心管直径 d/m	$d = \sqrt{\dfrac{4Q_{\max}}{\pi v_1}}$	v_1——污水在中心管内流速，m/s； $Q_{\max}$——最大设计流量，m³/s；
池子直径 D/m	$D = \sqrt{\dfrac{4Q_{\max}(v_1 + v_2)}{\pi v_1 v_2}}$	v_2——池内水流上升速度，m/s； t——最大流量时的停留时间，s；
水流部分高度 h₂/m	$h_2 = v_2 t$	X——城市污水沉砂量，设计时，分流制一般采用 30m³/10⁶m³ 污水，合流制适当放大；
沉砂部分所需容积 V/m³	$V = \dfrac{Q_{\max}XT \times 86400}{K_z \times 10^6}$	T——两次清除沉砂的间隔时间，d； K_z——污水流量总变化系数，见表 2-7； R——池子半径，m； r——圆截锥部分下底半径，m；
沉砂部分高度 h₄/m	$h_4 = (R - r)\tan\alpha$	α——圆锥部分倾角，(°)；

名　称	公　式	符号说明
圆截锥部分实际容积 V_1/m	$V_1 = \dfrac{\pi h_4}{3}(R^2 + Rr + r^2)$	h_1——超高，m；
池子总高度 H/m	$H = h_1 + h_2 + h_3 + h_4$	h_3——中心管底至沉砂砂面的距离，一般采用0.25m

4.1.2.4　曝气沉砂池的设计

A　设计参数

旋流速度范围一般为0.25~0.40m/s，水平流速范围一般宜为0.1~0.3m/s，设计水平流速一般取0.1m/s；最高时流量的停留时间不宜小于2min；有效水深宜为2.0~3.0m，宽深比宜为1:1~1.5:1，长宽比为3:1~5:1，典型值是4:1。

处理每立方米污水的曝气量宜为0.1~0.2m³ 空气或每平方米池表面积3~5m³/h，空气扩散装置设在池的一侧，多采用穿孔管曝气，曝气孔径为3~5mm，距池底约为0.6~0.9m，进气管应设置调节气量的阀门。

进水方向应与池中旋流方向一致，出水方向应与进水方向垂直，并宜设置挡板，挡板顶端高出设计液位0.1~0.2m，底端低于设计液位0.8~1.5m；池内沉砂槽深度宜为0.5~0.9m。

曝气沉砂池示意图如图4-4所示。

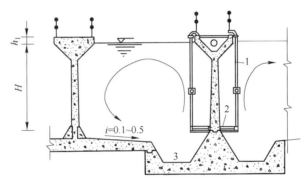

图4-4　曝气沉砂池示意图
1—压缩空气管；2—空气扩散板；3—集砂槽

B　计算公式

曝气沉砂池的设计计算方法见表4-8。

表4-8　曝气沉砂池的计算公式

名　称	公　式	符号说明
池子总有效容积/m³	$V = Q_{max}t$	Q_{max}——最大设计流量，m³/s；
水流断面面积/m²	$A = \dfrac{Q_{max}}{v_1}$	t——最大流量时的停留时间，s；
池总宽度/m	$B = \dfrac{A}{h_2}$	v_1——最大设计流量时的水平流速，m/s，一般采用0.06~0.12m/s；
池长/m	$L = \dfrac{V}{A}$	h_2——设计有效水深，m；
每小时所需空气量/m³·h⁻¹	$q = 3600 Q_{max}d$	d——每立方米污水所需空气量/m³·m⁻³

4.1.2.5　旋流沉砂池

旋流沉砂池是依靠进水形成旋流，在重力和离心力的作用下使砂粒从水中分离出来汇集于中心池底的砂斗槽，要求进水沿池切线方向入池。设计参数如下：最高时流量的停留时间不应小于 30s；设计水力表面负荷宜为 $150 \sim 200 \mathrm{m}^3/(\mathrm{m}^2 \cdot \mathrm{h})$；有效水深宜为 $1.0 \sim 2.0\mathrm{m}$，池径与池深比宜为 $2.0 \sim 2.5$；池中应设立式桨叶分离机。旋流沉砂池的示意图如图 4-5 所示。

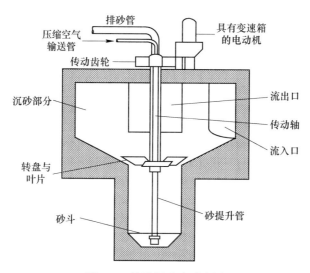

图 4-5　旋流沉砂池示意图

4.1.2.6　设计例题

已知某污水处理厂最大设计流量为 $1.5\mathrm{m}^3/\mathrm{s}$，求曝气沉砂池的各部分尺寸。

解：（1）取最高时流量的停留时间 $t = 2\mathrm{min}$，则池子总有效容积：

$$V = 60Q_{max}t = 60 \times 1.5 \times 2 = 180\mathrm{m}^3$$

（2）取最大设计流量时的水平流速 $v_1 = 0.1\mathrm{m/s}$，水流断面面积：

$$A = \frac{Q_{max}}{v_1} = \frac{1.5}{0.1} = 15\mathrm{m}^2$$

（3）取设计有效水深 $h_2 = 2.5\mathrm{m}$，池的总宽度：

$$B = \frac{A}{h_2} = \frac{15}{2.5} = 6\mathrm{m}$$

沉砂池设为两格，每格池宽 $b = B/n = 6/2 = 3\mathrm{m}$，宽深比为 $3:2.5 = 1.2:1$，满足要求。

（4）池长：

$$L = \frac{V}{A} = \frac{180}{15} = 12\mathrm{m}$$

长宽比为 $12:3 = 4:1$，满足要求。

（5）每立方米污水所需空气量 d 取 $0.2\mathrm{m}^3$，则每小时所需空气量：

$$q = 3600Q_{max}d = 3600 \times 1.5 \times 0.2 = 1080\mathrm{m}^3/\mathrm{h}$$

（6）沉砂槽尺寸设计：沉砂槽截面是梯形，沉砂槽深度取 0.5m，设沉砂槽底端宽 0.5m，斗壁与水平面的倾斜角不小于 55°，在此取 60°倾角，则沉砂斗上口宽为：

$$\frac{0.5}{\tan 60°} \times 2 + 0.5 = 1.1m$$

沉砂槽容积为：

$$\frac{0.5 + 1.1}{2} \times 0.5 \times 12 = 4.8m^3$$

城市污水沉砂量 X 取 $30m^3/10^6m^3$ 污水；两次清除沉砂的间隔时间 T 取 2d；污水流量总变化系数 K_z 取 1.3，沉砂室实际沉砂量：

$$V = \frac{Q_{max}XT \times 86400}{K_z \times 10^6} = \frac{1.5 \times 30 \times 2 \times 86400}{1.3 \times 10^6} = 6m^3$$

共两格沉砂池，每格沉砂池中沉砂容积为 $\frac{6}{2} = 3m^3 <$ $4.8m^3$，则沉砂槽设计满足沉砂量要求。

（7）如图 4-6 所示，设曝气沉砂池池底斜坡的坡度为 0.05，则池底斜坡的高度为：$\frac{3-1.1}{2} \times 0.05 = 0.05m$。

取池子超高 0.3m，有效水深 2.5m，砂斗深度 0.5m，则池子总高 $H = 0.3 + 0.05 + 2.5 + 0.5 = 3.35m$，满足池深的设计要求。

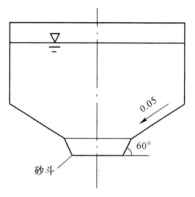

图 4-6 曝气沉砂池计算示意图

4.1.3 沉淀池的设计

沉淀池分为初沉池和二沉池。初沉池的目的是去除污水处理厂进水中易于沉淀的固体颗粒和悬浮物，从而降低后续生化处理的有机污染物负荷。二沉池通常应用在生物处理后的工序，又称为最终沉淀池（终沉池），二沉池的作用是泥水分离，使混合液澄清、污泥浓缩并将分离的污泥回流到生物处理段。沉淀池一般分为平流式、竖流式、辐流式。沉淀池的组成包括进水区、沉淀区、缓冲区、污泥区和出水区。沉淀池各种池型的优缺点和适用条件如表 4-9 所示。

表 4-9 不同类型沉淀池的优缺点及适用条件

类型	优 点	缺 点	适用条件
平流式	沉淀效率好；对冲击负荷和温度变化的适应能力强；施工简单；平面布置紧凑；排泥设备已定型化	配水不易均匀，采用多斗排泥，每个泥斗需单独设排泥管，操作量大；采用机械排泥时，设备复杂，对施工质量要求高	适用于大、中、小型污水处理厂
竖流式	排泥方便，管理简单，占地面积小	池子深度大，施工困难，对冲击负荷和温度变化的适应能力较差，池径不宜过大，否则布水不均	适用于小型污水处理厂
辐流式	多为机械排泥，运行可靠，管理简单，排泥设备定型	机械排泥设备复杂，对施工质量要求高	适用于大、中型污水处理厂

4.1.3.1 沉淀池的设计规定

（1）初沉池设计流量应按分期建设考虑：当污水为自流进入时，应按每期的最大日最大时设计流量计算；当污水为提升进入时，应按每期工作水泵的最大组合流量计算；在合流制处理系统中，应按降雨时的设计流量计算，沉淀时间不宜小于30min。

（2）沉淀池的设置数量和分格数不应少于2个，并按并联设计。

（3）当无实测资料时，沉淀池的设计参数见表4-10，沉淀池超高不应小于0.3m，沉淀池有效水深宜采用2.0~4.0m。

表 4-10 沉淀池设计参数

沉淀池类型	沉淀时间/h	表面负荷/m³·m⁻²·h⁻¹	污泥含水率/%	污泥量指标		固体负荷/kg·m⁻²·d⁻¹	出口堰负荷/L·s⁻¹·m⁻¹
				g·人⁻¹·d⁻¹	L·人⁻¹·d⁻¹		
初沉池	0.5~2.0	1.5~4.5	95~97	16~36	0.36~0.83	—	≤2.9
生物膜法后二沉池	1.5~4.0	1.0~2.0	96~98	10~26	—	≤150	≤1.7
活性污泥法后二沉池	1.5~4.0	0.6~1.5	99.2~99.6	12~32	—	≤150	

（4）当采用污泥斗排泥时，每个污泥斗均应设单独的闸阀和排泥管。污泥斗的斜壁与水平面的倾角：方斗宜为60°，圆斗为55°。排泥管直径不小于200mm。

（5）初沉池的污泥区容积，除设机械排泥的宜按4h的污泥量计算外，静水压排泥宜按不大于2d的污泥量计算。活性污泥法处理后的二沉池污泥区容积，宜按不大于2h的污泥量计算，并应有连续排泥措施。生物膜法处理后的二沉池污泥区容积，宜按4h的污泥量计算。污泥管的直径不小于200mm。

（6）当采用静水压力排泥时，初沉池的静水头不应小于1.5m，二沉池的静水头：生物膜法处理后不应小于1.2m，活性污泥法处理后不应小于0.9m。

4.1.3.2 平流式沉淀池设计

A 设计参数

每格长度与宽度之比不宜小于4，一般4~5，长度与有效水深之比不宜小于8，一般是8~12，池长不宜大于60m。

排泥分为静水压力法和机械排泥法，其中静水排泥法是利用池内的静水位将污泥排出池外。排泥管直径200mm，下端插入污泥斗，上端伸出水面便于清通。为减少沉淀池深度，也可采用多斗排泥；机械排泥法是利用机械将污泥排出池外，初沉池常用链带式刮泥机或行走小车刮泥机，二沉池通常采用单口扫描泵吸排，使集泥和排泥同时完成。一般采用机械排泥，排泥机械行进速度为0.3~1.2m/min，池宽宜根据排泥设备规格确定，单池宽度不宜大于12m。

缓冲层高度非机械排泥时为0.5m，机械排泥时应根据刮泥板高度确定，且缓冲层上缘宜高出刮泥板0.3m；池底纵坡一般为0.01~0.02。

初沉池最大水平流速不超过7.0mm/s；二沉池不超过5.0mm/s。

平流式沉淀池的示意图如图4-7所示。

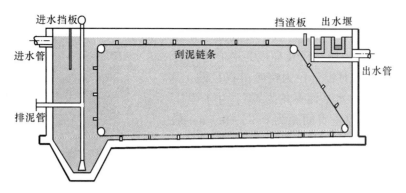

图 4-7 平流式沉淀池示意图

B 计算公式

平流式沉淀池的设计计算方法见表4-11。

表 4-11 平流式沉淀池计算公式

名 称	公 式	符 号 说 明
池总表面积/m²	$A = \dfrac{3600Q}{q'}$	Q——日平均流量，m³/s；
沉淀部分有效水深/m	$h_2 = q't$	q'——表面负荷，m³/(m²·h)；
沉淀部分有效容积/m³	$V' = 3600Qt$ $V' = Ah_2$	t——沉淀时间，h； v——水平流速，mm/s； b——每个池（或分格）宽度，m；
池长/m	$L' = 3.6vt$	S——每人每日污泥量，L/(人·d)，一般取 0.3~0.8L/(人·d)；
池总宽度/m	$B = \dfrac{A}{L'}$	N——设计人口数；
池个数（或分格数）	$n = \dfrac{B}{b}$	T——两次清除污泥间隔时间，d； C_1——进水悬浮物浓度，t/m³； C_2——出水悬浮物浓度，t/m³；
污泥部分所需的总容积/m³	$V = \dfrac{SNT}{1000}$ $V = \dfrac{86400Q(C_1 - C_2) \times 100T}{\gamma(100 - \rho_0)}$	γ——污泥密度，t/m³，约为1t/m³； ρ_0——污泥含水率，%； h_1——超高，m； h_3——缓冲层高度，m； h_4——污泥部分高度，m；
池总高度/m	$H = h_1 + h_2 + h_3 + h_4$	f_1——斗上口面积，m²； f_2——斗下口面积，m²；
污泥斗容积/m³	$V_1 = \dfrac{1}{3}h_4''(f_1 + f_2 + \sqrt{f_1f_2})$	h_4''——泥斗高度，m； l_1，l_2——梯形上、下底边长，m；
污泥斗以上梯形部分污泥容积/m³	$V_2 = \dfrac{l_1 + l_2}{2}h_4'b$	h_4'——梯形高度，m

4.1.3.3 竖流式沉淀池

A 设计参数

水池直径（或正方形一边）与有效水深之比不宜大于3，单池直径不宜大于8m，一般采用4.0~7.0m；中心管内流速不宜大于 30mm/s；中心管下口应设喇叭口和反射板，板底面距泥面不宜小于0.3m；喇叭口直径及高度为中心进水管直径的1.35倍；反射板直径为喇叭口直径的1.3倍，反射板斜板面与水平面夹角为17°。中心管下端至反射板表面缝隙垂直间距为 0.25~0.5m；最大进水量时，缝隙中污水流速：初沉池不大于 20mm/s，二沉池不大于15mm/s；排泥管下端距池底不大于 0.2m，管上端应超出水面高度不小于 0.4m；浮渣挡板距集水槽间距宜为 0.25~0.5m，浮渣挡板高出水面 0.10~0.15m，淹没深度为 0.3~0.4m。

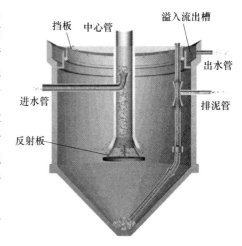

图 4-8　竖流式沉淀池示意图

竖流式沉淀池的示意图如图 4-8 所示。

B　计算公式

竖流式沉淀池的设计计算方法见表 4-12。

表 4-12　竖流式沉淀池计算公式

名称	公式	符号说明
中心进水管面积/m²	$f = \dfrac{q_{max}}{v_0}$	q_{max}——每池最大设计流量，m³/s； v_0——中心进水管管内流速，m/s；
中心进水管直径/m	$d_0 = \sqrt{\dfrac{4f}{\pi}}$	v_1——污水在中心进水管喇叭口与反射板之间的缝隙流出速度，m/s；
中心进水管喇叭口与反射板之间的缝隙高度/m	$h_3 = \dfrac{q_{max}}{v_1 \pi d_1}$	v——污水在沉淀池中流速，m/s； d_1——喇叭口直径，m； t——沉淀时间，h；
沉淀部分有效断面面积/m²	$F = \dfrac{q_{max}}{K_z v}$	S——每人每日污泥量，L/(人·d)，一般取 0.3~0.8L/(人·d)；
沉淀池直径/m	$D = \sqrt{\dfrac{4(F+f)}{\pi}}$	N——设计人口数； T——两次清除污泥间隔时间，d； C_1——进水悬浮物浓度，t/m³；
沉淀部分有效水深/m	$h_2 = q't$	C_2——出水悬浮物浓度，t/m³； γ——污泥密度，t/m³，约为1t/m³； P_0——污泥含水率，%；
污泥部分所需的总容积/m³	$V = \dfrac{SNT}{1000}$ $V = \dfrac{86400Q(C_1 - C_2) \times 100T}{K_z \gamma (100 - P_0)}$	K_z——污水流量总变化系数； h_1——超高，m； h_2——有效水深，m；
池总高度/m	$H = h_1 + h_2 + h_3 + h_4 + h_5$	h_3——中心进水管下端至反射板地面垂直高度，m； h_4——缓冲层高度，m； h_5——污泥室圆截锥部分高度，m；
圆截锥部分容积/m³	$V_1 = \dfrac{\pi h_5}{3}(R^2 + Rr + r^2)$	R——圆截锥上部半径，m； r——圆截锥下部半径，m

4.1.3.4 辐流式沉淀池

A 设计参数

水池直径（或正方形的一边）与有效水深之比宜为 6~12，水池直径宜为 16~50m；宜采用机械排泥，排泥机械旋转速度宜为 1~3r/h，刮泥板的外边缘速度不宜大于 3m/min，一般取 1.5 m/min；当水池直径（或正方形的一边）较小（小于 20m）时可采用多斗排泥，并宜采用中心进水，周边出水，重力排泥的方式；缓冲层高度非机械排泥时为 0.5m，机械排泥时应根据刮泥板高度确定，且缓冲层上缘宜高出刮泥板 0.3m；坡向泥斗的底坡不宜小于 0.05。辐流式沉淀池的示意图如图 4-9 和图 4-10 所示。

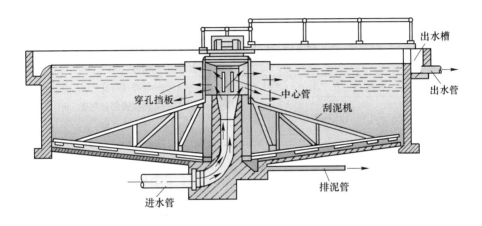

图 4-9 中心进水的辐流式沉淀池

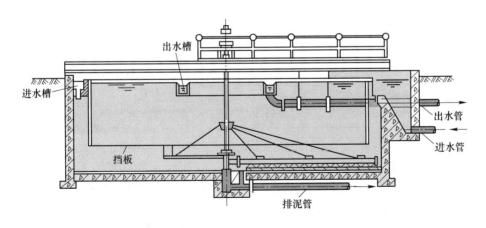

图 4-10 周边进水的辐流式沉淀池

B 计算公式

中心进水的辐流式沉淀池的设计计算方法见表 4-13，周边进水的辐流式沉淀池的设计计算方法见表 4-14。

表 4-13   中心进水的辐流式沉淀池计算公式

名　称	公式	符号说明
沉淀部分水面面积/m^2	$F = \dfrac{Q}{nq'}$	Q——日平均流量，m^3/s；
沉淀池直径/m	$D = \sqrt{\dfrac{4F}{\pi}}$	q'——表面负荷，$m^3/(m^2 \cdot h)$； n——池数，个；
沉淀部分有效水深/m	$h_2 = q't$	t——沉淀时间，h；
沉淀部分有效容积/m^3	$V' = \dfrac{Q}{n}t$ $V' = Fh_2$	S——每人每日污泥量，L/(人·d)，一般取 0.3~0.8L/(人·d)； N——设计人口数；
污泥部分所需的总容积/m^3	$V = \dfrac{SNT}{1000n}$ $V = \dfrac{24Q(C_1 - C_2) \times 100T}{\gamma(100 - P_0)n}$	T——两次清除污泥间隔时间，d； C_1——进水悬浮物浓度，t/m^3； C_2——出水悬浮物浓度，t/m^3； γ——污泥密度，t/m^3，约为 $1t/m^3$；
池总高度/m	$H = h_1 + h_2 + h_3 + h_4 + h_5$	P_0——污泥含水率，%； h_1——超高，m；
污泥斗以上圆截锥部分容积/m^3	$V_2 = \dfrac{\pi h_4}{3}(R^2 + Rr_1 + r_1^2)$	h_3——缓冲层高度，m； h_4——圆截锥部分高度，m； h_5——污泥斗高度，m；
污泥斗容积/m^3	$V_1 = \dfrac{\pi h_5}{3}(r_1^2 + r_1 r_2 + r_2^2)$	R——池子半径，m； r_1——污泥斗上部半径，m； r_2——污泥斗下部半径，m；
污泥斗高度/m	$h_5 = (r_1 - r_2)\tan\alpha$	α——污泥斗斗壁与水平面夹角，(°)

表 4-14   周边进水的辐流式沉淀池计算公式

名　称	公式	符号说明
沉淀部分水面面积/m^2	$F = \dfrac{Q}{nq'}$	
沉淀池直径/m	$D = \sqrt{\dfrac{4F}{\pi}}$	Q——日平均流量，m^3/s； q'——表面负荷，$m^3/(m^2 \cdot h)$；
校核堰口负荷（见表 4-10）/$m^3 \cdot s^{-1} \cdot m^{-1}$	$q' = \dfrac{Q}{3.6\pi nD}$	n——池数，个； t——沉淀时间，h；
校核固体负荷（见表 4-10）/$kg \cdot m^{-2} \cdot d^{-1}$	$q_2' = \dfrac{24(1 + R)Q_0 N_w}{F}$	N_w——混合液悬浮物浓度，kg/m^3； R——污泥回流比；
澄清区高度/m	$h_2' = \dfrac{Q_0 t}{F}$	t'——污泥停留时间，h； C_u——底流浓度，kg/m^3；
污泥区高度/m	$h_2'' = \dfrac{Q_0(1 + R)N_w t'}{0.5(N_w + C_u)F}$	h_1——超高，m； h_3——池中心与池边落差，m；
池边水深/m	$h_2 = h_2' + h_2'' + 0.3$	h_4——污泥斗高度，m
池总高度/m	$H = h_1 + h_2 + h_3 + h_4$	

4.1.3.5 斜板（管）沉淀池

A 设计参数

当需要挖掘原有沉淀池潜力或建造沉淀池面积受限制时，可采用斜板或斜管沉淀池。升流式异向流斜板（管）沉淀池的设计表面负荷按照普通沉淀池的两倍计算，对于二沉池要以固体负荷核算。

升流式异向流斜板（管）沉淀池的设计要求：斜板净距（或斜管孔径）为 80 ~ 100mm；斜板（管）长宜为 1.0~1.2m；斜板（管）水平倾角宜为 60°；斜板（管）区上部水深宜为 0.7~1.0m；斜板（管）底部缓冲层高度宜为 1.0m；斜板（管）沉淀池应设冲洗设施。斜板（管）异向流沉淀池示意图如图 4-11 所示。

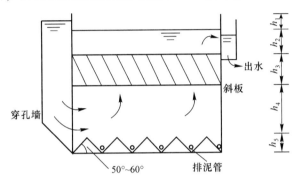

图 4-11　斜板（管）异向流沉淀池示意图

B 计算公式

斜板（管）沉淀池的设计计算方法见表 4-15。

表 4-15　斜板（管）沉淀池计算公式

名　称	公　式	符号说明
沉淀池水表面积/m²	$A = \dfrac{Q_{max}}{n q_0 \times 0.91}$	n——池数，个；q_0——表面水力负荷，可采用表 4-11 所列数值
圆形池直径/m	$D = \sqrt{\dfrac{4\pi}{A}}$	（q'）的两倍，对于二次沉淀池，应采用固体负荷；Q_{max}——设计流量，m³/h；
矩形池边长/m	$a = \sqrt{A}$	h_1——池体超高，m，一般取 0.3m；h_2——斜板区上部清水层高度，m，一般用 0.7 ~
水力停留时间/min	$t = \dfrac{(h_2 + h_3) \times 60}{q_0}$	1.0m；h_3——斜板区高度，m，一般用 0.866m，即斜板斜长一般采用 1.0m；
沉淀池总高度/m	$H = h_1 + h_2 + h_3 + h_4 + h_5$	h_4——斜板下缓冲层高度，m，一般采用 1.0m；h_5——污泥斗高度，m

4.1.3.6 设计例题

A 设计例题 1

已知废水排放量为 0.2m³/s，人数为 80000 人，悬浮物浓度为 350mg/L，设计平流式初次沉淀池，计算尺寸如下。

解：（1）悬浮物的去除率：

$$\eta = \frac{350 - 20}{350} \times 100\% = 94\%$$

（2）沉淀区总面积：设表面负荷 $q' = 2m^3/(m^2 \cdot h)$，则

$$初沉池总表面积 A = \frac{3600 Q_{\max}}{q'} = \frac{0.2 \times 3600}{2} = 360 m^2$$

（3）沉淀池有效水深。初沉池沉淀时间选择 1.2h：

$$h_2 = q't = 2 \times 1.2 = 2.4 m$$

（4）沉淀区有效容积：

$$V' = Qt \times 3600 = 0.2 \times 1.2 \times 3600 = 864 m^3$$

（5）沉淀池尺寸。

设初沉池水平流速 $v = 4.5 mm/s$：

$$L' = vt \times 3.6 = 4.5 \times 1.2 \times 3.6 = 19.44 m$$

取池长为 20m。

池总宽：

$$B = \frac{A}{L'} = \frac{360}{20} = 18 m$$

设池的个数为 4，单格池宽为：

$$b = \frac{B}{n} = \frac{18}{4} = 4.5 m$$

校核：单格池宽宜为 4~5m，池宽符合要求。长宽比 $\frac{L'}{b} = \frac{20}{4.5} = 4.4 > 4$，满足要求。

长深比 $\frac{L'}{h_2} = \frac{20}{2.4} = 8.3$，在 8~12 之间，满足要求。设计合理。

沉淀池总长度：设流入口至挡板距离为 0.5m，流出口至挡板距离为 0.5m，则

$$l_1 = 0.5 + 0.5 + 20 = 21 m$$

（6）污泥所需容积。

设每人每天污泥量 $S = 0.55 L/(人 \cdot d)$，初沉池排泥时间 $T = 2d$：

$$V = \frac{SNT}{1000} = \frac{0.55 \times 80000 \times 2}{1000} = 88 m^3$$

$$V' = \frac{88}{4} = 22 m^3$$

（7）污泥斗的容积。如图 4-12 所示，设污泥斗上口长为 4.5m，下口宽为 0.5m，斗壁与水平面倾角为 60°，则污泥区高度：

$$h_4 = h''_4 = \frac{(4.5 - 0.5)}{2} \times \tan 60° = 3.46 m$$

$$V_1 = \frac{1}{3}h_4''(f_1 + f_2 + \sqrt{f_1 f_2}) = \frac{1}{3} \times 3.46 \times (4.5 \times 4.5 + 0.5 \times 0.5 +$$

$$\sqrt{4.5 \times 4.5 \times 0.5 \times 0.5}) = 26.2 \text{m}^3$$

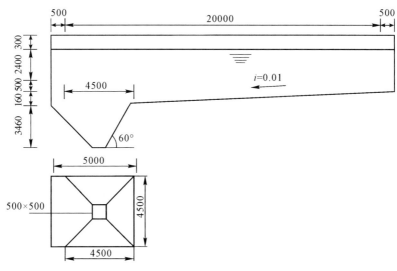

图 4-12 平流式初次沉淀池设计示意图

(8) 污泥斗上方梯形部分的容积。

机械刮泥时池底坡度取 $i = 0.01$，梯形上底的边长为沉淀池总边长 21m，梯形下底边长为污泥斗上口长度 4.5m，则由坡度引起的梯形高度：

$$h_4' = (20 + 0.5 - 4.5) \times i = 0.16 \text{m}$$

$$V_2 = \left(\frac{l_1 + l_2}{2}\right) \times h_4' \times b = \frac{21 + 4.5}{2} \times 0.16 \times 4.5 = 9.18 \text{m}^3$$

$V_1 + V_2 = 26.2 + 9.18 = 35.38 > 22$，满足要求，所以设计合理。

(9) 沉淀池的总高度（采用机械刮泥设备）。设污泥缓冲高度 $h_3 = 0.5$m，沉淀池超高 $h_1 = 0.3$m。污泥部分的高度：

$$h_4 = h_4' + h_4'' = 0.16 + 3.46 = 3.62 \text{m}$$

$$H = h_1 + h_2 + h_3 + h_4 = 0.3 + 2.4 + 0.5 + 3.62 = 6.82 \text{m}$$

B 设计例题 2

某城市污水处理厂的日均流量为 2500m³/h，设计人口 30 万人，采用机械刮泥，求中心进水周边出水的辐流式初次沉淀池各部分尺寸。

(1) 设计参数：初沉池的表面负荷取值为 1.5~4.5 m³/(m²·h)，在此 q' 取 3 m³/(m²·h)，n 取 2 个，沉淀部分水面面积：

$$F = \frac{Q}{nq'} = \frac{2500}{2 \times 3} = 416.7 \text{m}^2$$

(2) 沉淀池单池直径：

$$D = \sqrt{\frac{4F}{\pi}} = \sqrt{\frac{4 \times 416.7}{\pi}} = 23.1 \text{m}$$

在此 D 取 24m，根据水池直径宜为 16~50m，则 D 取 24m 符合要求。

（3）初沉池的沉淀时间是 0.5~2.0h，在此 t 取 1h。

沉淀部分有效水深：$h_2 = q't = 3 \times 1 = 3m$

$\dfrac{D}{h_2} = \dfrac{24}{3} = 8$，根据水池直径与有效水深之比宜为 6~12，则符合要求。

（4）沉淀部分的有效容积：

$$V' = \frac{Q}{n}t = \frac{2500}{2} \times 1 = 1250m^3$$

（5）已知每人每日污泥量一般取 0.3~0.8 L/（人·d），在此 S 取 0.5L/（人·d）；当初沉池采用机械排泥时，宜按 4h 污泥量计算污泥区容积，即 T=4h。污泥部分所需容积：

$$V = \frac{SNT}{1000n} = \frac{0.5 \times 300000 \times 4}{1000 \times 2 \times 24} = 12.5m^3$$

（6）污泥斗上部半径取 2m，下部半径取 1m，对于污泥斗的斗壁与水平面夹角，采用方斗时，α 取 60°。

污泥斗高度：

$$h_5 = (r_1 - r_2)\tan\alpha = (2 - 1) \times \tan60° = 1.73m$$

污泥斗容积：

$$V_1 = \frac{\pi h_5}{3}(r_1^2 + r_1 r_2 + r_2^2) = \frac{1.73\pi}{3}(2^2 + 2 \times 1 + 1^2) = 12.7m^3$$

（7）因为坡向泥斗的底坡不宜小于 0.05，则设池底径向坡度为 0.05。

圆截锥部分高度：

$$h_4 = (R - r_1) \times 0.05 = \left(\frac{24}{2} - 2\right) \times 0.05 = 0.5m$$

则污泥斗以上圆锥体部分污泥容积：

$$V_2 = \frac{\pi h_4}{3}(R^2 + Rr_1 + r_1^2) = \frac{0.5\pi}{3}(12^2 + 12 \times 2 + 2^2) = 90m^3$$

（8）沉淀池污泥部分总容积 $V_1 + V_2 = 12.7 + 90 = 102.7m^3 > 12.5m^3$

（9）沉淀池的超高一般取 0.3m，则 h_1=0.3，缓冲层高度非机械排泥时为 0.5m，机械排泥时应根据刮泥板高度确定，且缓冲层上缘宜高出刮泥板 0.3m；根据池径，选择 ZBG-24 型刮泥机，刮泥板高度为 0.55m，则缓冲层 h_3 取 0.85m。

沉淀池总高度：

$$H = h_1 + h_2 + h_3 + h_4 + h_5 = 0.3 + 3 + 0.85 + 0.5 + 1.73 = 6.38m$$

（10）沉淀池池边高度：

$$H' = h_1 + h_2 + h_3 = 0.3 + 3 + 0.85 = 4.15m$$

4.1.4 隔油池的设计

含油废水来源于石油工业、钢铁、焦化、煤气发生站、固体燃料热加工、食品加工废水等，其废水中有很高的油、油脂含量。在一般生活污水中，油脂占有机质的 10%，每人每天产生的油脂可按 0.015kg 估算。油脂分类主要可分为可浮油（油滴粒径>100μm）、细分散油（油滴粒径 10~100μm）、乳化油（油滴粒径<10μm）、溶解油（以溶解状态存在于水中）。油类对生态系统、植物、土壤、水体都有严重影响。例如浮油流入水体，形成油膜后断绝水体氧的来源；乳化油和溶解油在分解过程中会消耗水中溶解氧，致使水体缺氧，二氧化碳浓度增高，pH 值下降，以至于水生生物不能生存；含油废水流入土壤，形成油膜，阻碍土壤微生物增殖，破坏土壤团粒结构；含油废水进入污水处理设备的含油浓度不能大于 30~50mg/L，否则会影响活性污泥和生物膜的正常代谢。污水处理厂常见的除油构筑物主要是隔油池，可去除污水中的可浮油和细分散油。常见的隔油池主要是平流式与斜板式，两种隔油池的特性比较如表 4-16 所示。

表 4-16　平流式、斜板式隔油池特性对比

项　目	平 流 式	斜 板 式
除油效率/%	60~70	70~80
占地面积（处理量相同时，相对大小）	1	1/4~1/3
可能除去的最小油滴粒径/μm	100~150	60
最小油滴的上浮速度/mm·s⁻¹	0.9	0.2
分离油的去除方式	刮板及集油管集油	集油管集油
泥渣去除方式	刮泥机将泥渣集中到泥渣斗	重力排泥
平行板的清洗	没有	定期清洗
防火防臭措施	浮油与大气相通，有着火危险，臭气散发	有着火危险，臭气比较少
附属设备	刮油刮泥机	没有
基建费用	低	较低

4.1.4.1　平流式隔油池的设计

A　设计参数

刮油刮泥机的刮板移动速度一般取决于池中水流速度，刮板移动速度应小于 2m/min。油珠最大上浮速度不高于 0.9mm/s，池深 1.5~2.0m，超高 0.4m，隔油池每个格间的宽度一般选用 6.0m、4.5m、3.0m、2.5m 和 2.0m，采用人工清油时，格间宽度不宜超过 3.0m，单格的长宽比不小于 4，工作水深与每格宽度之比不小于 0.4。含油污水应该以基本无冲击状态进入隔油池进水配水间，进水配水间的前置构筑物出水水头应小于等于 0.2m，进水配水墙配水孔应设置于水面下 0.5m、池底上 0.8m 处，配水孔孔口流速应为 20~50mm/s；出水配水墙配水孔应设置于水面下 0.8m、池底上 0.5m 处，配水孔孔口流速应为 20~50mm/s。含油污水在隔油段的计算水平流速为 2~5mm/s。隔油段排泥管管径一般应大于 200mm，池底采用 0.01~0.02 的坡度污泥斗，污泥斗倾角为 40°~60°，污泥斗深度一般为 0.5m，底宽宜大于 0.4m；平流隔油池一般不少于 2 个，隔油池表面覆盖盖板，用于防火、防雨、保温，寒冷的地区还应增设加温管。

隔油池在出水一侧水面上设集油管，集油管的直径一般为 200~300mm 钢管，当池宽为 4.5m 以上时，集油管串联不应超过 4 根。平流式隔油池的示意图如图 4-13 所示。

B　计算公式

平流式隔油池的设计计算方法见表 4-17。

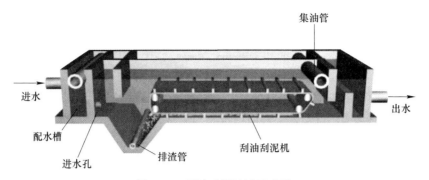

图 4-13　平流式隔油池示意图

表 4-17　平流式隔油池计算公式

名　称	公　式	符号说明
按油粒上浮速度计算隔油池表面面积/m^2	$A = \alpha \dfrac{Q}{u}$	Q——废水设计流量，m^3/h； α——对隔油池表面积的修正系数，见表 4-18；
静止水中直径为 d 的油珠上浮速度/$cm \cdot s^{-1}$	$u = \dfrac{\beta g}{18\mu\varphi}(\rho_w - \rho_0)d^2$	u——设计油珠上浮速度，m/h，通常不高于 0.9mm/s；
隔油池的总容积/m^3	$V = Qt$	ρ_w, ρ_0——分别为水与油珠的密度，g/cm^3； d——可上浮的最小油珠粒径，cm；
过水断面面积/m^2	$A_c = \dfrac{Q}{v}$	μ——水的绝对黏滞性系数，$Pa \cdot s$； g——重力加速度，cm/s^2；
隔油池格间数	$n = \dfrac{A_c}{bh}$	β——考虑废水悬浮物引起的颗粒碰撞的阻力系数，一般取 0.95； t——废水在隔油池内设计停留时间，一般取 1.5~2.0h；
隔油池的有效长度/m	$L = vt$ 或 $L = \alpha \left(\dfrac{v}{u}\right)h$	b——隔油池每个格间的宽度，m； h——隔油池工作水深，m；隔油池每个格间的有效水深 h 和池宽 b 的比值宜取 0.3~0.4，有效水深一般为 1.5~2.0m； v——废水在隔油池中的水平流速，m/h，通常不宜大于 54m/h，一般取 7.2~18m/h；
隔油池建筑高度/m	$H = h + h'$	h'——超高，m，一般不小于 0.4m

表 4-18　隔油池表面积修正系数 α 与速度比 v/u 的关系值

v/u	20	15	10	6	3
α	1.74	1.64	1.44	1.37	1.28

4.1.4.2　斜板隔油池

A　设计参数

表面水力负荷一般为 0.6~0.8$m^3/(m^2 \cdot h)$，水力停留时间不大于 30min，斜板式隔油池的斜板垂直净距一般采用 40mm，斜板倾角一般采用 45°。板间流速宜为 3~7mm/s，排泥管直径应大于等于200mm。斜板式隔油池的示意图如图4-14所示。

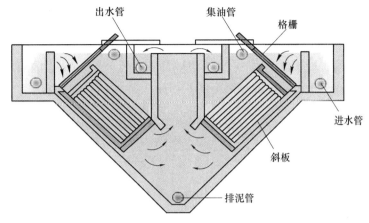

图4-14 斜板式隔油池示意图

B 设计计算

斜板隔油池的设计计算方法见表4-19。

表4-19 斜板隔油池计算公式

名 称		公 式	符号说明
池子水面面积/m²		$A = \dfrac{Q}{0.91nq'}$	Q——平均流量，m³/h； n——池数，个； q'——表面水力负荷，m³/(m²·h)；
池内停留时间/min		$t = \dfrac{60(h_2 + h_3)}{q'}$	h_2——斜板区上部水深，m，一般采用0.5～1m； h_3——斜板高度，一般采用，m，0.866～1m；
污泥部分所需容积/m³		$V = \dfrac{24Q(C_0 - C_1) \times 100t'}{\gamma(100 - \rho_0)n}$	C_0——进水悬浮物浓度，t/m³； C_1——出水悬浮物浓度 t/m³； t'——污泥斗贮泥周期，d；
污泥斗容积	圆锥体/m³	$V_1 = \dfrac{\pi h_5}{3}(R^2 + Rr_1 + r_1^2)$	γ——污泥密度，t/m³，约为1t/m³； ρ_0——污泥含水率，%； h_5——污泥斗的高度，m； R——污泥斗上部半径，m；
	方锥体/m³	$V_1 = \dfrac{\pi h_5}{3}(a^2 + aa_1 + a_1^2)$	r_1——污泥斗下部半径，m； a——污泥斗上部边长，m； a_1——污泥斗下部边长，m；
池总高度/m		$H = h_1 + h_2 + h_3 + h_4 + h_5$	h_1——超高，m； h_4——洗板底部缓冲层的高度，一般取0.6～1.2m

4.1.4.3 设计例题

某炼油厂含油废水流量为$Q-200$m³/h，设计平流式隔油池。

隔油池的容积：设废水在隔油池中停留时间为1.5h。

$$V = Qt = 200 \times 1.5 = 300 \text{m}^3$$

废水在隔油池中的水平流速：通常水平流速不宜大于 54m/h，一般取 7.2~18m/h，设水平流速为 10m/h：

$$A_c = \frac{Q}{v} = \frac{200}{10} = 20\text{m}^2$$

因为隔油池每格有效水深为 1.5~2m，设隔油池有效水深为 2m，隔油池有效水深与池宽比 h/b 宜取 0.3~0.4，设隔油池每格宽度 $b = 5$m。

隔油池格间数为：

$$n = \frac{A_c}{bh} = \frac{20}{5 \times 2} = 2，则隔油池为 2 格。$$

隔油池的有效长度为：

$$L = vt = 10 \times 1.5 = 15\text{m}$$

隔油池的总高度：保护高度不小于 0.4m，在此取 0.5m。

$$H = h + h' = 2 + 0.5 = 2.5\text{m}$$

4.2　生　物　处　理

目前常用的生物处理方法有活性污泥法、生物膜法、厌氧法和自然生物处理法，由于污泥法处理程度高，净化效果好，是目前使用最多的污水处理方法。

4.2.1　活性污泥

活性污泥法是一种应用最广泛的废水好氧生化处理技术，主要由曝气池、二沉池、曝气系统和污泥回流系统组成。应用于城市污水厂的活性污泥法污水处理工艺主要有三个系列：（1）SBR 系列；（2）A/O 系列；（3）氧化沟系列。各个系列不断地发展、改进，形成了目前比较典型的工艺有：CARROUSEL-2000 氧化沟工艺、双沟式 DE 氧化沟工艺、三沟式 T 型氧化沟工艺、ORBAL 氧化沟工艺、A^2/O 微孔曝气氧化沟工艺、A/O 工艺、改良 A^2/O 工艺、UCT 工艺、改良 UCT 工艺、倒置 A^2/O 工艺、CAST 工艺、SBR 工艺、CASS 工艺、MSBR 工艺等。

4.2.1.1　传统活性污泥法

A　设计要点

（1）生物反应池的超高：当采用鼓风曝气时为 0.5~1.0m；当采用机械曝气时，其设备操作平台宜高出设计水面 0.8~1.2m。

（2）每组生物反应器在有效水深一半处宜设置放水管。

（3）廊道式生物反应池的池宽和有效水深之比宜采用（1:1）~（2:1），有效水深可采用 4~6m，推流式运行的廊道式生物反应池的有效水深可超过 6m。

（4）生物反应池中的好氧池采用鼓风曝气时，处理每立方米污水的供气量不小于 3m³，好氧区采用机械曝气时，混合全池污水所需功率不宜小于 25W/m³；氧化沟不宜小于 15W/m³。缺氧区、厌氧区应采用机械搅拌，混合功率宜采用 2~8W/m³。

（5）生物反应池始端可设缺氧或厌氧区，水力停留时间为 0.5~1.0h；原污水、回流污泥进入生物反应器的厌氧区、缺氧区时，应采用淹没入流方式。

（6）活性污泥反应池混合液浓度取值按表 4-20 选用。

表 4-20　反应池混合液浓度取值范围

处理目标	MLSS/kg·m^{-3}	
	有初沉池	无初沉池
无硝化	2.0~3.0	3.0~4.0
有硝化	2.5~3.5	3.5~4.5

（7）回流污泥浓度为 4~8g/L。

（8）阶段曝气生物反应池宜在生物反应池始端 1/2~3/4 的总长度内设多个进水口。

（9）吸附再生生物反应池的吸附区容积不应小于生物反应池总容积的 1/4，吸附区的停留时间不应小于 0.5h。

（10）完全混合合建式生物反应池宜采用圆形，曝气区的有效容积应包括导流区部分，一般反应池平均好氧速率为 30~40mg/（L·h），沉淀区表面水力负荷为 0.5~1.0m³/（m²·h）。

曝气池的设计参数见表 4-21。

表 4-21　曝气池的设计参数

类别	L_s/g·d^{-1}	X/g·L^{-1}	L_v/kg·d^{-1}	污泥回流比/%	总处理效率/%
普通曝气	0.2~0.4	1.5~2.5	0.4~0.9	25~75	90~95
阶段曝气	0.2~0.4	1.5~3.0	0.4~1.2	25~75	85~95
吸附再生曝气	0.2~0.4	2.5~6.0	0.9~1.8	50~100	80~90
合建式完全混合曝气	0.25~0.5	2.0~4.0	0.5~1.8	100~400	80~90

B　计算公式

传统活性污泥法的设计计算方法见表 4-22。

表 4-22　传统活性污泥法计算公式

名　称	公　式	符号说明
处理效率/%	$E = \dfrac{S_o - S_e}{S_o} \times 100\%$	S_o——生物反应池进水 BOD$_5$ 浓度，mg/L； S_e——生物反应池出水 BOD$_5$ 浓度，mg/L；
曝气池容积/m³ 按污泥负荷计算	$V = \dfrac{24Q(S_o - S_e)}{1000XL_S}$	L_S——BOD$_5$ 污泥负荷，mgBOD$_5$/（mgMLSS·d）； Y——污泥产率系数，kgVSS/kgBOD$_5$，无试验资料时，采用活性污泥法取 0.4~0.8kgVSS/kgBOD$_5$，采用 A$_N$O 取 0.3~0.6kgVSS/kgBOD$_5$，采用 A$_P$O 取 0.4~0.8kgVSS/kgBOD$_5$，
曝气池容积/m³ 按污泥泥龄计算	$V = \dfrac{24Y\theta_c Q(S_o - S_e)}{1000X_v(1 + K_{dT}\theta_c)}$	采用 AAO 取 0.3~0.6kgVSS/kgBOD$_5$；
曝气生物反应池混合液污泥浓度/mg·L^{-1}	$X = \dfrac{R}{1 + R} \times \dfrac{10^6}{SVI} r$ 也可参照经验系数取值，见表 4-21	X_v——池内混合液挥发性悬浮固体平均浓度，gMLVSS/L；
T℃时的衰减系数	$K_{d(T)} = K_{d(20)}\theta_T^{(T-20)}$	θ_c——污泥泥龄，d，取 0.2~15d；

名　称		公　式	符号说明
水力停留时间/d	名义值	$t_m = \dfrac{V}{Q}$	K_{d20}——20℃时的衰减系数，d^{-1}，取 $0.04\sim$ $0.075d^{-1}$； SVI——污泥容积指数，mL/g，取值范围 $50\sim$ $150mL/g$； r——考虑污泥在二次沉淀池中停留时间、池深、污泥厚度等因素的修正系数，取 1.2； θ_T——温度系数，取 $1.02\sim1.06$； T——设计温度，℃； R——污泥回流比； f——SS 的污泥转换率，无试验资料时取 $0.5\sim$ $0.7gMLVSS/gSS$； SS_o——生物反应池进水悬浮物浓度，kg/m^3； SS_e——生物反应池出水悬浮物浓度，kg/m^3； N_k——生物反应池进水总凯氏氮浓度，mg/L； N_{ke}——生物反应池出水总凯氏氮浓度，mg/L； N_{oe}——生物反应池出水硝态氮浓度，mg/L； N_t——生物反应池出水总氮浓度，mg/L； a——碳的氧当量，取 1.47； b——常数，氧化每千克氨氮所需氧量，取 4.57； c——常数，细菌细胞的氧当量，取 1.42； α——取 $0.8\sim0.85$； β——取 $0.9\sim0.97$； C_{sw}——T_0℃，实际计算压力下清水表面处饱和溶解氧，mg/L； C_0——混合液剩余溶解氧值，取 2mg/L； C_s——标准条件下清水中饱和溶解氧，取 $9.17mg/L$； T_0——混合液温度，一般为 $5\sim30$℃； p_b——曝气装置处绝对压力，MPa； E_A——氧利用率，%； O_s——标准状态下生物反应池污水需氧量，kgO_2/m^3； p——风压，MPa； n——风机效率，取 $0.7\sim0.8$
	实际值	$t_s = \dfrac{V}{(1+R)Q}$	
剩余污泥量/kgSS·d^{-1}	按污泥龄	$\Delta X = \dfrac{VX}{\theta_c}$	
	按污泥产率系数	$\Delta X = YQ(S_o - S_e) - K_d VX_V +$ $fQ(SS_o - SS_e)$	
污水需氧量/kgO$_2$·d^{-1}		$O_2 = 0.001aQ(S_o - S_e) - c\Delta X_V +$ $b[0.001Q(N_k - N_{ke}) - 0.12\Delta X_V] -$ $0.62b[0.001Q(N_t - N_{ke} - N_{oe}) - 0.12\Delta X_V]$	
每日增长（排放）的挥发性污泥量/kg·d^{-1}		$\Delta X_V = \dfrac{Y(S_o - S_e)Q - K_d VX_V}{1000}$	
表曝机的标准传氧速率		$N = \alpha N_0 \dfrac{\beta C_{sw} - C_0}{C_s} \times 1.024^{(T_0-20)}$	
鼓风曝气装置的标准传氧速率		$N = \alpha N_0 \dfrac{\beta C_{sm} - C_0}{C_s} \times 1.024^{(T_0-20)}$	
温度为 T_0（℃），实际压力下曝气装置在水下深度至池面清水平均溶解氧的值/mg·L^{-1}		$C_{sm} = C_{sw}\left(\dfrac{O_t}{42} + \dfrac{p_b}{2p_a}\right)$	
曝气池逸出气体中含氧量/%		$O_t = \dfrac{21(1 - E_A)}{79 + 21(1 - E_A)} \times 100$	
供气量/m^3·h^{-1}		$G_s = \dfrac{N_0}{0.28E_A}$	
鼓风机功率/kW		$P = 2.05\dfrac{G_s p}{7.5n}$	

4.2.1.2 SBR 工艺

A 设计要点

（1）SBR 反应池应按平均日污水量设计，反应池前、后的水泵、管道等输水设施应按最高日最高时污水量设计；

（2）反应池个数不少于两个；

（3）每天的周期数为正整数；

（4）连续进水时，反应池的进水处应设置导流装置；

（5）反应池宜采用矩形，水深宜为 4.0～6.0m，反应池的长宽比：间隙进水时为（1:1）～（2:1），连续进水时为（2.5:1）～（4:1）；

（6）反应池应设置固定式事故排水装置，可设在滗水结束时的水位处，反应池应采用有防止浮渣流出设施的滗水器，同时宜有清除浮渣的装置。

B 计算公式

SBR 法设计计算公式见表 4-23。

表 4-23　SBR 法计算公式

名　称	公　式	符号说明
SBR 反应池容积/m³	$V = \dfrac{24QS_o}{1000XL_St_R}$	Q——每周期进水量，m³； S_o——SBR 池进水五日生化需氧量，mgBOD$_5$/L； X——SBR 池内混合悬浮固体平均浓度，mgMLSS/L； L_S——SBR 池五日生化需氧量污泥负荷，mgBOD$_5$/（mgMLSS·d），见表 4-21
进水时间/h	$t_F = \dfrac{t}{n}$	t——一个运行周期需要的时间，h； n——每个系列反应池的个数
每个周期反应时间/h	$t_R = \dfrac{24S_om}{1000L_SX}$	m——充水比，仅需除磷时为 0.25～0.5；需脱氮时为 0.15～0.3
一个周期所需时间/h	$t = t_R + t_S + t_D + t_b$	t_S——沉淀时间，h，宜为 1h； t_D——排水时间，h，宜为 1.0～1.5h； t_b——闲置时间，h

4.2.1.3 A/O 系列

A 脱氮及硝化 A$_N$/O 法

脱氮及硝化法主要设计参数见表 4-24，其设计计算方法见表 4-25。

表 4-24　脱氮及硝化法主要设计参数

项　目	单　位	参考值
BOD$_5$ 污泥负荷 L_s	kgBOD$_5$/（kgMLSS·d）	0.05～0.15
总氮负荷率	KgTN/（kgMLSS·d）	≤0.05
污泥浓度（MLSS）X	g/L	2.5～4.5
污泥泥龄 θ_c	d	11～23
污泥产率系数 Y	kgVSS/kgBOD$_5$	0.3～0.6

项　目		单　位	参考值
需氧量		$kgO_2/kgBOD_5$	1.1~2.0
水力停留时间 HRT		h	8~16
			其中缺氧段 0.5~3.0
污泥回流比 R		%	50~100
混合液回流比		%	100~400
总处理效率	BOD_5	%	90~95
	TN	%	60~85

表 4-25　脱氮及硝化法计算公式

名　称	公　式	符号说明
好氧区容积/m^3	$$V_0 = \frac{Q(S_o - S_e)\theta_{co}Y_t}{1000X}$$	Q——反应池设计流量，m^3/d； S_o——生物反应池进水 BOD_5 浓度，mg/L； S_e——生物反应池出水 BOD_5 浓度，mg/L；
好氧区设计污泥泥龄/d	$$\theta_{c0} = F \frac{1}{\mu}$$	Y_t——污泥总产率系数（$kgMLSS/kgBOD_5$），无试验资料时，有初沉池的取 0.3，无初沉池的取 0.6~1.0； F——安全系数，取 1.5~3.0； N_a——生物反应池中氨氮浓度，mg/L；
硝化菌比生长速率/d^{-1}	$$\mu = 0.47 \frac{N_a}{K_n + N_a} e^{0.098(T-15)}$$	K_n——硝化作用中氨的半速率常数，mg/L； T——设计温度，℃； 0.47——15℃时，硝化菌最大比生长速率，d^{-1}； X——生物反应池内混合液悬浮固体平均浓度，gMLSS/L；
缺氧区容积/m^3	$$V_n = \frac{0.001Q(N_k - N_{te}) - 0.12\Delta X_V}{K_{de}X}$$	N_k——生物反应池进水总凯氏氮浓度，mg/L； N_{te}——生物反应池出水总氮浓度，mg/L； N_{ke}——生物反应池出水总凯氏氮浓度，mg/L；
排出生物反应池系统的微生物量/$kgMLVSS \cdot d^{-1}$	$$\Delta X_V = yY_t \frac{Q(S_o - S_e)}{1000}$$	K_{de}——脱氮速率，（$kgNO_3-N$）/（$kgMLSS \cdot d$），无试验资料时，20℃取 0.03~0.06，否则可按下式修正： $K_{de(T)} = K_{de(20)} 1.08^{(T-20)}$； y——MLSS 中 MLVSS 所占的比例；
混合液回流量/$m^3 \cdot d^{-1}$	$$Q_{Ri} = \frac{1000V_nK_{de}X}{N_{te} - N_{ke}} - Q_R$$	Q_R——回流污泥量，m^3/d，混合液回流比不宜大于 400%

B　生物除磷 A_P/O 法

生物除磷法的主要设计参数见表 4-26，设计计算方法见表 4-27。

表 4-26　生物除磷法主要设计参数

项　目	单　位	参考值
BOD_5 污泥负荷 L_s	$kgBOD_5/$（$kgMLSS \cdot d$）	0.4~0.7

续表 4-26

项 目		单 位	参考值
污泥浓度（MLSS）X		g/L	2.0~4.0
污泥泥龄 θ_c		d	3.5~7
污泥产率系数 Y		kgVSS/kgBOD$_5$	0.4~0.8
需氧量		kgO$_2$/kgBOD$_5$	0.7~1.1
水力停留时间 HRT		h	3~8
			其中厌氧段 1~2
			A$_P$：O=（1：3）~（1：2）
污泥回流比 R		%	40~100
总处理效率	BOD$_5$	%	80~90
	TN	%	75~85

表 4-27　厌氧区容积计算公式

名 称	公 式	符号说明
厌氧区容积/m³	$V_P = \dfrac{t_P Q}{24}$	t_P——厌氧区水力停留时间，h，取 1~2

C　同时脱氮除磷 A²/O 法

厌氧区、缺氧区、好氧区容积参照脱氮及硝化 A$_N$/O 法和生物除磷 A$_P$/O 法，设计参数见表 4-28。

表 4-28　同时脱氮除磷法设计参数

项 目		单 位	参考值
BOD$_5$ 污泥负荷 L_s		kgBOD$_5$/（kgMLSS·d）	0.1~0.2
污泥浓度（MLSS）X		g/L	2.5~4.5
污泥泥龄 θ_c		d	10~20
污泥产率系数 Y		kgVSS/kgBOD$_5$	0.3~0.6
需氧量		kgO$_2$/kgBOD$_5$	1.1~1.8
水力停留时间 HRT		h	7~14
			其中厌氧段 1~2
			其中缺氧段 0.5~3.0
污泥回流比 R		%	20~100
混合液回流比		%	≥200
总处理效率	BOD$_5$	%	85~95
	TP	%	50~75
	TN	%	55~80

4.2.1.4 氧化沟法

氧化沟法设计要点：

（1）氧化沟前可不设初次沉淀池，氧化沟前可设置厌氧池；氧化沟可按两组或多组系列布置，并设置进水配水井；氧化沟可与二次沉淀池分建或合建。

（2）延时曝气氧化沟的主要设计参数，宜根据试验资料确定，无试验资料时，可按表4-29的规定取值。

表4-29　延时曝气氧化沟主要设计参数

项　目	单　位	参数值
污泥浓度（MLSS）X_a	g/L	2.5~4.5
污泥负荷 L_s	kgBOD$_5$/（kgMLSS·d）	0.03~0.008
污泥龄 θ_c	d	>15
污泥产率 Y	kgVSS/kgBOD$_5$	0.3~0.6
需氧量	kgO$_2$/kgBOD$_5$	1.5~2.0
水力停留时间 HRT	h	≥16
污泥回流比 R	%	75~150
总处理效率 η	%	>95（BOD$_5$）

（3）进水和回流污泥点宜设在缺氧区首端，出水点宜设在充氧器后的好氧区。氧化沟的超高与选用的曝气设备类型有关，当采用转刷、转碟时，宜为0.5m；当采用竖轴表曝机时，宜为0.6~0.8m，其设备平台宜高出设计水面0.8~1.2m。氧化沟的有效水深与曝气、混合和推流设备的性能有关，宜采用3.5~4.5m。

（4）根据氧化沟渠宽度，弯道处可设置一道或多道导流墙；氧化沟的隔流墙和导流墙宜高出设计水位0.2~0.3m。

（5）曝气转刷、转碟宜安装在沟渠直线段的适当位置，曝气转碟也可安装在沟渠的弯道上，竖轴表曝机应安装在沟渠的端部。

（6）氧化沟内的平均流速宜大于0.25m/s。

（7）生物脱氮除磷氧化沟处理城镇污水或水质类似城镇污水的工业废水时的设计参数见表4-30。

表4-30　生物脱氮除磷氧化沟处理城镇污水或水质类似城镇污水的工业废水时的设计参数

项目名称		单位	参数值
反应池BOD$_5$污泥负荷		kgBOD$_5$/（kgMLVSS·d）	0.10~0.21
		kgBOD$_5$/（kgMLSS·d）	0.07~0.15
反应池混合液悬浮固体平均浓度		kgMLSS/L	2.0~4.5
反应池混合液挥发性悬浮固体平均浓度		kgMLVSS/L	1.4~3.2
MLVSS在MLSS中所占的比例	设初沉池	MLVSS/gMLSS	0.65~0.7
	不设初沉池	MLVSS/gMLSS	0.5~0.65
BOD$_5$容积负荷		kgBOD$_5$/（m^3·d）	0.20~0.7

项目名称		单位	参数值
总氮负荷率		kgTN/（kgMLSS·d)	≤0.06
设计污泥泥龄		d	12~25
污泥产率系数	设初沉池	kgVSS/kgBOD$_5$	0.3~0.6
	不设初沉池	kgVSS/kg BOD$_5$	0.5~0.8
厌氧水里停留时间		h	1~2
缺氧水里停留时间		h	1~4
好氧水里停留时间		h	6~12
总水力停留时间		h	8~18
污泥回流比		%	50~100
混合液回流比		%	100~400
需氧量		kgO$_2$/kgBOD$_5$	1.1~1.8
BOD$_5$ 总处理率		%	85~95
TP 总处理率		%	50~75
TN 总处理率		%	55~80

4.2.1.5 设计例题

A 设计例题 1

某拟建污水处理厂设计规模为 $4×10^4 m^3/d$，当地大气压是一个标准大气压，设计进出水水质，原污水 BOD$_5$ 为 250mg/L，要求处理水的 BOD$_5$ 值为 20mg/L，采用曝气生物反应池，设计如下：

（1）设计初沉池，BOD$_5$ 按去除 25%考虑，进入曝气生物反应池的污水 BOD$_5$ 浓度的值为

$$S_o = S_a(1 - 25\%) = 250 × 75\% = 187.5 mg/L$$

（2）计算去除率：

$$\eta = \frac{S_o - S_e}{S_o} × 100\% = \frac{187.5 - 20}{187.5} × 100\% = 89.3\%$$

（3）取 $SVI = 100$，$r = 1.2$，R 为 25%~75%，取 $R = 25\%$，混合液污泥浓度：

$$X = \frac{R × 10^6}{(1 + R)SVI} r = \frac{0.25 × 1.2}{(1 + 0.25) × 100} × 10^6 = 2400 mg/L$$

（4）取 BOD-污泥负荷 L_s 为 0.3kgBOD$_5$/（kgMLSS·d)，曝气生物反应池的容积：

$$V = \frac{Q(S_o - S_e)}{1000XL_S} = \frac{40000 × (187.5 - 20)}{2400 × 0.3} = 8142 m^3$$

曝气生物反应池的容积取 8200m³。

（5）确定曝气生物反应池各部分尺寸。设两组曝气生物反应池每组容积为 4100m³，根据有效水深可采用 4~6m，有效池深采用 4.1m，则每组曝气反应池的面积 F 为：

$$F = \frac{4100}{4.1} = 1000 m^2$$

池宽取 8m，池宽与有效水深比为 $8/4.1 = 1.95$，符合宽深比 $1:1 \sim 2:1$ 的要求。

池长为 $1000/8 = 125$m；

设置五廊道式曝气生物反应池，廊道长为 $125/5 = 25$m；

超高取 0.5m，池高为 $4.1 + 0.5 = 4.6$m。

在曝气生物反应池面对初沉池和二沉池的一侧，各设横向配水渠道，并在池中部设置纵向中间配水渠道与横向配水渠，并在池中间设置纵向中间配水渠道与横向配水渠相连接，在两侧横向配水渠道上设进水口，每组曝气生物反应池共 5 个进水口，如图 4-15 所示。

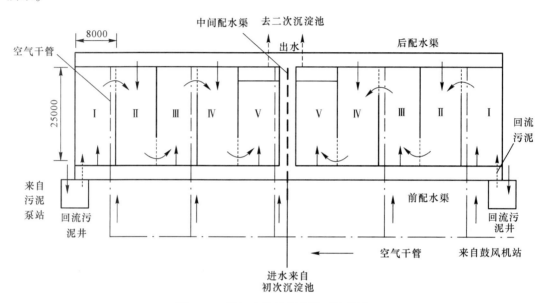

图 4-15 曝气生物反应池平面示意图

（6）需氧量计算。设计采用鼓风曝气系统：

$$O_2 = 0.001aQ(S_o - S_e) - c\Delta X_V + b[0.001Q(N_k - N_{ke}) - 0.12\Delta X_V] - 0.62b[0.001Q(N_t - N_{ke} - N_{oe}) - 0.12\Delta X_V]$$

处理系统仅考虑去除碳源污染物，只计算前两项。

其中去除含碳污染物的需氧量：

$$0.001aQ(S_o - S_e)$$
$$= 0.001 \times 1.47 \times 40000 \times (187.5 - 20)$$
$$= 9849 \text{kgO}_2/\text{d}$$

剩余污泥氧当量。产率系数 Y 20℃时为 $0.3 \sim 0.8$，取 0.5；K_d 在 20℃时的衰减系数是 $0.04 \sim 0.075$，取 0.05；MLVSS 与 MLSS 的比值是 y，对于生活污水 y 取 0.75。

$$X_V = yX = 0.75 \times 2400 = 1800 \text{g/m}^3$$

$$\Delta X_V = Y(S_o - S_e)Q - K_d V X_V$$
$$= 0.5 \times \left(\frac{187.5 - 20}{1000}\right) \times 40000 - 0.05 \times 8200 \times \frac{1800}{1000}$$
$$= 2612 \text{kg/d}$$

$$c\Delta X_V = 1.42 \times 2612 = 3709.04 \text{kg/d}$$

需氧量为 9849−3709.04＝6139.96kgO₂/d

每日去除 BOD_5 的值是：

$$0.001Q(S_o - S_e) = 0.001 \times 40000 \times (187.5 - 20) = 6700 \text{kgBOD}_5/\text{d}$$

折合成每千克 BOD_5 耗氧量为：

$$\frac{6139.96}{6700} = 0.92 \text{kgO}_2/\text{kgBOD}_5$$

（7）供气量计算。采用网状模型中微孔空气扩散器，敷设于距池底 0.2m 处，淹没水深 4.8m，计算温度定为 25℃，水中溶解氧饱和度 20℃ 时为 9.17mg/L；25℃ 时为 8.38mg/L。

空气扩散出口处的绝对压力为：

$$p_b = p + 9.8 \times 10^3 H$$
$$= 1.013 \times 10^5 + 9.8 \times 10^3 \times 4.8 = 1.48 \times 10^5 \text{Pa}$$

空气离开曝气生物反应池面时氧的百分比。E_A 是空气扩散器的氧转移效率，对于网状模型中微孔空气扩散器可取 12%：

$$O_t = \frac{21(1 - E_A)}{79 + 21(1 - E_A)} \times 100 = \frac{21 \times (1 - 12\%)}{79 + 21 \times (1 - 12\%)} \times 100 = 18.96\%$$

曝气生物反应池中平均溶解氧值：

$$C_{sm} = C_{sw}\left(\frac{O_t}{42} + \frac{p_b}{2p_a}\right) = 8.38 \times \left(\frac{18.96}{42} + \frac{1.48 \times 10^5}{2 \times 1.013 \times 10^5}\right) = 9.9 \text{mg/L}$$

根据 $N = \alpha N_0 \dfrac{\beta C_{sm} - C_0}{C_s} \times 1.024^{(T_0 - 20)}$，其中 α 一般为 0.8~0.85，取 0.8；β 一般为 0.9~0.97，取 0.9。

标准传氧速率为：

$$N_0 = \frac{NC_s}{1.024^{(T_0 - 20)}\alpha(\beta C_{sm} - C_0)} = \frac{6139.96/24 \times 9.17}{1.024^{(25 - 20)} \times 0.8 \times (0.9 \times 9.9 - 2)} = 376.9 \text{kgO}_2/\text{h}$$

供气量为：

$$G_s = \frac{N_0}{0.28E_A} = \frac{376.9}{0.28 \times 0.12} = 11217.3 \text{m}^3/\text{h}$$

去除 1kgBOD₅ 的供气量为：

$$\frac{11217.3}{6700} \times 24 = 40.18 \text{m}^3 \text{空气}/\text{kgBOD}_5$$

每立方米污水的供气量为：

$$\frac{11217.3}{40000} \times 24 = 6.73 \text{m}^3 \text{空气}/\text{kg 污水}$$

除曝气生物反应池之外，还采用空气提升污泥，空气量按回流污泥量的 8 倍考虑，污泥回流比取 25%，提升回流污泥所需空气量为：

$$\frac{8 \times 0.25 \times 40000}{24} = 3333.3 \text{m}^3/\text{h}$$

系统空气总用量：11217.3+3333.3＝14550.6m³/h。

（8）空气管路系统计算。按曝气池平面图布置空气管道，在相邻两个廊道的隔墙上设一根空气干管共5根干管，在每根干管设4对配气管，共8条配气管。全池共设40条配气管。

每根管的供气量为：

$$\frac{G_s}{40} = \frac{11217.3}{40} = 280.4 m^3/h$$

取微孔曝气器服务面积为0.5m²，则曝气器总数：

$$\frac{2F}{0.5} = \frac{1000 \times 2}{0.5} = 4000 \text{个}$$

每根管上安装的曝气器数目是：

$$4000/40 = 100 \text{个}$$

每个曝气器的配气量为：

$$\frac{11217.3}{4000} = 2.8 m^3/h$$

空气管采用焊接钢管，风管接入曝气池时，管顶应高出水面至少0.5m，以免回水，选择一条从鼓风机开始的最远最长的管路进行计算，计算保证最末端曝气器出气所需要的管道压力损失。在此，总压力损失包括空气管道的局部损失、沿程损失、曝气器压力损失之和。经计算，总压头损失为8.9kPa。为安全计算，取9.8kPa。

（9）鼓风机选定。空气扩散装置安装在距曝气池池底0.2m处。

鼓风机风压：

$$p = (h_1 + \sum h) \times 9.8$$

式中，h_1为曝气头安置深度，为4.2-0.2＝4m；$\sum h$为空气管道总压力损失，为9.8kPa，即为1.0m。$p=49$kPa。

鼓风机供气量为14550.6m³/h，可以选择4用1备。

B 设计例题2

某拟建污水处理厂设计规模为1.2×10⁵m³/d，当地大气压是一个标准大气压，设计进出水水质如表4-31所示。

表4-31 拟建污水厂的设计进出水水质

项目	单位	进水水质	出水水质
BOD$_5$	mg/L	250	20
SS	mg/L	300	20
TN	mg/L	50	20
TKN	mg/L	45	—
NH$_4$-N	mg/L	—	8
TP	mg/L	250	—
pH		7	6~9
水温	℃	15~25	—

不设初沉池，采用 A^2O 工艺，计算方法如下。

（1）好氧区的计算。计算低水温条件下硝化菌的最大比增长速率 μ，硝化作用中氮的半速率常数 K_n 的典型值是 1.0mg/L：

$$\mu = 0.47 \frac{N_a}{K_n + N_a} e^{0.098(T-15)} = 0.47 \times \frac{8}{1.0 + 8} e^{0.098(15-15)} = 0.418 d^{-1}$$

安全系数 F 取 3.0，则：

$$\theta_{c0} = F \frac{1}{\mu} = 3 \times \frac{1}{0.418} = 7.18 d$$

Y_t 取 1.0kgMLSS/kgBOD$_5$，X 取 4.5gMLSS/L，好氧区容积：

$$V_0 = \frac{Q(S_o - S_e)\theta_{c0}Y_t}{1000X} = \frac{1.2 \times 10^5 \times (250 - 20) \times 7.18 \times 1.0}{1000 \times 4.5} = 44037 m^3$$

好氧区水力停留时间：

$$t_m = \frac{V}{Q} = \frac{44037}{1.2 \times 10^5} = 0.37 d = 8.88 h$$

污泥负荷，由 $V = \frac{Q(S_o - S_e)}{1000XL_s} m^3$ 得：

$$L_s = \frac{120000 \times (250 - 20)}{1000 \times 44037 \times 4.5} = 0.14 kgBOD_5/(kgMLSS \cdot d)$$

（2）剩余污泥量计算。计算设计低水温下的衰减系数 K_d，取 $K_{d(20)} = 0.06$，θ_T 取 1.06：

$$K_{d(T)} = K_{d(20)}\theta_T^{(T-20)} \Rightarrow K_{d(15)} = 0.06 \times 1.06^{(15-20)} = 0.045 d^{-1}$$

计算剩余污泥量，取污泥产率系数 $Y = 0.3 kgVSS/kgBOD_5$，取 SS 的污泥转换率 $f = 0.5 gMLVSS/gSSS$，设 $y = MLVSS/MLSS = 0.7$，$X_V = 0.7X = 0.7 \times 4.5 = 3.15$。

$$\Delta X = YQ(S_o - S_e) - K_dVX_V + fQ(SS_o - SS_e)$$
$$= \frac{0.3 \times 120000 \times (250 - 20)}{1000} - 0.047 \times 44037 \times 3.15 + 0.5 \times \frac{120000 \times (300 - 20)}{1000}$$
$$= 18560 kgSS/d$$

（3）缺氧区容积计算，取 20℃时反硝化脱氮速率为 0.06（kgNO$_3^-$-N）/（kgMLSS·d）

$$\Delta X_V = yY_t \frac{Q(S_o - S_e)}{1000} = 0.7 \times 1 \times \frac{120000(250 - 20)}{1000} = 19320 kgMLVSS/d$$

$$K_{de(T)} = K_{de(20)}1.08^{(T-20)} \Rightarrow K_{de(15)} = K_{de(20)}1.08^{(15-20)} = 0.06 \times 1.08^{-5} = 0.041$$

$$V_n = \frac{0.001Q(N_k - N_{te}) - 0.12\Delta X_V}{K_{de}X} = \frac{0.001 \times 120000 \times (45 - 20) - 0.12 \times 19320}{0.041 \times 4.5} = 3694 m^3$$

缺氧区水力停留时间：

$$t_m = \frac{V}{Q} = \frac{3694}{1.2 \times 10^5} = 0.031 d = 0.74 h$$

缺氧区的泥龄 $= \frac{V_nX}{\Delta X} = \frac{3694 \times 4.5}{18560} = 0.9 d$。

（4）厌氧区，取厌氧区水力停留时间 $t_p = 2d$。

厌氧区容积：

$$V_P = \frac{t_P Q}{24} = \frac{2 \times 120000}{24} = 10000 \text{m}^3$$

厌氧区泥龄 $= \frac{V_P X}{\Delta X} = \frac{10000 \times 4.5}{18560} = 2.4\text{d}$。

（5）生物反应池参数。总污泥龄为 7.18+0.9+2.4 = 10.48；

总容积为 44037+3694+10000 = 57731m³；

总水力停留时间为 8.88+0.74+2 = 11.62h。

（6）需氧量、供气量、鼓风机选择计算略。

4.2.2　生物膜法

生物膜法适用于中小规模污水处理。生物膜法处理污水可单独应用，也可与其他污水处理工艺组合应用。污水进行生物膜法处理前，宜经沉淀处理。当进水水质或水量波动大时，应设调节池。目前应用最广泛的是生物接触氧化法和曝气生物滤池法，生物接触氧化法是生物膜法的一种，兼具活性污泥和生物膜两者的优点，相比于传统的活性污泥法及生物滤池法，它具有比表面积大、污泥浓度高、污泥泥龄长、氧利用率高、节省动力消耗、污泥产量少、运行费用低、设备易操作、易维修等工艺优点，在国内外得到广泛的研究与应用。曝气生物滤池法反应时间短，不仅可用于二级碳污染的去除，而且可用于三级处理（比如与臭氧氧化相结合等），处理效果较好。生物膜法常见的类型及优缺点对比见表4-32。

表4-32　生物膜法常见的类型及优缺点对比

构筑物	优　点	缺　点	适用条件
普通生物滤池	净化效果好、BOD₅去除率95%以上，基建投资省、运行费用低，运行稳定	占地面积大、卫生条件差、滤料易堵塞	适用于小规模污水处理，日处理量不大于1000m³，并需要根据污水水质条件，在滤池前设置沉砂池、沉淀池、厌氧水解池等预处理设施
高负荷生物滤池	有机负荷大、池体较小、占地面积少，水力负荷加大，防止滤料堵塞	BOD₅去除率较低、出水水质不如普通生物滤池，脱氮效率低	适宜于处理浓度和流量变化较大的废水，进水BOD₅不大于200mg/L，否则需要处理后水回流稀释
塔式生物滤池	占地面积小，对有机负荷和有毒物质的冲击适应性较强，对水质、水量突变的适应性强，产生污泥量少，具有一定消化脱氮能力	有机物处理不完全，BOD₅去除率较低，一次性投资大，塔身高，运行管理不方便，运转费用高	用作高浓度有机废水的预处理设施，常在石油化工、焦化、化纤、造纸、针织和冶金等行业的污水处理中应用。对含氰、腈、酚和醛的废水有一定净化功能。进水BOD₅不大于500mg/L，否则应采用回流稀释措施
生物接触氧化池	兼有活性污泥和生物膜法的特点，容积负荷高、占地小、不需要回流、不产生污泥膨胀，气耗电耗低	如果设计或运行不当，容易引起填料堵塞	广泛应用于各行各业的污水处理系统。进入接触氧化池的废水BOD₅浓度控制在100～300mg/L范围内，当大于300mg/L时，可考虑采用回流稀释措施

续表4-32

构筑物	优 点	缺 点	适用条件
生物转盘	处理效果好,维护管理简单,动能消耗低,卫生条件好,承受冲击负荷能力强,工作较稳定,污泥产量少,且沉淀性能好,易于分离脱水	容易受低温影响,在北方地区,生物转盘必须加罩或建在室内,增加投资;对于含易挥发有毒物质的工业废水,会散发有毒气体	用作印染废水、味精废水及矿井水等工业废水的处理,对于进水 BOD_5 达 10000mg/L 以上的超高浓度有机废水和 100mg/L 以下的超低浓度污水处理效果较好
移动床生物膜反应器 MBBR	单位体积效率高,工艺稳定性好,反应器体积小,不会堵塞,无需污泥回流和对填料反冲洗,减小水头和运行复杂性,运行灵活,使用寿命长	填料容易流失,能耗较高,布气管布置要求高,对 SS 没有去除效果,需要依靠后端的沉淀或者过滤工艺来去除 SS	适用性强,应用范围广,既可用于有机物去除,也可用于脱氮除磷。适合升级改造工程中既有池子的改造;适用于化工、屠宰、食品加工、制药、发酵、纺织印染等高浓度有机废水和城市生活污水处理
曝气生物滤池	污染物容积负荷较高,占地面积小,可单独使用或多级组合使用,有较强的抗冲击负荷能力,处理效果稳定,滤料层内氧转移效率高,气味小,可实现全自动化控制,可不设二沉池	水头损失大、水的总提升高度大,污水需要进行较高程度预处理,使水中悬浮物浓度低于 100mg/L 后使用,设计不当滤料会流失	适用于各种规模的污水及再生水处理厂

4.2.2.1 生物接触氧化

A 设计要点

(1)生物接触氧化池应根据进水水质和处理程度确定采用一段式或二段式。

(2)生物接触氧化池平面形状宜为矩形,池内填料高度为 3.0~3.5m,底部布气层高 0.6~0.7m,顶部稳定水层高 0.5~0.6m,总高度宜为 4.5~5.0m。生物接触氧化池不宜少于两个,每池可分为两室,进水 BOD_5 浓度应控制在 150~300mg/L。

(3)生物接触氧化池中的填料可采用全池布置(底部进水,进气)、两侧布置(中心进气,底部进水)或单侧布置(侧部进气、上部进水),填料应分层安装。当采用蜂窝形填料时,蜂窝孔径宜为 $\phi(25~30)$ mm。

(4)宜根据生物接触氧化池填料的布置形式布置曝气装置。底部全池曝气时,气水比宜为 8:1。污水在氧化池内有效接触时间不少于 2.0h。接触氧化池中溶解氧含量一般维持在 2.5~3.5mg/L,曝气强度一般满足 $10~20m^3/(m^2 \cdot h)$。

(5)生物接触氧化池进水应防止短流,出水宜采用堰式出水。生物接触氧化池底部应设置排泥和放空设施。

(6)生物接触氧化池的五日生化需氧量容积负荷宜根据试验资料确定,无资料时,碳氧化宜为 2.0~5.0 $kgBOD_5/(m^3 \cdot d)$,碳氧化/硝化宜为 0.2~2.0 $kgBOD_5/(m^3 \cdot d)$。

生物接触氧化池的基本构造示意图如图 4-16 所示,实景图如图 4-17 所示。

B 计算公式

生物接触氧化池的设计计算公式见表 4-33。

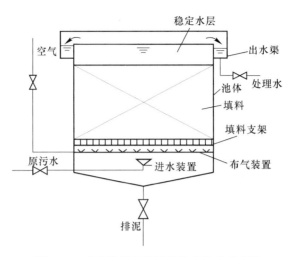

图 4-16　生物接触氧化池的基本构造示意图

图 4-17　生物接触氧化池实景图

表 4-33　生物接触氧化池计算公式

名　称	公　式	符号说明
有效容积（填料容积）/m³	$V = \dfrac{Q(L_a - L_t)}{M}$	Q——平均日污水量，m³/d； L_a——进水 BOD₅ 浓度，mg/L；
氧化池面积/m²	$F = \dfrac{V}{H}$	L_t——出水 BOD₅ 浓度，mg/L；
接触氧化池座（格）数	$n = \dfrac{F}{f}$	M——填料容积负荷，gBOD₅/（m³·d）； n——氧化池个数，$n \geqslant 2$ 个； f——每格氧化池面积，m²，$f \leqslant 25$m²；
有效接触时间/h	$t = \dfrac{nfH}{Q}$	H——填料层总高度，m，一般取 2.5～3.5m； h_1——超高，m，一般取 0.5～0.6m；
氧化池总高度/m	$H_0 = H + h_1 + h_2 +$ $(m-1)h_3 + h_4$	h_2——填料上水深，m，一般取 0.4～0.5m； h_3——填料层间隙高，m，一般取 0.2～0.3m； m——填料层数；
处理 1m³ 污水空气量为 8，则总空气量/m³·d⁻¹	$D = 8Q$	h_4——配水区高度，m，不进入检修取 0.5m，进入检修取 1.5m

4.2.2.2 生物滤池

生物滤池分为普通生物滤池、高负荷生物滤池、塔式生物滤池和曝气生物滤池。前三者一般采取自然通风。曝气生物滤池借鉴给水处理中过滤和反冲洗技术，采用浸没式接触氧化与过滤相结合的生物处理工艺，在有氧条件下完成污水中有机物氧化、过滤过程。

A 普通生物滤池

设计要点：普通生物滤池水力负荷 $1\sim3m^3$ 废水/(m^2 滤池·d)，BOD_5 负荷 $0.15\sim0.30kg\ BOD_5$ 废水/(m^3 滤池·d)；普通生物滤池池体多采用方形、矩形或圆形，池壁一般应高出滤料表面 $0.5\sim0.9m$，池底一般具有 $0.01\sim0.02$ 坡度，池底底部四周设有通风孔，总面积不小于滤池表面积的 1%；滤料厚度为 $1.3\sim1.8m$，承托层厚 $0.2m$；生物滤池多采用固定喷嘴式的间歇喷洒布水系统；生物滤池的排水系统设在池子底部，排水系统主要包含渗水装置、汇水沟、总排水沟及供通风用的底部空间。当处理生活污水或以生活污水为主的城市污水时，普通生物滤池 BOD_5 容积负荷如表 4-34 所示。普通生物滤池构造图如图 4-18 所示。

表 4-34 普通生物滤池容积负荷参数表

年平均气温/℃	BOD_5 容积负荷/$kgBOD_5\cdot(m^3\ 滤料\cdot d)^{-1}$
3~6	0.10
6.1~10	0.17
>10	0.20

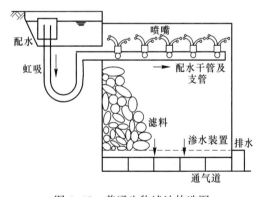

图 4-18 普通生物滤池构造图

B 高负荷生物滤池

a 设计要点

高负荷生物滤池多为圆形，多采用旋转布水器布水；生物滤池个数不应少于 2 个；处理城市污水，在正常温度条件下，表面水力负荷一般介于 $10\sim36m^3$ 废水/(m^2 滤池·d)；BOD_5 容积负荷宜小于 $1.8kgBOD_5$/(m^3 滤料·d)；BOD_5 表面负荷一般介于 $1.1\sim2.0kgBOD_5$/(m^2 滤池·d)；滤料层高度一般 $2\sim4m$，自然通风时，滤料层不大于 $2m$，其中工作层厚度 $1.8m$，承托层厚 $0.2m$；当滤料层厚度超过 $2.0m$ 时，一般采用人工通风措施。高负荷生物滤池示意图如图 4-19 所示。

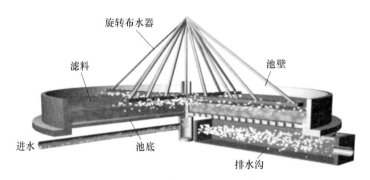

图 4-19 高负荷生物滤池示意图

b 计算公式

高负荷生物滤池的设计计算公式见表 4-35。

表 4-35 高负荷生物滤池计算公式

名　称	公　式	符号说明
经处理水稀释后，进入滤池污水的 BOD_5 值/mg·L^{-1}	$S_a = \alpha S_e$	α——系数，根据表 4-36 选择； S_e——滤池处理后出水的 BOD_5 浓度值，mg/L； S_0——原污水的 BOD_5 浓度值，mg/L； Q_R——回流水量，m^3/d； Q——污水流量，m^3/d； L_V——BOD_5 容积负荷，kgBOD_5/（m^3 滤料·d），可参考表 4-37； L_A——BOD_5 表面负荷，kgBOD_5/（m^2 滤料·d）； L_q——滤池表面水力负荷，m^3/（m^2 滤料·d）； h_1——滤池超高，m，一般取 0.8m； h_2——滤料层高，m； h_3——底部构造层高，m，一般取 1.5m； ΔT——滤池内外温度差，℃； a——碳的氧当量，当含碳物质以 BOD5 计时，取 1.47； c——常数，细菌细胞的氧当量，取 1.42； ΔX_V——排出生物反应池系统的微生物量，kg/d
回流稀释倍数	$n = \dfrac{S_0 - S_a}{S_a - S_e}$	
回流比	$R = \dfrac{Q_R}{Q}$	
喷洒在滤池表面上的总水量/m^3·d^{-1}	$Q_T = Q + Q_R$	
循环比	$r = \dfrac{Q_T}{Q} = 1 + R$	
按 BOD_5 容积负荷计算滤池体积/m^3	$V = \dfrac{Q(n+1)S_a}{1000L_v}$	
滤池面积/m^2	$F = \dfrac{V}{h_2}$ 或 $F = \dfrac{Q(n+1)}{L_q}$ 或 $F = \dfrac{Q(n+1)S_a}{1000 \times L_A}$	
滤池总高度/m	$H = h_1 + h_2 + h_3$	
生物滤池需氧量/kgO_2·d^{-1}	$O_2 = 0.001aQ(S_0 - S_e) - c\Delta X_V$	
空气流速/m·min^{-1}	$v = 0.075\Delta T - 0.15$	

表 4-36 系数 α 的取值

污水冬季平均温度/℃	年平均气温/℃	不同滤料层高度（m）的 α 值				
		2	2.5	3	3.5	4
8~10	<3	2.5	3.3	4.4	5.7	7.5
10~14	3~6	3.3	4.4	5.7	7.5	9.6
>14	>6	4.4	5.7	7.5	9.6	12

表 4-37　高负荷生物滤池（人工塑料滤料）的容积负荷 L_v

出水 BOD5 浓度 /mg·L^{-1}	污水在冬季不同平均水温下的 BOD5 容积负荷/kgBOD5·m^{-3}·d^{-1}					
	10~12℃	13~15℃	16~20℃	10~12℃	13~15℃	16~20℃
	滤层高 3m			滤层高 4m		
15	1.15	1.30	1.55	1.50	1.75	2.10
20	1.35	1.55	1.85	1.80	2.10	2.50
25	1.65	1.85	2.20	2.10	2.45	2.90
30	1.85	2.10	2.50	2.45	2.85	3.40
40	2.15	2.50	3.00	2.90	3.20	4.00

C　塔式生物滤池

a　设计要点

塔式生物滤池从平面上看为圆形，构造上是由塔身、滤料、布水系统、通风和排水装置组成；水力负荷和有机物容积负荷应由试验或参照相似污水的资料确定，无试验条件或资料的，水力负荷宜为 80~200m³/（m² 滤池·d），BOD5 容积负荷为 1.0~3.0kgBOD5/（m³ 滤料·d）；滤料层总厚度一般为 8~12m，塔径为 1~3.5m，滤池径高比宜为 1:8~1:6；一般采用自然通风方式，塔底有高度为 0.4~0.6m 的空间，周围应留有通风孔，其有效面积不得小于滤池面积的 7.5%~10%；滤料分层设置，每层滤料层厚不宜大于 2m，塔顶高出最上层滤料表面 0.5m 以上。

b　计算公式

塔式生物滤池的设计计算方法见表 4-38。

表 4-38　塔式生物滤池计算公式

名　称	公　式	符号说明
滤料总体积/m³	$V = \dfrac{QS_0}{1000 \times L_v}$	Q——污水流量，m³/d； S_0——进水 BOD5 浓度，mg/L；
滤池面积/m²	$F = \dfrac{V}{h}$	L_v——BOD5 容积负荷，kgBOD5/（m³ 滤料·d）； h——滤料总高度，m；
滤池总高/m	$H = h + h_1 + h_2 + h_3$	h_1——滤池超高，m，一般取 0.8m； h_2——滤层间距总高，m，一般每层取 0.4~0.5m；
水力负荷/m³·m^{-2}·d^{-1}	$L_q = \dfrac{Q}{F}$	h_3——底部构造层高，m，一般取 1.85m

D　曝气生物滤池

a　设计要点

曝气生物滤池的池型可采用上向流或下向流进水方式。上向流和下向流滤池的池型结构基本相同，其中因为上向流滤池具有不宜堵塞、冲洗方便、出水水质好的优点，所以工程中采用上向流曝气生物滤池较多。曝气生物滤池示意图如图 4-20 所示。

曝气生物滤池前应设沉砂池、初次沉淀池或混凝沉淀池、除油池等预处理设施，也可

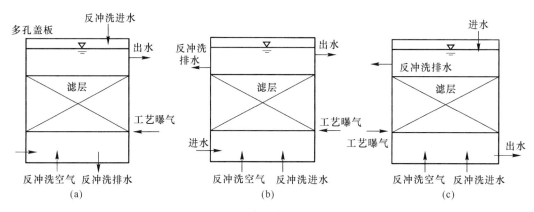

图 4-20　曝气生物滤池示意图

(a) 滤料相对密度小于 1 的上向流；(b) 滤料相对密度大于 1 的上向流；(c) 下向流曝气生物滤池

设置水解调节池，进水悬浮固体浓度不宜大于 60mg/L。曝气生物滤池后可不设二次沉淀池。在构造上曝气生物滤池与给水工艺的快滤池类似，底部设承托层，上部滤料层，在承托层中设置曝气和反冲洗用的空气管和空气扩散装置及处理水集水管（集水管同时兼用于反冲洗配水管）。

曝气生物滤池的池体高度由配水区、承托层、滤料层、清水区和超高组成，宜为 5 ~ 7m，其中滤料层一般高 2.0 ~ 4.5m。滤池分格数应不小于 2 个，单格滤池面积宜为 50 ~ 80m²，不宜大于 100m²。

碳氧化或硝化滤池的滤料粒径宜为 3 ~ 5mm；前置反硝化滤池的滤料粒径宜为 4 ~ 6mm。滤板常用规格为 980mm×970mm（块），滤头布置常用数量为 36 个/块或 49 个/块。

曝气生物滤池宜采用滤头布水布气系统、穿孔板布水布气系统、大阻力布水布气系统，其中城市污水处理宜采用滤头布水布气系统。曝气生物滤池宜分别设置反冲洗供气和曝气充氧系统。过滤速率为 2 ~ 8m/h，曝气速率为 4 ~ 15m/h。曝气装置可采用单孔膜空气扩散器或穿孔管曝气器。曝气器可设在承托层或滤料层中。曝气生物滤池的反冲洗宜采用气水联合反冲洗，通过长柄滤头实现。反冲洗空气强度宜为 10 ~ 15L/(m² · s)，反冲洗水强度不应超过 8L/(m² · s)。

在碳氧化阶段，曝气生物滤池的污泥产率系数可为 0.75 kgVSS/kgBOD₅；对于城市生活污水，单级碳氧化的气水比为 2.5 ~ 3.5；单级硝化气水比为 2.0 ~ 3.0；单级碳氧化/硝化（加前置反硝化）气水比为 3.0 ~ 3.5；曝气生物滤池出水溶解氧宜为 2 ~ 4mg/L，碳氧化滤池易控制在 2 ~ 3mg/L，硝化滤池易控制在 3 ~ 4mg/L。各种类型曝气生物滤池的设计参数见表 4-39。

表 4-39　各种类型曝气生物滤池的设计参数

类型	功能	参　数	取值
碳氧化曝气生物滤池（C 池）	降解污水中的含碳有机物	滤池表面负荷（滤速）/m³ · m⁻² · h⁻¹	3.0 ~ 6.0
		BOD 负荷/kgBOD · m⁻³ · d⁻¹	2.5 ~ 6.0
		空床水力停留时间/min	40 ~ 60

类型	功能	参 数	取值
碳氧化/部分硝化曝气生物滤池（C/N池）	降解污水中含碳有机物并对氨氮进行部分硝化	滤池表面负荷（滤速）/$m^3 \cdot m^{-2} \cdot h^{-1}$	2.5~4.0
		BOD负荷/$kgBOD \cdot m^{-3} \cdot d^{-1}$	1.2~2.0
		硝化负荷/$kgNH_3-N \cdot m^{-3} \cdot d^{-1}$	0.4~0.6
		空床水力停留时间/min	70~80
硝化曝气生物滤池（N池）	对污水中的氨氮进行硝化	滤池表面负荷（滤速）/$m^3 \cdot m^{-2} \cdot h^{-1}$	3.0~12.0
		硝化负荷/$kgNH_3-N \cdot m^{-3} \cdot d^{-1}$	0.6~1.0
		空床水力停留时间/min	30~45
前置反硝化生物滤池（pre-DN池）	利用污水中的碳源对硝化氮进行反硝化	滤池表面负荷（滤速）/$m^3 \cdot m^{-2} \cdot h^{-1}$	8.0~10.0（含回流）
		反硝化负荷/$kgNO_3-N \cdot m^{-3} \cdot d^{-1}$	0.8~1.2
		空床水力停留时间/min	20~30
		回流比	根据反硝化率计算
后置反硝化生物滤池（post-DN池）	利用外加碳源对硝化氮进行反硝化	滤池表面负荷（滤速）/$m^3 \cdot m^{-2} \cdot h^{-1}$	8.0~12.0
		反硝化负荷/$kgNO_3-N \cdot m^{-3} \cdot d^{-1}$	1.5~3.0
		空床水力停留时间/min	15~25

b 计算公式

曝气生物滤池的设计计算方法见表 4-40。

表 4-40 曝气生物滤池计算公式

名 称	公 式	符号说明
滤池总高度/m	$H = H_0 + h_0 + h_1 + h_2 + h_3 + h_4$	H_0——滤料填装高度，m，陶粒或火山岩滤料宜取 2.5~4.5m，轻质滤料宜取 2.0~4.0m；h_0——缓冲配水区高度，m，宜取 1.35~1.5m；h_1——滤板厚度，m，宜取 0.15~0.2m；h_2——承托层厚度，m，宜取 0.25~0.3m；h_3——清水区高度，m，陶粒或火山岩滤料宜取 1.0~1.5m，轻质滤料宜取 0.6~1.0m；h_4——超高，m，一般取 0.45~0.50m；q_w——水力负荷，$m^3/(m^2 \cdot h)$；Q——设计流量，m^3/d；L_a——设计进入滤池污染物浓度，mg/L；L_t——设计流出滤池污染物浓度，mg/L；
水力停留时间（按空床计，一般为 20~80min）/h	$t = \dfrac{H_0}{q_w}$	
所需滤料总体积/m^3	$V = \dfrac{Q(L_a - L_t)}{1000q_x}$	
所需滤池总面积/m^2	$A = \dfrac{V}{H_0}$	
单格面积/m^2	$f = \dfrac{A}{n}$	
理论需氧量　碳氧化曝气生物滤池	$R_T = R_0$	
硝化曝气生物滤池	$R_T = R_N$	
同步碳氧化/硝化生物滤池	$R_T = R_0 + R_N$	
前置反硝化、后置曝气生物滤池	$R_T = R_0 + R_N - R_{DN}$	

续表 4-40

名　称	公　式	符号说明
每日去除 BOD$_5$ 需氧量 /kgO$_2$·d^{-1}	$R_0 = \dfrac{Q \times \Delta C_{BOD_5} \times \Delta R_0}{1000}$	q_x——设计污染物容积负荷，kgX/ (m^2·d)； n——同功能滤池格数，个； R_T——总需氧量，kgO$_2$/d；
去除单位质量 BOD$_5$ 需氧量 /kgO$_2$·(kg BOD$_5$)$^{-1}$	$\Delta R_0 = \dfrac{0.82 \Delta C_{BOD_5}}{T_{BOD_5}} + \dfrac{0.28 SS_i}{T_{BOD_5}}$	ΔC_{BOD_5}——进、出滤池的 BOD$_5$ 浓度差，mg/L； SS_i——滤池进水悬浮物浓度值，mg/L；
每日氨氮硝化需氧量/kgO$_2$·d^{-1}	$R_N = \dfrac{4.57 Q \Delta C_{TKN}}{1000}$	T_{BOD_5}——滤池进水 BOD$_5$ 浓度，mg/L；
反硝化回收的氧量/kgO$_2$·d^{-1}	$R_{DN} = \dfrac{2.86 Q \Delta C_{TN}}{1000}$	ΔC_{TKN}——进、出硝化滤池凯氏氮浓度差值，mg/L； ΔC_{TN}——反硝化滤池进、出水总氮浓度差值，mg/L；
标准状况下总需氧量/kgO$_2$·d^{-1}	$R_S = \dfrac{R_T C_{sm(20)}}{\alpha \times 1.024^{T-20} (\beta \rho C_{S(T)} - C_1)}$	E_A——滤池系统氧利用率%，专用的单孔膜空气扩散器取 30%~33%，穿孔管空气扩散器取 25%~28%；
标准状况下总供气量/kgO$_2$·d^{-1}	$G_S = \dfrac{R_S}{0.28 E_A}$	α——氧转移系数，生活污水取 0.8； T——设计水温，℃；
20℃时混合液溶解氧饱和浓度平均值/mg·L^{-1}	$C_{sm(20)} = C_{S(20)} \times \left(\dfrac{Q_t}{42} + \dfrac{p_b}{2.026 \times 10^5} \right)$	β——饱和溶解氧修正系数，生活污水取 0.9~0.95；
T℃时混合液溶解氧饱和浓度平均值/mg·L^{-1}	$C_{sm(T)} = C_{S(T)} \times \left(\dfrac{Q_t}{42} + \dfrac{p_b}{2.026 \times 10^5} \right)$	ρ——修正系数，生活污水取 1.0； C_1——滤池出水溶解氧浓度，mg/L；
滤池逸出气体含氧百分率/%	$Q_t = \dfrac{21 \times (1 - E_A)}{79 + 21 \times (1 - E_A)}$	$C_{S(20)}$，$C_{S(T)}$——20℃、设计水温 T℃ 时清水中饱和溶解氧浓度，mg/L；
空气扩散器处的绝对压力/Pa	$p_b = p + 9800 H'$	p——滤池水面处大气压，Pa； H'——空气扩散器在水面下深度，m；
滤池冲洗需要的气量/m^3	$Q_气 = q_气 \times A$	$q_气$——空气冲洗强度，m/h；
滤池冲洗需水量/m^3	$Q_水 = q_水 \times A$	$q_水$——水冲洗强度，m/h

4.2.2.3 生物转盘

A 设计要点

（1）生物转盘一般按日平均污水量计算，季节性水量变化的污水按污水量最大季节的日平均污水量计算。

（2）盘片直径 2~3m，盘片间距一般为 10~35mm；转盘的转速一般为 2~4r/min，外缘线速度宜为 12~19m/min。国内常见生物转盘的盘片厚度如表 4-41 所示。

表 4-41　国内常见生物转盘的盘片厚度

材料名称	聚苯乙烯泡沫塑料	硬质聚氯乙烯塑料板	硬质聚氯乙烯泡沫塑料板	酚醛树脂玻璃钢	环氧树脂玻璃钢	薄钢板	铝板	木	竹	点波聚氯乙烯
厚度/mm	10~15	3~5	10	4	1.2	0.9	1.5	3	3.5	2

（3）盘体接触反应槽断面形状呈半圆形，槽内的浸没深度不应小于盘体直径的 35%，转轴中心应高出水位 150mm 以上，盘体外缘与槽壁的净距不宜小于 150mm，首级转盘宜为 25~35mm，末级转盘宜为 10~20mm，对于繁殖藻类的转盘，一般盘片间距以 65mm 为宜。

（4）城市污水生物转盘的设计负荷应根据试验确定，无试验条件时，BOD_5 面积负荷一般宜为 0.005~0.02kg BOD_5/（m^2 盘片·d），首级转盘不宜超过 0.03~0.04kg BOD_5/（m^2 盘片·d）。一般表面水力负荷宜为 0.04~0.2m^3 废水/（m^2 盘片·d）。

（5）转盘速度一般为 2.0~4.0r/min，转盘产泥量一般按 0.3~0.5kgDS/kg BOD_5 计；转盘级数一般不小于三级。

B　计算公式

生物转盘的设计计算方法见表 4-42。

表 4-42　生物转盘计算公式

名　称	公　式	符号说明
转盘盘片总面积/m^2	$F = \dfrac{Q(L_a - L_t)}{L_A}$ 或 $F = \dfrac{Q}{L_q}$	Q——平均日污水量，m^3/d； L_a——进水 BOD_5 浓度值，mg/L； L_t——出水 BOD_5 浓度值，mg/L；
转盘总片数	$m = \dfrac{4F}{2\pi D^2} = 0.637 \times \dfrac{F}{D^2}$	L_A——BOD_5 面积负荷，gBOD_5/（m^2 盘片·d）； L_q——水力负荷，m^3 废水/（m^2 盘片·d）；
转动轴有效长度/m	$L = m_1(d + b)K$	D——转盘直径，m； m_1——每级转盘盘片数；
接触反应槽总有效容积/m^3	$V = (0.294 \sim 0.335)(D + 2C)^2 L$	d——盘片间距，m； b——盘片厚度，m；
接触反应槽净有效容积/m^3	$V' = (0.294 \sim 0.335)(D + 2C)^2(L - m_1 b)$	K——污水流动的循环沟道系数，取 1.2；
反应槽有效宽度/m	$B = D + 2C$	C——盘片外缘与接触反应槽内壁之间的净距，m； （0.294~0.335）——当 $r/D = 0.1$ 时，
转盘转速/$r \cdot min^{-1}$	$n_0 = \dfrac{6.37}{D} \times \left(0.9 - \dfrac{V'}{Q'}\right)$	取 0.294，当 $r/D = 0.06$ 时，取 0.335，r 为转轴中心距水面的高度，一般为 150~300mm；
电动机功率/kW	$N_P = \dfrac{3.85R^4 n_0^2}{10^{12}d} m_1 \alpha\beta$	Q'——每个接触反应槽污水流量，m^3/d； R——转盘半径，m；
单个接触反应槽的水力停留时间/h	$t = \dfrac{V'}{Q'} \times 24$	α——同一电机上带动的转轴数； β——生物膜厚度系数，膜厚 0~1mm，取 2；膜厚 1~2mm，取 3；膜厚
容积面积比（对城市污水，G 为 5~9L/m^2）/L·m^{-2}	$G = \dfrac{V'}{F} \times 10^3$	2~3mm，取 4

4.2.2.4　设计例题

A　设计例题1

已知某居民区平均日污水产量为2000m³/d，污水 BOD_5 浓度为200mg/L，采用生物接触氧化池处理，出水 BOD_5 浓度为20mg/L，设计生物接触氧化池。

解：（1）确定设计参数。

平均时污水量：

$$Q = 2000 \text{m}^3/\text{d} = 83 \text{m}^3/\text{h}$$

进水 BOD_5 浓度 $L_a = 200 \text{mg/L}$；出水 BOD_5 浓度 $L_t = 20 \text{mg/L}$。

BOD_5 去除率：

$$\eta = \frac{L_a - L_t}{L_a} = \frac{200 - 20}{200} \times 100\% = 90\%$$

填料容积负荷：生物接触氧化池的五日生化需氧量容积负荷宜根据试验资料确定，无资料时，碳氧化宜为 2.0~5.0 $\text{kgBOD}_5/(\text{m}^3 \cdot \text{d})$，碳氧化/硝化宜为 0.2~2.0 $\text{kgBOD}_5/(\text{m}^3 \cdot \text{d})$。在此取 $M = 2 \text{kgBOD}_5/(\text{m}^3 \cdot \text{d})$。

有效接触时间：$t = 2 \text{h}$。

1m^3 污水的需气量一般取 15~20m^3；在此取 $D_0 = 15 \text{m}^3$。

（2）生物接触氧化池计算。

有效容积：

$$V = \frac{Q(L_a - L_t)}{M} = \frac{2000 \times (200 - 20)}{2000} = 180 \text{m}^3$$

氧化池总面积：填料层总高度一般取 2.5~3.5m，在此取 $H = 3 \text{m}$。

$$F = \frac{V}{H} = \frac{180}{3} = 60 \text{m}^2$$

每格氧化池面积：采用 4 格氧化池，每个面积为 $60/4 = 15 \text{m}^2 < 25 \text{m}^2$，在此取面积为 16m^2，每格氧化池 $L \times B = 4\text{m} \times 4\text{m}$。

校核有效接触时间：

$$t = \frac{nfH}{Q} = \frac{4 \times 16 \times 3}{83} = 2.3 \text{h}$$

污水在氧化池的有效接触时间为 1.5~3.0h，2.3h 符合要求。

氧化池总高度：其中 h_1 是超高，一般取 0.5~0.6m，在此取 0.5m；h_2 是填料上水深，一般取 0.4~0.5m，在此取 0.5m；h_3 是填料层间隙高，一般取 0.2~0.3m，在此取 0.3m；m 为填料层数，在此取 3 层；h_4 是配水区高度，不进入检修取 0.5m，进入检修取 1.5m，在此取 1.5m。

$$H_0 = H + h_1 + h_2 + (m - 1)h_3 + h_4 = 3 + 0.5 + 0.5 + (3 - 1) \times 0.3 + 1.5 = 6.1 \text{m}$$

污水在池内实际停留时间：

$$t' = \frac{nfH}{Q} = \frac{4 \times 16 \times (6.1 - 0.5)}{83} = 4.3 \text{h}$$

选用 $\phi 25 \text{mm}$ 蜂窝型玻璃钢填料，所需填料总体积：

$$V' = nfH = 4 \times 16 \times 3 = 192 \text{m}^3$$

采用多孔管鼓风曝气供氧，所需气量：

$$D = D_0 Q = 15 \times 2000 = 30000 \mathrm{m^3/d} = 20.8 \mathrm{m^3/min}$$

每格氧化池所需空气量：

$$D_1 = D/n = 20.8/4 = 5.2 \mathrm{m^3/min}$$

空气管路计算略。

B 设计例题 2

已知某城镇人口 80000 人，排水量定额为 100L/人·d，BOD_5 为 20g/人·d，设有一座工厂，污水量为 2000$\mathrm{m^3/d}$，其 BOD_5 浓度为 2200mg/L，拟将混合废水采用回流式生物滤池进行处理，处理后出水的 BOD_5 浓度要求达到 30mg/L。取有机负荷率 $L_v = 1.2$kg $BOD_5/\mathrm{m^3 \cdot d}$。

解：（1）基本设计参数计算。

生活污水和工业废水总水量：

$$q_v = \frac{80000 \times 100}{1000} + 2000 = 10000 \mathrm{m^3/d}$$

生活污水和工业废水混合后的 BOD_5 浓度：

$$\rho_{s0} = \frac{2000 \times 2200 + 80000 \times 20}{10000} = 600 \mathrm{mg/L}$$

应考虑回流，根据该地区年平均气温及冬季平均水温，取系数 $K = 5.7$，则回流稀释后滤池进水 BOD_5 浓度为 30×5.7＝171mg/L，回流比 n 为：

$$n = \frac{S_0 - S_a}{S_a - S_e} = \frac{600 - 171}{171 - 30} = 3$$

（2）生物滤池个数和滤床尺寸。

生物滤池滤料总体积：

取有机负荷率 $L_v = 1.2$kg $BOD_5/\mathrm{m^3 \cdot d}$，则：

$$V = \frac{Q(n+1)S_a}{N_v} = \frac{10000 \times (1+3) \times 171}{1000 \times 1.2} = 5700 \mathrm{m^3}$$

设滤层厚度 $H = 3$m，则 $F = V/H = 5700/3 = 1900 \mathrm{m^2}$。

若采用 6 个滤池，则每个滤池的面积 $F_1 = 1900/6 = 317 \mathrm{m^2}$。

滤池直径为：

$$D = \sqrt{\frac{4F_1}{\pi}} = \sqrt{\frac{4 \times 317}{\pi}} \approx 20 \mathrm{m}$$

（3）校核。

水力负荷 $L_q = \dfrac{Q(n+1)}{F} = \dfrac{10000 \times (3+1)}{1900} = 21$（m/d）<36m/d，介于 10~36 之间，经计算，采用 6 个直径为 20m，高 3m 的高负荷生物滤池。

滤池高度：

$$H = h_1 + h_2 + h_3 = 0.8 + 3 + 1.5 = 5.3 \mathrm{m}$$

C 设计例题 3

已知某住宅区生活污水量是 1000$\mathrm{m^3/d}$，污水 BOD_5 浓度为 250mg/L，平均水温 15℃，采用生物转盘处理，出水 BOD_5 浓度要求不大于 20mg/L。设计生物转盘。

解：（1）确定设计参数。

平均日污水量：

$$Q = 1000 \text{m}^3/\text{d}$$

进水 BOD_5 浓度 $L_a = 350 \text{mg/L}$；出水 BOD_5 浓度 $L_t = 20 \text{mg/L}$。
BOD_5 去除率：

$$\eta = \frac{L_a - L_t}{L_a} = \frac{250 - 20}{250} \times 100\% = 92\%$$

盘面负荷：一般取 $0.005 \sim 0.02 \text{kgBOD}_5/(\text{m}^2 \cdot \text{d})$；在此取 $L_A = 10 \text{gBOD}_5/(\text{m}^2 \cdot \text{d})$；表面水力负荷一般取 $0.04 \sim 0.20 \text{m}^3/(\text{m}^2 \cdot \text{d})$，在此取 $L_q = 120 \text{L}/(\text{m}^2 \cdot \text{d})$。生活污水生物转盘面积负荷与 BOD_5 去除率的关系见表4-43，城市污水水力负荷与 BOD_5 去除率的关系如图4-21所示。

表4-43 生活污水转盘面积负荷与 BOD_5 去除率的关系

面积负荷/$\text{gBOD}_5 \cdot \text{m}^{-2} \cdot \text{d}^{-1}$	6	10	25	30	60
BOD_5 去除率/%	93	92	90	81	60

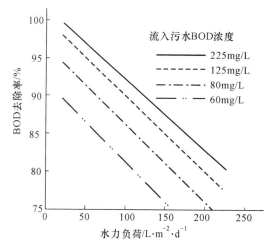

图4-21 城市污水水力负荷与 BOD_5 去除率的关系

（2）转盘计算。
按面积负荷计算：

$$F = \frac{Q(L_a - L_t)}{L_A} = \frac{1000 \times (250 - 20)}{10} = 23000 \text{m}^2$$

按水力负荷计算：

$$F = \frac{Q}{L_q} = \frac{1000}{0.12} = 8333 \text{m}^2$$

采用 23000m^2 作为转盘的设计总面积。
转盘总片数：盘片直径一般为 $2 \sim 3 \text{m}$，在此取 $D = 3 \text{m}$。

$$m = \frac{4F}{2\pi D^2} = 0.637 \times \frac{F}{D^2} = 0.637 \times \frac{23000}{3^2} = 1628 \text{ 片}$$

取 1650 片。

转盘分为 10 组，每组 165 片，每组设一个氧化槽，布置成单轴三级的形式，每级盘片数是 55 片。

氧化槽转动轴有效长度：采用硬聚氯乙烯为盘材，盘片厚度一般为 3~5mm，在此取盘片厚度 $b=5$mm；盘片间距一般为 10~35mm；取盘片间距 $d=20$mm；K 考虑污水流动的循环沟道系数，一般取 1.2。

$$L = m_1(d + b)K = 165 \times (5 + 20) \times 10^{-3} \times 1.2 = 4.95m$$

每个氧化槽总有效容积：盘片外缘与槽的净距一般不小于 150mm，在此取 $C=150$mm。

$$V = (0.294 \sim 0.335)(D + 2C)^2 L$$

$$V = 0.32 \times (D + 2C)^2 L = 0.32 \times (3 + 2 \times 0.15)^2 \times 4.95 = 17.25m^3$$

每个氧化槽净有效容积：

$$V' = (0.294 \sim 0.335)(D + 2C)^2(L - m_1 b)$$

$$V' = 0.32 \times (D + 2C)^2(L - m_1 b)$$

$$= 0.32 \times (3 + 0.15 \times 2)^2 \times (4.95 - 165 \times 0.005) = 14.4m^3$$

氧化槽有效宽度：

$$B = D + 2C = 3 + 2 \times 0.15 = 3.3m$$

转盘转速：

$$n_0 = \frac{6.37}{D} \times \left(0.9 - \frac{V'}{Q'}\right) = \frac{6.37}{3} \times \left(0.9 - \frac{14.4}{\frac{1000}{10}}\right) = 1.6r/min$$

电动机功率。每组转盘由一台电动机带动，转盘半径 $R=150$cm；$\alpha=1$；$\beta=3$：

$$N_P = \frac{3.85R^4 n_0^2}{10^{12} d} m_1 \alpha\beta = \frac{3.85 \times 150^4 \times 1.6^2}{10^{12} \times 20} \times 165 \times 1 \times 3 = 1.23kW$$

污水在氧化槽内停留的时间：

$$t = \frac{V'}{Q'} \times 24 = \frac{14.4}{\frac{1000}{10}} \times 24 = 3.5h$$

校核容积面积比：

$$G = \frac{V'}{F} \times 10^3 = \frac{14.4 \times 10}{23000} \times 10^3 = 6.3L/m^2$$

G 应介于 5~9L/m² 之间，符合要求。

4.2.3　厌氧生物处理

厌氧生物处理是指在厌氧条件下由厌氧或兼氧微生物的共同作用，使有机物分解并产生 CH_4 和 CO_2 的过程。厌氧生物处理主要用于有机污泥和高浓度的有机废水及低浓度的有机废水。与好氧生物处理法相比，厌氧生物处理能耗低，占地少，剩余污泥量低，而且对营养物的需求量少，应用范围广，对水温的适用范围广；缺点是出水 COD 浓度过高，常需要与好氧处理联用处理，又因为厌氧细菌增殖速度慢，所以水力停留时间长。常见的厌氧生物处理设备有厌氧生物滤池、厌氧膨胀床、厌氧流化床、UASB 等。常见处理设备的适用条件如表 4-44 所示。

表 4-44   厌氧生物处理设备适用条件

构筑物	优点	缺点	适用条件
厌氧生物滤池	生物固体浓度高，可以承担较高的有机负荷；生物固体停留时间长，抗冲击负荷能力较强；启动时间短，停止运行后再启动比较容易；不需污泥回流；运行管理方便	在污水悬浮物较多时容易发生堵塞和短路	厌氧生物滤池可采用常温（8～30℃）、中温（30～35℃）、高温（50～55℃）运行，适用于溶解性有机物较高的废水，适用 COD 浓度范围为 1000～20000mg/L
厌氧流化床	有机物容积负荷大，水力停留时间短，具有较好的耐冲击负荷能力，运行稳定，剩余污泥量少，处理效率高，占地小	载体流化耗能较大，系统的设计运行要求较高	可用于高浓度的有机废水处理，也可用于低浓度城市污水处理
升流式厌氧污泥反应器 UASB	污泥浓度高，平均污泥浓度为 20～50gVSS/L；有机负荷高，水力停留时间长，采用中温发酵时，容积负荷一般为 5～15kgCOD/m³·d；无混合搅拌设备；污泥床不填载体，节省造价及避免因填料发生堵塞问题；通常不设沉淀池，可以不设污泥回流设备	进水中悬浮物需要适当控制，不宜过高，一般控制在 1500mg/L 以下；污泥床内有短流现象，影响处理能力；对水质和负荷突然变化较敏感，耐冲击力稍差	适用于高浓度有机废水处理，如食品加工、酿造、医药化工、畜禽养殖、造纸、印染、垃圾渗滤液等诸多行业的废水

4.2.3.1 厌氧生物滤池

A 设计参数

（1）厌氧生物滤池的构造主要包括布水系统、填料区、沼气收集系统、出水管、回流系统。升流式厌氧生物滤池示意图如图 4-22 所示，降流式厌氧生物滤池示意图如图 4-23 所示。

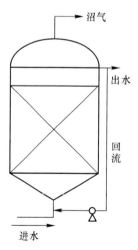

图 4-22   升流式厌氧生物滤池

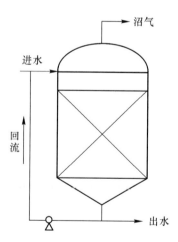

图 4-23   降流式厌氧生物滤池

（2）厌氧生物滤池最常用的填料有块状填料、塑料蜂窝填料、塑料波纹板填料等。其中块状填料主要是粒径 25～40mm，相对密度 2.65 的碎石、卵石或者粒径 25～40mm，相对密度 1.38，比表面积 $40\sim50m^2/m^3$，孔隙率 $0.5\sim0.6$ 的焦炭。塑料蜂窝填料的物理性质主要是直径 10mm，比表面积 $360m^2/m^3$；直径 15mm，比表面积 $240m^2/m^3$；直径 20mm，比表面积 $18m^2/m^3$。塑料波纹板填料的比表面积为 $100\sim200m^2/m^3$，空隙率 $0.8\sim0.9$，中温条件下有机物容积负荷可达 $5\sim15\ kgCOD/(m^3\cdot d)$。

（3）一般情况下，容积负荷与消化温度有关，在 $15\sim25℃$ 时，厌氧生物滤池 COD 容积负荷（以 COD 去除率 $80\%\sim90\%$ 计）为 $1\sim3kgCOD/(m^3\cdot d)$；在 $30\sim35℃$ 时，为 $3\sim6kgCOD/(m^3\cdot d)$；在 $50\sim55℃$ 时，为 $5\sim9kgCOD/(m^3\cdot d)$。

（4）污泥负荷一般为 $0.23\sim3.6kgCOD/(kgVSS\cdot d)$；水力停留时间以 $24\sim48h$ 为宜。

（5）对于块状填料，一般填料层高度不超过 1.2m，对于塑料填料，填料层高度一般为 $2\sim5m$，当采用升流式混合型厌氧反应器时，填料层高度一般为滤池高度的 2/3。相邻进水孔口距离为 $1\sim2m$，污泥排放口间距为 3m。

B　计算公式

厌氧生物滤池的设计计算方法见表 4-45。

表 4-45　厌氧生物滤池设计计算公式

名　称	公　式	符号说明
反应时间	$t=\dfrac{1}{k}\ln\dfrac{S_0}{S_e}$	S_0——原废水总 COD 浓度，mg/L； S_e——处理水总 COD 浓度，mg/L；
滤床有效容积	$V=Qt$	k——反应速度常数，d^{-1}；
滤床有效容积	$V=\dfrac{Q(S_0-S_e)}{L_v}\times10^{-3}$	Q——废水设计流量，m^3/d； L_v——容积负荷，$kgCOD/(m^3\cdot d)$；
回流比	$R=\dfrac{Q_r}{Q}$	Q_r——回流水量，m^3/d

C　例题

某化工废水设计流量 $Q=800m^3/d$，原水总 COD 浓度为 4000mg/L，出水 COD 浓度为 800mg/L，计算厌氧生物滤池容积。

解：采用塑料填料，中温条件下选用容积负荷 $3kgCOD/(m^3\cdot d)$。

$$V=\frac{Q(S_0-S_e)}{L_v}\times10^{-3}=\frac{800\times(4-0.8)}{3}=853m^3$$

水力停留时间：

$$HRT=\frac{V}{Q}=\frac{853}{800}=1.07d=25.68h$$

4.2.3.2　厌氧流化床

A　设计参数

厌氧流化床适用于各种浓度的有机废水，反应器内作为载体填料的固体颗粒主要是石英砂、无烟煤、活性炭、陶粒和沸石等物质，粒径一般为 $0.2\sim1.0mm$，废水从底部进入，为上升流，宜采用出水回流的方法使填料膨胀或流化，其膨胀率宜在 $120\%\sim170\%$ 内，运行的空床流速宜控制在 $0.03\sim0.05$ 倍极限空床流速。厌氧流化床示意图如图 4-24 所示。

厌氧流化床的设计参数有：

（1）在不同温度下有机容积负荷不同，15～25℃下，厌氧流化床 COD 容积负荷为 3～8kgCOD/（m³·d）；30～35℃下为 10～25kgCOD/（m³·d）；50～55℃下为 12～33kgCOD/（m³·d）。

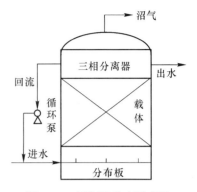

图 4-24 厌氧流化床示意图

（2）水力停留时间一般为 6～16h。

（3）厌氧流化床生物膜厚度一般为 50～200μm，生物膜浓度一般为 20～30gVSS/L，污泥负荷为 0.26～4.3kgCOD/（kgVSS·d），污泥产率一般为 0.12～0.15kgVSS/kgCOD，COD 去除率为 80%～90%。pH 值一般为 6.5～7.8，挥发性脂肪酸（VFA）浓度低于 1000mg/L。

（4）布水装置宜采用一管多孔式布水和多管布水方式。一管多孔式布水孔口流速应大于 2m/s，穿孔管直径应大于 100mm，配水管中心距反应器池底宜保持 150～250mm 的距离；多管布水每个进水口负责的布水面积宜为 2～4m²。

（5）出水收集装置可采用放射性多槽，集水槽可加设三角堰，堰上水头应大于 25mm，水位宜在三角堰齿 1/2 处，出口堰口负荷宜小于 1.7L/（m·s）。

（6）排泥管管径应大于 150mm，底部排泥管可兼做放空管。

B　计算公式

厌氧流化床的设计计算方法见表 4-46。

表 4-46　厌氧流化床的计算公式

名　称	公　式	符号说明
流化床的有效容积/m³	$V = \dfrac{QS_0}{L_v} \times 10^{-3}$	Q——废水设计流量，m³/d； S_0——原废水总 COD 浓度，mg/L； L_v——容积负荷，kgCOD/（m³·d）； φ_s——载体形状修正系数，一般取 0.75； d_p——载体的平均粒径，m； ρ_s——载体颗粒的密度，kg/m³； ρ——废水的密度，kg/m³； μ——水的动力黏滞系数，kg/（m·s）； ε_f——床层开始膨胀时，载体的临界孔隙率； ε——正常情况下，载体的孔隙率； h_1——载体保护高度，一般取 1m； Q_r——回流水流量，m³/d，要求满足（$Q + Q_r$）/$A \geqslant v_f$； S_e——出水 COD 浓度，mg/L； η——沼气产率，m³/kgCOD，一般取 0.45～0.5m³/kgCOD
填料区空床水力停留时间/h	$t = \dfrac{V}{Q} \times 24$	
流化床空床临界流速/m·s⁻¹	$v_f = \dfrac{(\varphi_s d_p)^2}{180}\left(\dfrac{\rho_s - \rho}{\mu}\right)\left(\dfrac{g\varepsilon_f^3}{1 - \varepsilon_f}\right)$	
空床时最大流化速度/m·s⁻¹	$v_t = \varphi_s d_p \left(\dfrac{4(\rho_s - \rho)^2 g^2}{225\rho\mu}\right)^{\frac{1}{3}}$	
流化床载体膨胀率	$N_v = \dfrac{1 - \varepsilon}{1 - \varepsilon_f}$	
反应器截面面积	$A = \dfrac{Qt}{24v_f}$	
反应器滤料流化后高度/m	$h_f = \dfrac{V}{A}$	
反应器高度/m	$H = h_f + h_1$	
回流比	$R = \dfrac{Q_r}{Q}$	
沼气产量/m³·d⁻¹	$Q_a = \dfrac{Q(S_0 - S_e)}{1000}\eta$	

4.2.3.3 升流式厌氧污泥床反应器（UASB）

UASB 反应器是污水自下而上通过，反应器底部有一个高浓度、高活性的污泥床，上部设有三相分离器，用来分离沼气、消化液和污泥颗粒。沼气自反应器顶部导出，污泥颗粒自动沉降到底部污泥床，消化液从澄清区出水。UASB 结构简图如图 4-25 所示。

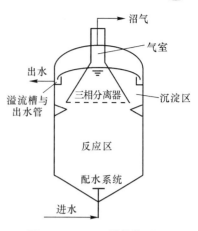

图 4-25　UASB 结构简图

A　设计参数

（1）进水 pH 值为 6~8。常温厌氧温度为 20~25℃，中温厌氧温度为 35~40℃，高温厌氧温度为 50~55℃。进水营养组合比（COD_{Cr}：氨氮：磷）为（100~50）：5：1；BOD_5/COD_{Cr} 宜大于 0.3。进水中悬浮物含量宜小于 1500mg/L，氨氮浓度宜小于 2000mg/L，硫酸盐浓度宜小于 1000mg/L，COD_{Cr} 浓度宜大于 1500mg/L。

（2）组合式反应器中单个反应器的有效容积不超过 400~500m³，独立设置的 UASB 反应器有效容积为 1000~1500m³。反应区高度为 3~6m，表面水力负荷一般为 0.25~1m³/(m²·h)，最好为 0.25~0.5m³/(m²·h)。推荐的表面水力负荷和反应器高度见表 4-47。

表 4-47　推荐的表面水力负荷和反应器高度

废水种类	表面水力负荷/m³·m⁻²·h⁻¹		反应器高度/m	
	范围	典型值	范围	典型值
溶解性 COD 含量接近 100%	1.0~3.0	1.5	6.0~10.0	8.0
部分溶解性 COD	1.0~1.25	1.0	3.0~7.0	6.0
城市污水	0.8~1.0	0.9	3.0~5.0	5.0

（3）UASB 有机容积的负荷在很大范围内变化，如抗生素废水小到 1kgCOD/(m³·d)，酿造废水大至 45kgCOD/(m³·d)，一般取值 5~15kgCOD/(m³·d)，其值主要取决于废水成分、可生化程度、运行条件等。有机容积负荷最好根据试验确定，如果无试验数据，可溶性有机物容积负荷可以根据表 4-48 资料选用。

表 4-48　UASB 容积负荷（温度：30℃）

废水总 COD 浓度 /mg·L⁻¹	悬浮 COD 所占 比例/%	容积负荷 Lv/kgCOD·m⁻³·d⁻¹	
		絮状污泥	颗粒污泥
<2000	10~30	2~4	8~12
	30~60	2~4	8~14
2000~6000	10~30	3~5	12~18
	30~60	4~8	12~24
6000~9000	10~30	4~6	15~20
	30~60	5~7	15~24
9000~18000	10~30	5~8	15~24
	30~60	若 TSS>6g/L，不适用	若 TSS>6g/L，不适用

此外，对于经产酸发酵后的废水，UASB 可在较高的负荷下运行，升流式厌氧污泥床反应器的发明人 Lettinga 教授等人推荐的有机容积负荷见表 4-49。

表 4-49 溶解性 COD 容积负荷（不同温度下平均污泥浓度 25g/L 时，COD 去除率 85%～90%）

温度/℃	容积负荷/kgCOD·m⁻³·d⁻¹			
	VFA 废水		非 VFA 废水	
	范围	典型值	范围	典型值
15	2～4	3	2～3	2
20	4～6	5	2～4	3
25	6～12	6	4～8	4
30	10～18	12	8～12	10
35	15～24	18	12～18	14
40	20～32	25	15～24	18

（4）布水区内每个布水嘴的服务面积宜不超过 $5m^2$。树枝管式配水系统一般采用对称布置，各支管出水口中心距池底约 20cm，位于所服务面积的中心。支管出水口直径采用 15～20mm，每个出水口服务面积一般为 $2～4m^2$；穿孔管式配水系统配水管中心距可采用 1～2m，出水孔中心距也可采用 1～2m，孔径一般为 10～20mm，孔口向下或与垂线呈 45°，每个出水口服务面积一般为 $2～4m^2$，配水管中心距池底一般为 20～25cm，配水管直径最好不小于 100mm，出口流速不小于 2m/s。根据配水系统布置形式计算管径和水头损失，根据水头损失、反应器水面和调节池水面高差计算水泵扬程，选择水泵型号。

（5）分离区内倾斜板和导块上表面与水平方向的夹角宜取 50°～60°，集气室高度一般为沼气压力允许波动值（0.4m）再加上 0.2m（上下保护高度各 0.1m）；反应区的表面负荷不应大于 $1.0m^3/(m^2 \cdot h)$；沉淀室入流面积的表面负荷应不超过 $1.0～1.35m^3/(m^2 \cdot h)$；沉淀室入流缝处表面负荷应不超过 $1.25～1.5m^3/(m^2 \cdot h)$，且入流缝宽度不应小于 0.2m；沉淀室的最大截面的表面负荷应小于等于 $0.7m^3/(m^2 \cdot h)$；三角形集气罩回流缝的总面积不小于反应器面积的 15%～20%，对于高 5～7m 的反应器，气体收集器的高度为 1.5～2m。气室与固液分离的交叉板应重叠 100～200mm，以免气泡进入沉淀区。

B 计算公式

升流式厌氧污泥床反应器的设计计算方法见表 4-50。

表 4-50 升流式厌氧污泥床反应器的设计计算公式

名 称	公 式	符 号 说 明
反应区有效容积/m³	$V = \dfrac{24QS_0}{L_V}$	S_0——进水中的有机物浓度，kgCOD/m³； Q——设计进水量，m³/h；
反应区断面面积/m²	$A_1 = \dfrac{Q}{q_{fl}} = \dfrac{V}{H}$	L_v——反应区的有机物容积负荷，kgCOD/(m³·d)；
反应区高度/m	$H = q_{fl}t$	q_{fl}——反应区允许的水力表面负荷，m³/(m²·h)；

名 称	公 式	符号说明
沉淀区入流断面面积/m²	$A_2 = \dfrac{Q}{q_{f2}}$	q_{f2}——沉淀区入流断面水力表面负荷，m³/(m²·h)； q_{f3}——沉淀区入流缝处水力表面负荷，m³/(m²·h)；
沉淀区入流缝处断面面积/m²	$A_3 = \dfrac{Q}{q_{f3}}$	t——反应区水力停留时间，h； a——上斜板垂直投影与下斜板重叠的长度，m； b——沉淀室入流缝宽度，m； θ_1——下斜板倾角；
三相分离条件	$\dfrac{a}{b} \geq \dfrac{1}{\cos\theta_1} \cdot \dfrac{v_2}{v_1}$	v_2——沉淀室入流缝处水流速度，cm/s； d——气泡直径 cm，可取 0.005~0.01cm； ρ_1——消化液的密度 g/cm³，取 1.01~1.02g/cm³；
气泡上升速度/cm·s⁻¹	$v_1 = \dfrac{g}{18\mu}(\rho_1 - \rho_2)d^2$	ρ_2——沼气泡的密度 g/cm³，取 0.0012g/cm³； μ——消化液的动力黏滞系数，g/(cm·s)，当温度 35℃时取 0.008g/(cm·s)； g——重力加速度，取 981cm/s²

4.2.3.4 设计例题

A 设计例题 1

某高浓度有机废水，设计流量为 3000m³/d，COD 浓度为 3000mg/L，废水平均温度为 30℃，拟采用厌氧流化床中温（35℃）消化处理。试设计厌氧流化床。

解：（1）设计参数选择。载体选用粒径为 0.2~1.0mm 的石英砂，平均粒径为 0.8mm，相对密度 2.65，孔隙率为 0.38~0.43，比表面积为 300m²/m³，膨胀率控制在 150%。

在中温条件下，厌氧流化床的容积负荷为 10~25kgCOD/(m³·d)，在此选用 12kgCOD/(m³·d)。

（2）设计计算。

反应器容积：

$$V = \frac{QS_0}{L_v} \times 10^{-3} = \frac{3000 \times 3}{12} = 750\text{m}^3$$

设计两个反应器，以便灵活调节，每个容积 375m³。

空床流速：石英砂密度为 2650kg/m³，孔隙率计为 $\varepsilon = 0.38$，膨胀率 $N_v = 150\%$。

根据膨胀率公式：

$$N_v = \frac{1-\varepsilon}{1-\varepsilon_f} = \frac{1-0.38}{1-\varepsilon_f} = 150\% ; \quad \varepsilon_f = 0.59$$

消化温度 35℃，动力黏滞系数 $\mu = 0.005$kg/(m·s)，废水密度近似取 1000kg/m³，则临界空床流速：

$$v_f = \frac{(\varphi_s d_p)^2}{180}\left(\frac{\rho_s - \rho}{\mu}\right)\left(\frac{g\varepsilon_f^3}{1-\varepsilon_f}\right) = \frac{(0.75 \times 0.0008)^2}{180} \times \left(\frac{2650 - 1000}{0.005}\right) \times \left(\frac{9.8 \times 0.59^3}{1 - 0.59}\right)$$

$$= 3.24 \times 10^{-3}\text{m/s} = 11.7\text{m/h}$$

极限空床流速：

$$v_t = \varphi_s d_p \left(\frac{4(\rho_s - \rho)^2 g^2}{225 \rho \mu} \right)^{\frac{1}{3}} = 0.75 \times 0.0008 \times \left(\frac{4 \times (2650 - 1000)^2 \times 9.8^2}{225 \times 1000 \times 0.005} \right)^{\frac{1}{3}}$$

$$= 0.0586 \text{m/s} = 211 \text{m/h}$$

水力停留时间 $t = \dfrac{V}{Q} = \dfrac{375}{3000/2} = 0.25 \text{d} = 6 \text{h}$，满足 6~16h 的要求。

每个反应器的截面积：

$$A = \frac{Qt}{24v_f} = \frac{3000/2 \times 6}{24 \times 11.7} = 32 \text{m}^2$$

采用方形反应器：

$$边长\ b = \sqrt{A} = \sqrt{32} = 5.6 \text{m}$$

反应器膨胀区高度：

$$h_f = \frac{V}{A} = \frac{375}{32} = 11.7 \text{m}$$

反应器高度：

$$H = 11.72 + 1 = 12.7$$

反应器的高径比：

$$12.7 : 5.6 = 2.3$$

回流量计算：一个反应器的设计流量为 $3000/2/24 = 62.5 \text{m}^3/\text{h}$。

$$\frac{Q + Q_r}{A} \geqslant v_f \Rightarrow \frac{62.5 + Q_r}{32} \geqslant 11.7，则\ Q_r \geqslant 311.9 \text{m}^3/\text{h}$$

B　设计例题 2

某酵母生产废水 1550m³/d，废水的 COD 为 10000mg/L，pH 为 6~7，水温 25~30℃，COD 去除率达 80%，采用 UASB 法进行设计。

解：在中温条件下，取容积负荷 L_v 为 10kgCOD/(m³·d)。

(1) UASB 设计计算。

UASB 反应器的有效容积：

$$V_0 = \frac{QS_0}{L_v} = \frac{1550 \times 10000}{10 \times 1000} = 1550 \text{m}^3$$

工程设计反应器 4 座，每个反应器的容积为 $V = 1550/4 = 387.5 \text{m}^3$。

反应器横截面积采用矩形，反应器有效高取 6m。

每个反应器的面积为：

$$A_1 = \frac{V}{H} = \frac{387.5}{6} = 64.6 \text{m}^2$$

从布水均匀性和经济性考虑，矩形长宽比近似取 2 : 1，则反应器的长取 10.8m，宽取 6m。

单个反应器的实际截面积为 $10.8 \times 6 = 64.8 \text{m}^2$。

设计反应器的总高为 7.5m，其中超高 0.5m。

单个反应器总容积：

$$V_1 = A_1 \times H' = 64.8 \times (7.5 - 0.5) = 453.6 \text{m}^3$$

单个反应器有效容积：

$$V_{有效} = A_1 \times h = 64.8 \times 6 = 388.8\text{m}^3$$

单个反应器实际尺寸：

$$l \times b \times H = 10.8\text{m} \times 6\text{m} \times 7.5\text{m}$$

反应器总面积：

$$A = A_1 \times n = 64.8 \times 4 = 259.2\text{m}^2$$

反应器总容积：

$$V_0' = V_1 \times n = 453.6 \times 4 = 1814.4\text{m}^3$$

总有效反应容积：$V_0 = V_{有效} \times n = 388.8 \times 4 = 1555.2\text{m}^3 > 1550\text{m}^3$，符合有机负荷要求。

UASB 反应器体积有效系数：$\dfrac{1555.2}{1814.4} \times 100\% = 85.7\%$，在 $70\% \sim 90\%$ 之间，符合要求。

水力停留时间（HRT）及水力负荷（q_{fl}）：

$$t_{HRT} = \frac{V}{Q} = \frac{1555.2}{1550} \times 24 = 24.1\text{h}$$

$$q_{fl} = \frac{Q}{A} = \frac{1550}{259.2 \times 24} = 0.25\text{m}^3/(\text{m}^2 \cdot \text{h})$$

反应区表面水力负荷 $q_{fl} = 0.25 \sim 1\text{m}^3/(\text{m}^2 \cdot \text{h})$，故符合要求。

（2）UASB 三项分离器构造设计计算。UASB 三项分离器构造图如图 4-26 所示。

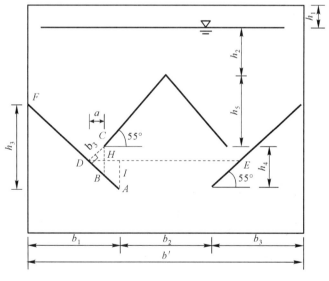

图 4-26　三项分离器构造图

沉淀区设计：根据一般设计要求，沉淀室入流断面的表面负荷率不超过 $1.0 \sim 1.25\text{m}^3/(\text{m}^2 \cdot \text{h})$，入流缝处表面负荷应不超过 $1.25 \sim 1.50\text{m}^3/(\text{m}^2 \cdot \text{h})$，且入流缝宽度不应小于 0.2m，最大截面处的表面负荷率不超过 $0.7\text{m}^3/(\text{m}^2 \cdot \text{h})$。

本设计中，三相分离器与短边平行，沿长边布置，构成 4 个分离单元，则每池设置 4 个三项分离器。

三项分离器长度：

$$l' = b = 6\text{m}$$

每个单元宽度：

$$b' = \frac{l}{4} = \frac{10.8}{4} = 2.7\text{m}$$

沉淀区的沉淀面积即为反应器的水平面积，即 64.8m^2。

沉淀区表面负荷率：

$$\frac{Q}{A_1} = \frac{1550/4}{24 \times 64.8} = 0.25\text{m}^3/(\text{m}^2 \cdot \text{h}) < 0.7\text{m}^3/(\text{m}^2 \cdot \text{h})$$

（3）回流缝设计。设上下三角形集气罩斜面水平夹角 α 为 $55°$，取下三角形集气罩的垂直高度 $h_3 = 1.3\text{m}$。

下三角形集气罩底的宽度：

$$b_1 = \frac{h_3}{\tan\alpha} = \frac{1.3}{\tan55°} = 0.91\text{m}$$

相邻两个下三角形集气罩之间的水平距离：

$$b_2 = b - 2b_1 = 2.7 - 2 \times 0.91 = 0.88\text{m}$$

下三角集气罩之间混合液的上升流速：

$$A_2 = nb_2l' = 4 \times 0.88 \times 6 = 21.12\text{m}^2$$

沉淀区入流断面水力表面负荷：

$$q_{f2} = \frac{Q}{A_2} = \frac{1550}{24 \times 4 \times 21.12} = 0.76\text{m}^3/(\text{m}^2 \cdot \text{h}) \leqslant 1.0 \sim 1.25\text{m}^3/(\text{m}^2 \cdot \text{h})$$

设 $b_3 = CD = 0.3\text{m} > 0.2\text{m}$，$a = b_3\sin55° = 0.3 \times \sin55° = 0.24\text{m}$，沉淀区入流缝处断面面积：

$$A_3 = 2nal = 2 \times 4 \times 0.24 \times 6 = 11.52\text{m}^2$$

沉淀区入流缝处水力表面负荷：

$$q_{f3} = \frac{Q}{A_3} = \frac{1550}{24 \times 4 \times 11.52} = 1.4\text{m}^3/(\text{m}^2 \cdot \text{h}) \leqslant 1.25 \sim 1.50\text{m}^3/(\text{m}^2 \cdot \text{h})$$

假设 A_3 为控制断面，面积为最小值，$\dfrac{A_3}{A_1} = \dfrac{11.52}{64.8} \times 100\% = 17.8\%$。

面积不低于反应器面积的 $15\% \sim 20\%$，符合要求。

设 $AB = 0.5\text{m}$，则：

$$h_4 = CH + AI = CD\cos55° + DI\tan55° = CD\cos55° + (AB\cos55° + a)\tan55°$$

$$= 0.3 \times \cos55° + (0.5 \times \cos55° + 0.24)\tan55° = 0.92\text{m}$$

校核气、液分离。假定气泡上升流速和水流速度不变，要使气泡分离不进入沉淀区的必要条件是：$\dfrac{AB}{CD} \geqslant \dfrac{1}{\cos\theta} \times \dfrac{v_2}{v_1}$。

沿 AB 方向水流速度：

$$v_2 = \frac{Q}{2nl'b_3} = \frac{1550}{24 \times 4 \times 2 \times 4 \times 0.3 \times 6} = 1.12\text{m/h}$$

气泡上升速度:

$$v_1 = \frac{g}{18\mu} \times (\rho_1 - \rho_2) \times d^2 = \frac{981}{18 \times 0.008} \times (1.01 - 0.0012) \times 0.008^2$$

$$= 0.44\text{cm/s} = 15.84\text{m/h}$$

$\dfrac{AB}{CD} = \dfrac{0.5}{0.3} = 1.67$，$\dfrac{1}{\cos\theta} \times \dfrac{v_2}{v_1} = \dfrac{1.12}{\cos 55° \times 15.84} = 0.12$，$\dfrac{AB}{CD} \geqslant \dfrac{1}{\cos\theta} \times \dfrac{v_2}{v_1}$，符合要求。

三项分离器与 UASB 高度。三相分离区总高度:

$$h = h_2 + h_4 + h_5$$

式中，h_2 为集气罩以上的覆盖水深，取 0.5m。

$$HI = AB\cos 55° = 0.5\cos 55° = 0.287\text{m}$$

$$h_5 = \left(HI + \frac{b_2}{2}\right)\tan 55° = \left(0.287 + \frac{0.88}{2}\right)\tan 55° = 1.04\text{m}$$

则:

$$h = 0.5 + 0.92 + 1.04 = 2.46\text{m}$$

UASB 总高度 $H = 7.5$m，沉淀区高 2.5m，污泥床高 2.0m，悬浮区高 2.5m，超高 0.5m。

(4) 布水系统的设计计算。设计中通常每个布水点服务面积不超过 5m²，出水流速 2~5m/s，配水中心距池底一般为 20~25cm。配水管中心距可取 1.0~2.0m，在此取 2.0m；孔径一般为 10~20mm，常采用 15mm；孔口向下或与垂线呈 45°方向，每个出水口服务面积 2~4m²，配水管直径不小于 100mm。

本设计的配水系统形式采用多管多孔配水方式，每个反应器设 1 根 $D = 100$mm 的总水管，10 根 $d = 50$mm 的支水管。支管分别位于总水管两侧，同侧每根支管之间的中心距为 2.0m，配水孔径取 $\phi = 15$mm，孔距 1.0m，每根水管有 3 个配水孔，共 30 个配水孔，则每个孔的服务面积 $\dfrac{10.8 \times 6}{30} = 2.16$m²，符合服务面积 2~4m² 的要求。孔口向下，配水中心距底部 20cm，即布水管设置在距 UASB 反应器底部 200mm 处。布水系统的设计示意图如图4-27 所示。

(5) 排泥系统的设计计算。

UASB 反应器中污泥总量计算。一般 UASB 污泥床主要由沉降性能良好的厌氧污泥组成，平均浓度为 20~50gVSS/L，在此取 20gVSS/L，则一座 UASB 反应器中污泥总量:

$$G = V \times C_{ss} = 1555.2 \times 20 = 31104\text{kg/d} = 31.1\text{t/d}$$

厌氧生物处理的污泥产量取 $\gamma = 0.08$kgMLVSS/kgCOD，剩余污泥量的确定与每天去除的有机物量有关，当设有相关的动力学常数时，可根据经验数据确定，一般情况下，可按每去除 1kgCOD 产生 0.05~0.10kgVSS 计算，本工程取 $\gamma = 0.08$kgVSS/kgCOD。流量 $Q = 64.6$m³/h，进水 COD 浓度 $C_0 = 10000$mg/L $= 10$kg/m³，COD 去除率 $E = 80\%$，则 UASB 反应器的总产泥量:

$$\Delta x = \gamma \times Q \times C_0 \times E = 0.08 \times 64.6 \times 24 \times 10 \times 0.8 = 992.3\text{kgMLVSS/d}$$

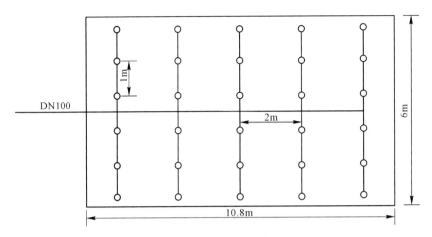

图 4-27　布水系统示意图

不同试验规模下 $\dfrac{\text{MLVSS}}{\text{MLSS}}$ 是不同的，因为规模越大，被处理的废水含无机杂质越多，因此取 $\dfrac{\text{MLVSS}}{\text{MLSS}} = 0.8$，则：

$$\Delta x' = \frac{992.3}{0.8} = 1240 \text{kgMLSS/d}$$

单池产泥：$\Delta x_i = \dfrac{\Delta x}{4} = \dfrac{1240}{4} = 310 \text{kgMLSS/d}$

污泥含水率 98% 时，取 $\rho_s = 1000 \text{kg/m}^3$，则污泥产量：

$$W_s = \frac{1240}{1000 \times (1 - 98\%)} = 62 \text{m}^3/\text{d}$$

单池排泥量：

$$W_{si} = \frac{62}{4} = 15.5 \text{m}^3/\text{d}$$

污泥龄：

$$\theta_c = \frac{G}{\Delta x'} = \frac{31104}{1240} = 25 \text{d}$$

在距 UASB 反应器底部 100cm 和 200cm 高处各设置一个排泥口，共两个排泥口。反应器每天排泥一次，排泥管选钢管 DN150mm。

（6）出水系统设计计算。出水系统的作用是把沉淀区液面的澄清水均匀地收集并排出，出水是否均匀对处理效果有很大的影响且形式与三向分离器及沉淀区设计有关。

出水槽设计。每个反应池有 4 个单元三项分离器，出水槽共有 4 条，槽宽 0.2m，单个反应器流量：

$$q_i = \frac{Q}{4 \times 24 \times 3600} = \frac{1550}{4 \times 24 \times 3600} = 0.00448 \text{m}^3/\text{s}$$

设出水槽槽口附近水流速度为 0.2m/s, 则槽口附近水深 $= \dfrac{\dfrac{q_i}{4}}{u \times a} = \dfrac{\dfrac{0.00448}{4}}{0.2 \times 0.2} =$ 0.056m。

取槽口附近槽深为 0.20m, 出水槽坡度为 0.01, 出水槽尺寸: 6m × 0.2m × 0.2m, 出水槽数量为 4 座。

溢流堰设计: 出水溢流堰共有 8 条 (4 × 2), 每条长 6m。设计 90° 三角堰, 堰高 50mm, 堰上水头取 0.01m。

每个三角堰的流量:

$$q_1 = 1.4H_1^{2.5} = 1.4 \times 0.01^{2.5} = 1.4 \times 10^{-5} \mathrm{m^3/s}$$

三角堰个数:

$$n_1 = \frac{Q}{q_1} = \frac{1550/4}{86400 \times 1.4 \times 10^{-5}} = 320 \ 个$$

每条溢流堰三角堰数:

$$\frac{320}{8} = 40 \ 个$$

每个 UASB 反应器处理水量为 4.48L/s, 溢流负荷一般不大于 250m³/(m·d) 即 2.9L/(m·s), 取溢流负荷为 1.0L/(m·s)。

则溢流堰上水面总长为:

$$L = \frac{q_i}{f} = \frac{4.48}{1.0} = 4.48 \mathrm{m}$$

设堰口宽 100mm, 则堰口水面宽 50mm。

三角堰数:

$$n = \frac{L}{b} = \frac{4.48}{50 \times 10^{-3}} = 89.6 \ 个, \ 取 96 \ 个。$$

每条溢流堰三角堰数:

$$\frac{96}{8} = 12 \ 个$$

堰上水头校核。每个堰处流速:

$$q = \frac{q_i}{n} = \frac{4.48 \times 10^{-3}}{96} = 4.7 \times 10^{-5} \mathrm{m/s}$$

按 90° 三角堰计算公式:

$$q = 1.4h^{2.5}$$

则堰上水头:

$$h = \left(\frac{q}{1.4}\right)^{0.4} = \left(\frac{4.7 \times 10^{-5}}{1.4}\right)^{0.4} = 0.016 \mathrm{m}$$

出水渠设计计算: UASB 反应器沿长边设一条矩形出水渠, 4 条出水槽的出水流至此出水渠, 设出水渠宽 0.3m, 坡度 0.001, 出水渠渠口附近水流速度为 0.2m/s。

渠口附近水深:

$$\frac{q_i}{u \times a} = \frac{4.48 \times 10^{-3}}{0.3 \times 0.2} = 0.075\text{m}$$

以出水槽槽口为基准计算，出水渠渠深：

$$0.2 + 0.075 = 0.275 \approx 0.30\text{m}$$

离出水渠渠口最远的出水槽到渠口的距离为：

$$10.8 - \frac{2.7}{2} + 0.1 = 9.55\text{m}$$

出水渠长为 9.55+0.1＝9.65m。

出水渠尺寸：9.65m×0.30m×0.30m，向渠口坡度为 0.001，总排水管管径选 150mm。

（7）沼气收集系统设计计算。沼气主要产生于厌氧阶段，设计产气率取 $\gamma = 0.45\text{m}^3/\text{kgCOD}$，总产气量：

$$G = \gamma Q C_0 E = 0.45 \times 1550 \times 10 \times 0.80 = 5580\text{m}^3/\text{d}$$

则单个 UASB 反应器产气量：

$$G_i = \frac{G}{4} = \frac{5580}{4} = 1395\text{m}^3/\text{d}$$

集气管：每个集气罩的沼气用一根集气管收集，单个池子共有 9 根集气管，每根集气管内最大流量 $= \dfrac{1395}{24 \times 3600 \times 9} = 1.8 \times 10^{-3}\text{m}^3/\text{s}$。

集气室沼气出气管最小直径 $d = 100\text{mm}$，本设计中取 100mm，结构图如图 4-28 所示。

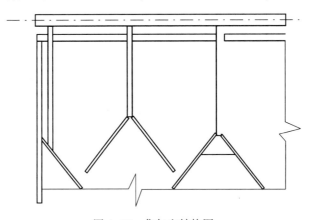

图 4-28　集气室结构图

沼气主管：每池 9 根集气管，先通到一根单池主管然后再汇入两池沼气主管，采用钢管，单池沼气主管道坡度为 0.5%。则单池沼气主管内最大气流量 $q_i = \dfrac{1395}{24 \times 3600} = 0.016\text{m}^3/\text{s}$，$D = 150\text{mm}$，充满度设计值为 0.7。则流速：

$$v = \frac{0.016 \times 4}{\pi \times 0.15^2 \times 0.7} = 1.3\text{m/s}$$

管内最大气流量：

$$q = \frac{5580}{24 \times 3600} = 0.065\text{m}^3/\text{s}$$

取 $D = 200mm$；充满度 0.6；流速 $v_0 = \dfrac{0.065 \times 4}{\pi \times 0.2^2 \times 0.6} = 3.45m/s$。

沼气柜容积确定：该处理中日产沼气 $5580m^3 = 232.5m^3/h$，则沼气柜容积应为 4h 产气量的体积，即 $V_g = qt = 232.5 \times 4 = 930m^3$。尺寸：$\phi10000mm \times 10000mm$。

（8）水封罐设计。水封罐主要是用来控制三项分离器的集气室中气、液两相界面高度的，因为当液面太高或波动时浮渣或浮沫可能会引起出气管的堵塞或使气体部分进入沉降室，同时兼有隔绝和排除冷凝水作用，每一反应器配一水封罐。

水封高度：

$$H = H_1 - H_0$$

式中，H_0 为反应器至储气罐的压头损失和储气罐的压头。

为保证安全取储气罐内压头，集气罩中出气气压（H_1）最大取 $2mH_2O$，储气罐内的压强 H_0 为 $400mmH_2O$，则 $H = 2-0.4 = 1.6m$。

取水封高度为 2.5m，直径为 1500mm，进气管、出气管各一根，$D = 200mm$，进水管、放空管各一根，$D = 50mm$。

4.2.4 自然处理

污水量较小的城镇，在环境影响评价和技术经济比较合理时，宜审慎采用污水自然处理。污水自然处理必须考虑对周围环境以及水体的影响，不得降低周围环境的质量，应根据区域特点选择适宜的污水自然处理方式。采用土地处理，应采取有效措施，严禁污染地下水。污水厂二级处理出水水质不能满足要求时，有条件的可采用土地处理或稳定塘等自然处理技术进一步处理。污水的自然生物处理是一种利用天然净化能力和人工强化技术结合的并具有多种功能的生态处理系统。与常规处理技术相比，其具有工艺简单，操作管理方便，投资少，运营成本低的特点。

4.2.4.1 稳定塘设计要点与计算公式

稳定塘有很多形式，主要分为好氧塘、厌氧塘、兼性塘、曝气塘 4 类。其中好氧塘通过光合作用供氧，池体较浅，池塘内菌藻共生，发生好氧反应，可以对二级生物处理出水进行深度处理；厌氧塘可用来处理高温高浓度且水量不大的有机废水，池塘内发生厌氧反应；兼性塘适用于水质波动比较大的污水处理，塘内分好氧层、兼性层、厌氧层，不同的区域微生物分布不同，发生不同的生化反应；曝气塘主要利用曝气装置供氧，保证水体中有足够的溶解氧。

稳定塘设计要点包括：

（1）有可利用的荒地和闲地等条件，技术经济比较合理时，可采用稳定塘处理污水。用作二级处理的稳定塘系统，处理规模不宜大于 $5000m^3/d$。

（2）处理城市污水时，稳定塘的设计数据应根据试验资料确定。无试验资料时，根据污水水质、处理程度、当地气候和日照等条件，稳定塘的五日生化需氧量总平均表面有机负荷可采用 $1.5 \sim 10gBOD_5/(m^2 \cdot d)$，总停留时间可采用 $20 \sim 120d$。

（3）稳定塘的设计，应符合下列要求：稳定塘前宜设置格栅，污水含砂量高时宜设置沉砂池；稳定塘串联的级数一般不少于 3 级，第一级有效深度不宜小于 3m。稳定塘一般采用矩形，其长宽比不宜大于 3，也可采用方形或圆形。采用多级稳定塘串联时，宜设置回流装置，回流比（回流水量：进水水量）为1：6。推流式稳定塘的进水宜采用多点进水；稳定塘必须有防渗措施，塘址与居民区之间应设置卫生防护带；稳定塘污泥的蓄积量为40~100L/（年·人），一级塘应分格并联运行，轮换清除污泥。采用稳定塘作为三级处理时，停留时间一般为1.5~3天，长宽比尽可能大。好氧曝气塘的比曝气功率为4~6W/m^2 塘容积；兼性曝气塘的比曝气功率为1~2W/m^2 塘容积，其设计主要参数见表4-51。

表4-51　稳定塘的类型及主要设计参数

项　目		BOD$_5$ 面积负荷/g·m^{-2}·d^{-1}（厌氧塘为 BOD$_5$ 容积负荷/g·m^{-3}·d^{-1}）			有效水深 /m	水力停留时间/d			处理效率 /%
		Ⅰ区	Ⅱ区	Ⅲ区		Ⅰ区	Ⅱ区	Ⅲ区	
厌氧塘		4.0~8.0	7.0~11.0	10.0~15.0	3.0~6.0	≥8	≥6	≥4	30~60
兼性塘		2.5~5.0	4.5~6.5	6.0~8.0	1.5~3.0	≥30	≥20	≥10	50~75
好氧塘	常规处理	1.0~2.0	1.5~2.5	2.0~3.0	0.5~1.5	≥30	≥20	≥10	60~85
	深度处理	0.3~0.6	0.5~0.8	0.7~1.0	0.5~1.5	≥30	≥20	≥10	30~50
曝气塘	兼性曝气	5~10	8~16	14~25	3.0~5.0	≥20	≥14	≥8	60~80
	好氧曝气	10~25	20~35	30~45	3.0~5.0	≥10	≥7	≥4	70~90

（4）稳定塘的进水口位置。对于圆形或方形稳定塘，宜设在接近中心处；对于矩形稳定塘宜设在1/3池长处。厌氧塘进水管管径不低于150mm。稳定塘出水口的布置应考虑能适应塘内水深的变化，宜在不同高度的断面上设置可调节的出流孔口或堰板。各级稳定塘的每个进出水口均应设置单独的闸门；各级稳定塘之间应考虑超越设施，以便轮换清除塘内污泥。塘底应略具坡度，坡向出口方向；拐角处应做成圆角。在稳定塘出口前，宜设置浮渣挡板。但在接受二级出水的稳定塘出口前，不应设置挡板，以避免截留藻类的可能性。各类稳定塘的池型和尺寸设计参数见表4-52。

表4-52　各类稳定塘的池型与尺寸

参　数		好氧塘	兼性塘	厌氧塘	曝气塘
表面形状		矩形（长宽比（2~3）：1）		矩形（长宽比（2~2.5）：1）	
堤坝	迎水坡	（2：1）~（4：1）			
	背水坡	（2：1）~（3：1）			
	堤顶宽度/m	土堤坝顶宽不宜小于2.0m，石堤或混凝土不应小于0.8m，堤顶允许机动车通行时，应按通行要求确定坝顶宽度			
单塘面积/m^2		≤60000	≤20000	≤8000	≤20000
塘深/m		≤0.5	1.2~2.5	3~5	2.5~5.0
超高/m		≥0.5（应大于风浪爬高）			
污泥层/m		≥0.2	≥0.2	≥0.5	≥0.2
分格数		宜采用多级串联或并联形式，也可采用单级塘		宜采用多塘并联，并联塘数不宜少于两座	宜采用好氧曝气塘和兼性曝气塘多级串联

续表 4-52

参　数	好氧塘	兼性塘	厌氧塘	曝气塘
进水口		采用扩散管或多点进水	设置在高于塘底 0.6 ~ 1.0m 处，且在水面下0.3m	
出水口		与进水口距离尽量远	设置在水面以下0.6m	

（5）稳定塘系统一般根据不同废水水质、处理程度及气候条件，选择不同类新型稳定塘组合形成，常见的稳定塘组合工艺如图 4-29 所示。在多级稳定塘系统的后面可设置养鱼塘，进入养鱼塘的水质必须符合国家现行的有关渔业水质的规定。

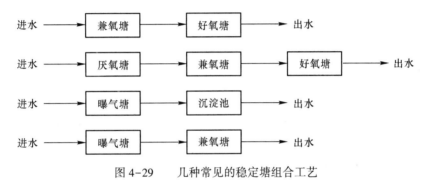

图 4-29　几种常见的稳定塘组合工艺

稳定塘的设计计算方法见表 4-53。

表 4-53　稳定塘的设计方法

名　称	公　式	符号说明
污染物面积负荷/g·m^{-2}·d^{-1}	$N_A = \dfrac{Q(S_0 - S_e)}{A}$	Q——稳定塘污水设计处理流量，m^3/d； S_0——进水污染物浓度，g/m^3；
污染物容积负荷/g·m^{-3}·d^{-1}	$N_V = \dfrac{Q(S_0 - S_e)}{V}$	S_e——出水污染物浓度，g/m^3； A——稳定塘的表面积，m^2；
停留时间	$T = \dfrac{V}{Q}$	V——厌氧塘的有效容积，m^3； H_1——稳定塘的超高，m；
稳定塘总深度	$H = H_1 + H_2 + H_3$	H_2——稳定塘的有效水深，m； H_3——稳定塘的污泥层深度，m

注：兼性塘、好氧塘、曝气塘的表面积可按 BOD$_5$ 面积负荷计算；厌氧塘按 BOD$_5$ 容积负荷计算。

4.2.4.2　土地处理设计要点

污水土地处理主要是污水有控制地投配到土地上，通过土壤和植物的物理、化学、生物吸附、过滤与净化等作用，使污水可生物降解的污染物得以降解、净化。污水土地处理系统一般可以分为慢速渗滤法（SR）、快速渗滤法（RI）和地面漫流法（OF）三种工艺。

宜根据土地处理的工艺形式对污水进行预处理。

土地处理设计要点包括：

（1）污水土地处理的水力负荷，应根据试验资料确定，无试验资料时，可按下列范围取值：慢速渗滤 0.5~5m/a；快速渗滤 5~120m/a；地面漫流 3~20m/a。表 4-54 是设计中污水土地处理系统典型的场地条件。

表 4-54　污水土地处理系统典型场地条件

项目	慢速渗滤法	快速渗滤法	地面漫流法
水力负荷/$m^3 \cdot m^{-2} \cdot d^{-1}$	0.6~6	6~150	3~21
土层厚度/m	>0.6	>1.5	>0.3
地面坡度/%	种作物时不超过 20%，不种作物时不超过 40%，林地无要求	无要求	2~8
土壤渗透率/$cm \cdot h^{-1}$	≥0.15	≥5.0	≤0.5

（2）在集中式给水水源卫生防护带，含水层露头地区，裂隙性岩层和溶岩地区，不得使用污水土地处理。

（3）污水土地处理地区地下水埋深不宜小于 1.5 m。土地处理场地距住宅区和公共通道的距离不宜小于 100m。

4.2.4.3　人工湿地的设计要点及计算方法

人工湿地是由人工建造和调控的湿地系统，一般由人工基质和生长在其上的水生植物组成，通过生态系统的物理、化学、生物作用处理污水，通常适用于接受初级处理污水并将其处理至二级排放标准或接收二级处理污水，并进一步处理，达标后排入收纳水体。人工湿地根据布水方式不同或水流方式的差异，通常分为表面流人工湿地和潜流型人工湿地，后者又包含水平潜流和垂直潜流两种形式，其示意图如图 4-30~图 4-32所示。

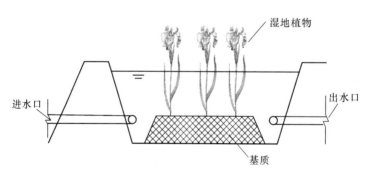

图 4-30　表面流人工湿地示意图

人工湿地设计参数宜通过试验资料确定，无试验数据时，可按表 4-55 中数据取值。

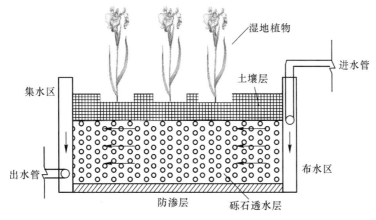

图 4-31 水平潜流人工湿地

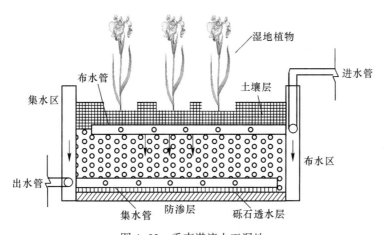

图 4-32 垂直潜流人工湿地

表 4-55 人工湿地的主要设计参数

人工湿地类型			BOD₅ 表面负荷/g·m⁻²·d⁻¹	TN 表面负荷/g·m⁻²·d⁻¹	TP 表面负荷/g·m⁻²·d⁻¹	水力负荷/m³·m⁻²·d⁻¹	水力停留时间/d	几何尺寸
表面流人工湿地	Ⅰ区	常规处理	1.5~3.5	1~2.5	0.08~0.2	≤0.05	≥8	水深宜为 0.3~0.6m，超高应大于风浪爬高，宜大于 0.5m，水力坡度小于 0.5%，长宽比宜大于 3∶1，单元面积宜小于 3000m²。进出水系统可采用一个或几个进出口进行配水和集水，进出水口平均流速为 0.2m/s
		深度处理	1~2	0.5~1.5	0.05~0.1	≤0.1	≥5	
	Ⅱ区	常规处理	2.5~4.5	1.5~3	0.1~0.25	≤0.08	≥6	
		深度处理	1.5~3	1~2	0.08~0.15	≤0.15	≥4	
	Ⅲ区	常规处理	3.5~5.5	2~3.5	0.15~0.3	≤0.1	≥4	
		深度处理	2~4	1.5~2.5	0.1~0.2	≤0.2	≥3	

人工湿地类型			BOD$_5$ 表面负荷/g·m^{-2}·d^{-1}	TN 表面负荷/g·m^{-2}·d^{-1}	TP 表面负荷/g·m^{-2}·d^{-1}	水力负荷/m^3·m^{-2}·d^{-1}	水力停留时间/d	几何尺寸
水平潜流人工湿地	Ⅰ区	常规处理	4~6	2~4.5	0.2~0.35	≤0.15	≥3	水平潜流湿地面积宜小于 800m^2，长宽比宜为（3∶1）~（10∶1）；垂直潜流湿地面积宜小于 1500m^2，长宽比为（1∶1）~（3∶1）。潜流人工湿地的水深为 0.4~1.6m，超高宜取 0.3m，水力坡度 0.5%~1%，规则的人工湿地单元长度宜为 20~50m。进出水可采用穿孔管、配（集）水管、配（集）水堰、穿孔花墙
		深度处理	3~5	1.5~3.5	0.1~0.25	≤0.3	≥3	
	Ⅱ区	常规处理	5~8	2.5~5.5	0.25~0.4	≤0.25	≥2	
		深度处理	4~6	2~4	0.15~0.3	≤0.4	≥2	
	Ⅲ区	常规处理	6~10	3~6.5	0.3~0.5	≤0.35	≥1	
		深度处理	5~8	2.5~4.5	0.2~0.4	≤0.5	≥1	
垂直潜流人工湿地	Ⅰ区	常规处理	5~7	2.5~5.5	0.2~0.3	≤0.2	≥3	
		深度处理	4~6	2~4	0.1~0.3	≤0.4	≥3	
	Ⅱ区	常规处理	6~8	3~6	0.25~0.45	≤0.4	≥2	
		深度处理	5~7	2.5~4.5	0.2~0.35	≤0.5	≥2	
	Ⅲ区	常规处理	7~10	3.5~7	0.35~0.5	≤0.6	≥1	
		深度处理	6~8	3~5	0.25~0.4	≤0.8	≥1	

人工湿地的填料可以选择石灰石、火山岩、沸石、页岩、陶粒、炉渣和无烟煤等，填料层上应铺设 0.1~0.2m 厚适宜植物生长的土壤或沙石覆盖层。水平潜流人工湿地的填料铺设区域分为进水区、主体区和出水区，其中进水区长度为 1~1.5m，出水区长度为 0.8~1m。垂直潜流人工湿地按水流方向，填料依次为主题填料层、过滤层和排水层。

人工湿地设计计算方法如表 4-56 所示。

表 4-56　人工湿地设计计算公式

名　称	公　式	符号说明
人工湿地的表面积/m^2	$$A = \frac{Q \times (S_0 - S_e)}{N_A}$$ $$A = \frac{Q}{q}$$	Q——人工湿地污水处理设计流量，m^3/d； S_0——进水污染物浓度，g/m^3； S_e——出水污染物浓度，g/m^3； N_A——污染物面积负荷，g/(m^2·d)； q——水力表面负荷，m^3/(m^2·d)；
人工湿地的有效容积/m^3	$$V = \frac{QT}{n}$$	T——水力停留时间，d； n——潜流人工湿地填料孔隙率，%；表面流人工湿地时 $n=1$

4.3　物　化　处　理

4.3.1　调节均化

无论工业废水还是生活污水，水质与水量在 24h 之内都有波动变化。这种变化对生物处理设备的净化功能不利，对于物化处理设备，水量和水质波动越大，过程参数越难控制，处理效果越不稳定。因此在废水处理系统之前，经常加均化调节池，用来进行水量的调节和水质均化，此外，酸碱性废水可以在调节池内中和，高温废水可以通过调节池平衡水温。调节池分为均量池和均质池，均量池主要用来均化水量，均质池主要用来均化水质。调节池的尺寸和容积，主要是根据废水浓度变化范围及要求的均和程度决定。当废水浓度无周期性变化时，按最不利情况即浓度和流量在高峰时的区间计算。

4.3.1.1 均量池的设计计算

均量池实际上是一座变水位的贮水池，来水为重力流，出水为泵吸。池中最高水位不高于来水管的设计水位，一般水深 2m 左右。

均量池容积：

$$W_T = \sum_{i=0}^{T} q_i t_i$$

式中，q_i 为在 t 时段内废水的平均流量，m^3/h；t_i 为时段，h。

4.3.1.2 均质池的设计计算。

均质池容积：

$$W_T' = \sum_{i=1}^{t_i} \frac{q_i}{2\eta}$$

式中，η 为容积加大系数，一般取 0.7。

4.3.1.3 设计实例

已知某化工厂的废水平均日流量为 $1000m^3/d$，时变化系数是 1.5，水量每 6h 收集一次，求调节池的容积。

$$W_T = K_h Q_日 T = \frac{1.5 \times 1000 \times 6}{24} = 375m^3$$

池体有效水深取 2m，池体面积 $A = \frac{W_T}{h} = \frac{375}{2} = 187.5m^2$。

池宽取 8m，则池长为 24m，将池宽分为 4 格，纵向隔板之间间距为 2m。沿长度方向设 3 个污泥斗，沿宽度方向设两个污泥斗，污泥斗坡与水平面夹角为 45°。

4.3.2 混凝

混凝单元在污水处理中的主要应用为澄清降浊和化学除磷。澄清降浊主要是通过混凝的方法对二级处理后的水进一步去除悬浮物和有机污染物。化学除磷主要是通过混凝剂与污水中的磷酸盐反应，生成难溶的含磷化合物和絮凝体，从而将磷去除。污水经二级处理后，其出水总磷不能达到要求时，可采用化学除磷工艺处理。污水一级处理以及污泥处理过程中产生的液体有除磷要求时，也可采用化学除磷工艺。化学除磷时应考虑产生的污泥量。化学除磷时，对接触腐蚀性物质的设备和管道应采取防腐蚀措施。具体设计方法可参照第三章相关内容。

设计要点：

（1）投药量。用于澄清和进一步去除悬浮固体及有机物，且二级生化处理系统的泥龄大于 20d 时，可按给水处理投药量的 2~4 倍考虑。

化学除磷设计中，药剂的种类、剂量和投加点宜根据试验资料确定。化学除磷的药剂可采用铝盐、铁盐，也可采用石灰。用铝盐或铁盐作混凝剂时，宜投加离子型聚合电解质作为助凝剂。采用石灰作混凝剂时，一般工程中 Ca 的投加量常控制在 400mg/L，采用铝盐或铁盐作混凝剂时，其投加混凝剂与污水中总磷的摩尔比宜为 1.5～3。

（2）投加位置。用于澄清降浊时，投加位置主要位于二次沉淀池以后。

化学除磷可采用生物反应池的前置投加、后置投加和同步投加，也可采用多点投加。最适宜的投药位置应该是曝气池内。

（3）投药方式及药剂制备同给水处理。

（4）混合絮凝。如果设置中间提升泵站的，可采用水泵混合及静态混合方式，当流程水力衔接的水头较小时，宜采用桨板式机械混合装置。在絮凝单元设计中，宜采用机械絮凝池和水力旋转絮凝池。其中投药混合设施中平均速度梯度宜采用 $300s^{-1}$，混合时间 30～120s，絮凝时间宜采用 5～20min。

4.3.3 气浮

气浮可以用来去除污水中密度接近水或难以沉淀的悬浮物，例如油脂、纤维、藻类、可溶性杂物（如表面活性剂）等。该方法广泛应用于炼油、人造纤维、造纸、制革、化工、电镀、制药、钢铁等行业废水处理，也用于生物处理后分离活性污泥。目前污水处理中使用较为普遍的是部分回流压力溶气气浮流程。气浮单元的设计及计算方法可以参见第 3 章相关内容。

4.3.3.1 设计参数

溶气水回流比为 10%～20%；气浮池表面负荷为 3.6～5.4m³/（m²·h）；上升流速为 1.0～1.5mm/s；停留时间为 20～40min。

聚合氯化铝参考投加量为 20～30mg/L。

4.3.3.2 设计步骤

A 进行实验室和现场试验

废水种类繁多，即使是同类型废水，水质变化也很大，很难提出确切参数，可靠的办法是通过实验室和现场小型试验取得主要参数作为设计依据。

B 确定设计方案

在进行现场勘察和综合分析各种资料的基础上，确定主体设计方案。设计方案如下：

（1）溶气方式采用全溶气还是部分回流式；

（2）气浮池池型采用平流式还是竖流式，取圆形、方形还是矩形；

（3）气浮池之前是否需要预处理构筑物，之后是否需要后续处理构筑物，形式如何，连接方式如何；

（4）浮渣处理、处置途径设计；

（5）工艺流程及平面布置的分析和确定。

4.3.4 过滤

水处理中过滤主要用于去除水中呈分散悬浊状的无机质和有机质粒子，也包括各种浮游生物、细菌、病毒、漂浮油、乳化油、磷、重金属等。过滤技术主要应用于污水回用，是深度处理的一个单元。常用的几种滤池及其适用条件如表 4-57 所示。具体设计方法可参照第 3 章相关内容。

表 4-57　常用滤池的适用条件

名　称	适用条件
传统下降流滤池	污水中含有的悬浮物质积累在滤床表面
下降流深床滤池	滤床厚度与滤料粒径大于传统滤料滤池。通过该滤池可以使更多固体颗粒截留在滤床内部，运行周期加长，需要采用气水联合反冲洗。可用于脱氮要求高的深度处理工程
深床上升流连续反冲洗滤池（活性砂滤池）	过滤连续运行，无需停机反冲洗，效率高，无需反冲洗水泵、风机、冲洗水箱及阀门等。集混凝沉淀及过滤于一体，占地小，运行及维护费用低；适用于高 SS 含量的废水（进水 SS 可达 150mg/L），滤床压头损失小，易于改扩建
移动罩滤池	适用于大规模深度处理工程
纤维滤池	适用于中、小规模深度处理工程
压力滤罐	内部结构与普通快滤池相似，适用于规模小的深度处理工程
表面过滤	用作微滤或超滤前端的预处理手段

4.3.4.1　滤床过滤的设计要求

（1）滤池进水浊度宜小于 3NTU。

（2）滤池应采用双层滤料滤池、单层滤料滤池。

双层滤池滤料可采用无烟煤和石英砂，滤料厚度无烟煤为 600~800mm，有效粒径 1.2~2.4mm，不均匀系数小于 1.8，石英砂为 600~800mm，有效粒径为 0.6~1.2mm，不均匀系数小于 1.4。

单层石英砂滤料滤池，滤料厚度为 1200~1600mm，有效粒径为 1.2~2.4mm，不均匀系数为 1.2~1.8。

（3）滤速为 4~10m/h。滤池的工作周期为 12~24h。

（4）滤池宜设置气水冲洗或表面冲洗辅助系统。

气水同时冲洗：气 13~17L/（m² · s），水 6~8 L/（m² · s），历时 4~8min；

水冲洗：水 6~8 L/（m² · s），历时 3~5min；

表面冲洗：0.5~2.0 L/（m² · s），历时 4~6min。

4.3.4.2　表面过滤

表面过滤的典型设计资料如表 4-58 所示。

表 4-58　表面过滤设计典型值

项　目	滤布过滤器典型值	盘式过滤器典型值
公称孔径/μm	10（采用三维聚酯编织针毡滤布）	20~35（不锈钢编织或聚酯滤网，孔径 10~60μm）
水力负荷/m³ · m⁻² · min⁻¹	0.1~0.27（取决于必须去除的悬浮固体的特性）	0.25~0.83（取决于必须去除的悬浮固体的特性）

项　目		滤布过滤器典型值	盘式过滤器典型值
通过滤盘的水头损失/mm		50~300（根据滤布表面积内部积累的固体量）	200~300
滤盘浸没度/%	高度	100	70~75
	面积	100	60~70
滤盘直径/m		2 或 3	0.75~3.10
滤盘转速/r·min⁻¹		正常运转时滤盘静止，反冲洗时为 0.5~1	1~8.5
反冲洗及排泥耗水量占总水量的比例/%		1~3	3~5
单池盘片数/片		约 12	≤30

4.3.5　活性炭吸附

设计要求包括：

（1）采用活性炭吸附工艺时，宜进行静态或动态试验，合理确定活性炭的用量、接触时间、水力负荷和再生周期。

（2）采用活性炭吸附池的设计参数宜根据试验资料确定，无试验资料时，可按下列标准采用：空床接触时间为 20~30min；炭层厚度为 3~4m；下向流的空床滤速为 7~12m/h；炭层最终水头损失为 0.4~1.0m；常温下经常性冲洗时，水冲洗强度为 11~13L/(m²·s)，历时 10~15min，膨胀率为 15%~20%，定期大流量冲洗时，水冲洗强度为 15~18L/(m²·s)，历时 8~12min，膨胀率为 25%~35%。活性炭再生周期由处理后出水水质是否超过水质目标值确定，一般经常性冲洗周期为 3~5d。冲洗水可用砂滤水或炭滤水，冲洗水浊度宜小于 5NTU。

（3）活性炭吸附罐的设计参数宜根据试验资料确定，无试验资料时，可按下列标准确定：接触时间为 20~35min；吸附罐的最小高度与直径之比可为 2∶1，罐径为 1~4m，最小炭层厚度为 3m，一般可为 4.5~6m；升流式水力负荷为 2.5~6.8L/(m²·s)，降流式水力负荷为 2.0~3.3 L/(m²·s)；操作压力每 0.3m 炭层 7kPa。

4.3.6　消毒

设计要求包括：

（1）污水消毒程度应根据污水性质、排放标准或再生水要求确定。污水宜采用紫外线、臭氧或二氧化氯消毒，也可用液氯消毒。

（2）紫外线消毒中污水的紫外线剂量宜根据试验资料或类似运行经验确定；也可按下列标准确定：二级处理的出水为 15~22mJ/cm²；再生水为 24~30mJ/cm²。

紫外线照射渠的设计，应符合下列要求：照射渠水流均布，灯管前后的渠长度不宜小于 1m；水深应满足灯管的淹没要求，一般为 0.65~1.0m。紫外线照射渠不宜少于 2 条。当采用一条时，宜设置超越渠。

（3）臭氧消毒具有反应快、投量少、无二次污染、适应能力强，在 pH=5.6~9.8、水温 0~35℃ 范围内，消毒性能稳定的优点，但是臭氧没有氯那样的持续消毒作用。

臭氧用于水处理的工艺一般包括三部分：一是臭氧发生系统。如果以空气作为气源，所产生的臭氧化空气中臭氧重量占空气重量的 2%~3%；如果以纯氧为气源，所产生的是纯氧和臭氧的混合气体，其中臭氧重量占纯氧重量的 6%~8%。二是接触设备。通常臭氧消毒采用接触池，接触池的设计水深一般为 4~6m，臭氧接触时间可采用 15min。三是尾气处理设备。在接触设备中，如果臭氧不能完全吸收，应对接触设备排出的尾气进行处理，常见的处理方式为高温加热（380℃）分解法和加热催化（40℃）分解法。臭氧消毒的计算方法见表 4-59。

表 4-59　臭氧消毒的计算方法

名　称	公　式	符号说明
臭氧接触池的容积/m³	$V = \dfrac{QT}{60}$	Q——所需消毒的污水设计水量，m³/h； a——臭氧投加量，g/m³，杀菌及灭活病毒时，臭氧投加量取 1~3g/m³； T——水力停留时间，min，一般取 5~15min
臭氧需要量/g·h⁻¹	$D = 1.06aQ$	

设计例题：已知设计污水流量为 2400m³/h，采用臭氧消毒，经试验确定最大臭氧投加量为 2mg/L，设计臭氧消毒接触池。

解：取水力停留时间为 10min，则接触池容积：

$$V = \frac{QT}{60} = \frac{2400 \times 10}{60} = 400\text{m}^3$$

设池宽为 6.2m，池内有效高度 5m，池长 13m。

实际容积为：

$$6.2 \times 5 \times 13 = 403\text{m}^3 > 400\text{m}^3$$

臭氧需要量：

$$D = 1.06aQ = 1.06 \times 2 \times 2400 = 5088\text{g/h}$$

取臭氧化空气的臭氧含量为 30g/m³，则臭氧化所需空气流量为 5088/30＝169.6m³/h。

（4）二氧化氯和氯。二级处理出水的加氯量应根据试验资料或类似运行经验确定。无试验资料时，二级处理出水可采用 6~15mg/L，再生水的加氯量按卫生学指标和余氯量确定。二氧化氯或氯消毒后应进行混合和接触，接触时间不应小于 30min。接触消毒池的沉降速度一般采用 1~1.3mm/s，余氯量不少于 0.5mg/L。

次氯酸钠消毒的加氯量（以有效氯计）和接触时间与液氯消毒相同；储液池容积一般按不超过最大加注量 7 天的用量确定，储液池不少于 2 个，且采取耐碱腐蚀措施；成品次氯酸钠水溶液含有效氯浓度 10%~12%，pH=9.3~10；现场制备次氯酸钠，每生产 1kg 有效氯，耗食盐量 3~4.5kg，耗电量 5~10kW·h，电解时的盐水浓度以 3%~3.5% 为宜，次氯酸钠水溶液含有效氯浓度 0.12%~1.5%。次氯酸钠用量计算方法见表 4-60。

表 4-60　次氯酸钠用量计算方法

名　称	公　式	符号说明
次氯酸钠用量/kg·d^{-1}	$W = 0.1\dfrac{Qa}{C}$	Q——设计水量，m^3/d； a——最大加氯量，mg/L； C——有效率含量，%

设计例题：已知设计污水流量为 6000m^3/h，采用液氯消毒，最大投氯量为 5mg/L，仓库储氯量按 30d 计算，设计接触消毒池。

解：加氯量：

$$W = 0.001Qa = 0.001 \times 5 \times 6000 = 30\text{kg/h}$$

储氯量：

$$30 \times 30 \times 24 = 21600\text{kg}$$

氯瓶数量：采用容量为 1000kg 的氯瓶，共 22 只。

加氯机选择：采用 5~45kg/h 加氯机两台，一用一备。

接触消毒池有效容积：采用接触时间 30min，则：

$$V = QT = 6000 \times 30/60 = 3000\text{m}^3$$

设消毒池的有效水深为 4m，消毒池截面积 $A = 3000/4 = 750\text{m}^2$。

消毒池分为 3 格，每格池宽为 6.5m，总池宽为 19.5m，池长 38.5m。实际有效容积为：

$$38.5 \times 19.5 \times 4 = 3003\text{m}^3 > 3000\text{m}^3$$

设计简图如图 4-33 所示。

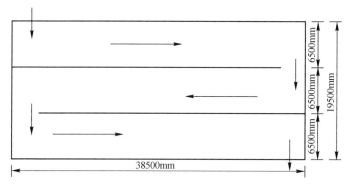

图 4-33　接触消毒池平面示意图

思　考　题

4-1　某生活污水拟采用活性污泥法处理，污水设计流量为 5000m^3/d，原污水的 BOD$_5$ 浓度为 300mg/L，处理后出水 BOD$_5$ 浓度为 20mg/L。试设计曝气池。

4-2　已知某污水处理厂的最大设计流量为 1200m^3/h，试设计辐流式沉淀池。

4-3　已知某城市的最大污水设计流量为 0.2m^3/s，设栅前水深为 0.5m，过栅流速为 0.9m/s，采用中格栅，格栅安装角度为60°，试设计栅槽宽度及每日栅渣量。

4-4 某污水处理站处理规模为280m³/d，总变化系数为2.3，污水经初次沉淀池处理后的BOD_5浓度为200mg/L，采用普通生物滤池处理污水，试设计该滤池。

4-5 某住宅区生活污水设计流量为500m³/d，污水BOD_5的进水浓度为300mg/L，要求出水BOD_5浓度不大于20mg/L，当地平均水温为15℃，试设计生物转盘。

4-6 某糖厂污水处理采用UASB反应器，设计废水量为1500m³/d，废水COD浓度为3000mg/L。试设计UASB反应器。

5 水厂污泥处理

5.1 净水厂的污泥水处理

5.1.1 净水厂排泥水工艺流程的选择

净水厂排泥水应包括絮凝池、沉淀池、澄清池的排泥水，气浮池浮渣和滤池反冲洗排出的生产废水。净水厂排泥水排入河道、沟渠等天然水体或接入城镇排水系统的水质应符合《污水综合排放标准》（GB 8978），因此，需要对排泥水进行处理后进行排放。水厂排泥水处理一般由调节、浓缩、脱水及泥饼处置四道工序或其中部分工序组成。

通常当水厂排泥水送往厂外处理时，水厂内应设调节工序，将排泥水匀质、匀量送出。把接纳滤池冲洗废水的调节池称为排水池，接纳沉淀池排泥水的调节池称为排泥池。排水池和排泥池宜分别建设，但是当排泥水送到厂外处理，且不考虑废水回用或排泥水处理系统规模较小时，可采用合建的方式。当水厂排泥水送往厂外处理时，其排泥水输送可设专用管渠或用罐车输送；当排泥水送往污水处理厂处理时，也可利用城镇排水系统输送，应通过技术经济比较确定。

当沉淀池排泥水含固率小于3%时，需进行浓缩处理，含水率高的排泥水浓缩比较困难，可以投加絮凝剂、酸或设置二级浓缩来提高泥水的浓缩性。当沉淀池排泥水平均含固率大于3%时，经调节后可直接进入脱水而不设浓缩工序。

当原水浊度及处理水量变化大时，对应的排泥量也会变化，为了保证浓缩池排泥和脱水设备的正常运行，通常在浓缩池后设置平衡池。

浓缩后的浓缩污泥需要进行脱水处理，通常可采用机械方法进行脱水处理，还可以投加石灰或高分子絮凝剂（如聚丙烯酰胺）等。

脱水后的泥饼可以用作填埋土、垃圾场覆盖土或建材原料等。注意泥饼的成分需要满足相应环境质量标准及污染物控制标准。

排泥水在浓缩过程中会产生上清液，在脱水中也会产生分离液，一般来说，上清液水质较好，当符合排放水域标准时可以直接排放，有时也会考虑回用。回用时应注意不影响净水厂出水水质；回流水量尽可能均匀；回流到混合设备前，与原水及药剂充分混合。当浓缩池上清液及脱水机滤液回用时，浓缩池上清液可流入排水池或直接回流到净水工艺，但不得回流到排泥池，脱水机分离液宜回流到浓缩池。

排泥水处理各类构筑物的个数或分格数不宜少于2个，按同时工作设计，并能单独运行，分别泄空。排泥水处理系统的平面位置一般宜靠近沉淀池，并尽可能位于净水厂地势较低处。当净水厂面积受限制而排泥水处理构筑物需在厂外择地建造时，应尽可能将排泥池和排水池建在水厂内。

常见的净水厂排泥水处理流程如下：

（1）沉淀池排泥水和滤池反冲洗废水分开收集处理。

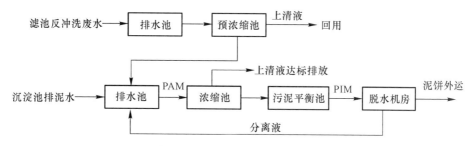

（2）沉淀池排泥水和滤池反冲洗废水合并收集处理。

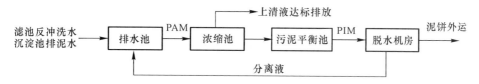

（3）沉淀池含固率高于3%，不进入浓缩池，直接进行脱水处理。

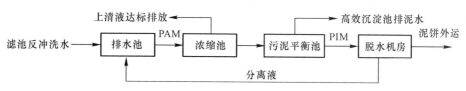

5.1.2　排泥水处理系统的计算

5.1.2.1　干泥量的确定

净水厂排泥水处理系统的规模应按满足全年75%~95%日数的完全处理要求确定，因此设计前期，需要收集水厂近2~3年原水的浊度、色度、加药量等数据进行频率统计后，根据结果分析原水浊度设计取值、药剂投加量的设计取值。

净水厂排泥水处理系统设计处理的干污泥量可按下列公式计算：

$$S = (K_1 C_0 + K_2 D) \times Q \times 10^{-6}$$

式中，C_0 为原水浊度设计取值（NTU）；K_1 为原水浊度单位 NTU 与悬浮物 SS 单位 mg/L 的换算系数，应经过实测确定，无资料时可取 0.7~2.2；D 为药剂投加量，mg/L；K_2 为药剂转化成泥量的系数，采用 Al_2O_3 时为 1.53；Q 为原水设计流量，m^3/d；S 为干污泥量，t/d。

5.1.2.2　排泥水处理系统各单元的设计规模

沉淀池排泥水总量可根据每日沉淀池排泥次数和每次排泥历时以及排泥时流量计算（应包括沉淀和絮凝部分的排泥）；也可根据处理水量和沉淀池进出水固体总量及平均排泥含固率计算。

滤池冲洗水排水量可根据滤池格数、冲洗周期及每次冲洗耗水量计算。

5.1.3 排泥水处理设施

5.1.3.1 调节设施

排泥水处理系统中调节设施主要有排水池和排泥池。对于调节池而言，一般应采用排水、排泥分建方式，但当排泥水送往厂外处理，且不考虑废水回用或排泥水处理系统规模较小时，可采用合建。排水池、排泥池出流流量应尽可能均匀、连续。当调节池对入流流量进行匀质、匀量时，池内应设扰流设施，当只进行量的调节时，池内应分别设沉泥和上清液取出设施。沉淀池排泥水和滤池反冲洗废水一般宜采用重力流入调节池。调节池应设置溢流口，并宜设置放空管，其位置宜靠近沉淀池和滤池。

A 排水池

排水池主要收集滤池反冲洗废水和浓缩池上清液回用水，排水池调节容积应分别按下列情况确定：当排水池只调节滤池反冲洗废水时，调节容积宜按大于滤池最大一次反冲洗水量确定（一般是最大一格滤池的反冲洗水量），当滤池格数较多时，最大一次反冲洗水量应按同时进行多格冲洗的水量计算；当排水池除调节滤池反冲洗废水外，还接纳和调节浓缩池上清液时，其容积还应包括接纳上清液所需调节容积。

当排水池废水用水泵排出时，排水泵的设置应符合下列要求：排水泵容量应根据反冲洗废水和浓缩池上清液等的排放情况，按最不利工况确定，例如考虑一格滤池冲洗废水量必须在下一格滤池冲洗前排完；当排水泵出水回流至水厂时，其流量应尽可能连续、均匀，排水泵容量一般宜控制在不大于净水规模的4%；排水泵的台数一般不宜少于2台，并设置备用泵。

排水池有效水深一般为2~4m，当排水池不考虑作为预浓缩时，池内宜设置水下搅拌机，防止污泥沉积。排水池底部要考虑一定坡度，便于清洗排空。当考虑预浓缩时，排水池应设有上清液的引出装置及沉泥的排出装置。

B 排泥池

排泥池主要接受的是来自沉淀池的排泥或排水池的底泥，同时还包括来自脱水机的分离液和设备冲洗水量。设计排泥池时需要注意以下要点：排泥池调节容积应根据沉淀池排泥方式、排泥水量以及排泥池的出流工况计算确定，但不小于沉淀池最大池一次排泥水量，同时应包括来自脱水机的分离液和设备冲洗水量，当考虑高浊期间部分污泥在排泥池作临时储存时，还应包括所需要的储存容积；排泥池有效水深为2~4m，排泥池内应设液下搅拌装置，防止污泥沉积；排泥池进水管和污泥引出管管径应大于DN150；当排泥池出流不具备重力流条件时，应设置排泥泵。

当调节池采用分建时，排泥池可采用浮动槽排泥池进行调节和初步浓缩。浮动槽排泥池设计应符合下列要求：池底污泥应连续、均匀排入浓缩池；上清液由浮动槽连续、均匀收集；池体容积应按满足调节功能和重力浓缩要求中容积大者确定；调节容积应不小于沉淀池最大池一次排泥水量；池面积、有效水深、刮泥设备及构造可参照重力浓缩池的设计方式；浮动槽浮动幅度一般宜为1.5m；浮动槽排泥池宜设置固定溢流设施；上清液排放时应设置上清液集水井和提升泵。

C 综合排泥池

排水池和排泥池合建的综合排泥池调节容积宜按滤池反冲洗水和沉淀池排泥水入流条

件及出流条件按调蓄方法计算确定，也就是先确定沉淀池排泥水和滤池反冲洗水随时间不同流入和流出综合排泥池的污水流量，进而做出综合排泥池随时间变化的入流曲线和出流曲线，其综合排泥池的调节容积为一个周期内，入流曲线和出流曲线所围成的面积。这种计算方法相对较为复杂，通常调节容积也可采用分建情况下计算的排水池和排泥池调节容积之和确定。此外注意池中宜设扰流设备。

5.1.3.2 浓缩设施

浓缩设施主要用于大幅度减小污泥的体积，通过污泥浓缩，污泥增稠，使污泥的含水率降低，从而可以大大降低其他工程措施的投资。常见的浓缩方式主要有重力浓缩和机械浓缩，其优缺点如表 5-1 所示。

表 5-1　浓缩设施的优缺点

浓缩方式		优　点	缺　点
重力浓缩	沉淀浓缩	耗能少，贮泥能力强，在高浊度时有一定缓冲能力	占地面积大
	气浮浓缩	浓缩速度快，占地少，刮泥较方便，适用于高有机质活性污泥或密度低的亲水性无机污泥	基建和操作费用较高，管理较复杂，运行费用高，浓缩后泥渣浓度较低（2~3g/L）
机械浓缩	离心浓缩	设备紧凑、用地省、造价低	运行和机械维修费用高，耗能大，需要投加一定的高分子聚合物
	螺压式浓缩		

A　浓缩池设计要点

排泥水浓缩宜采用重力浓缩，浓缩后污泥的含固率应满足选用脱水机械的进机浓度要求，且不低于2%。重力浓缩池一般宜采用圆形或方形辐流式浓缩池，当占地面积受限制时，通过技术经济比较，可采用斜板（管）浓缩池。重力浓缩池面积可按固体通量计算，并按液面负荷校核。固体通量、液面负荷宜通过沉降浓缩试验，或按相似污泥浓缩数据确定。当无试验数据和资料时，辐流式浓缩池的固体通量可取 0.5~1.0kg 干固体/（m^2·h），液面负荷不大于 1.0m^3/（m^2·h）。当重力浓缩池为间歇进水和间歇出泥时，可采用浮动槽收集上清液提高浓缩效果。浓缩池处理的泥量除沉淀池排泥量外，还需要考虑清洗沉淀池、排水池、排泥池所排出的水量以及脱水机的分离液量等。

浓缩池池数宜采用 2 个及其以上，重力浓缩池池边水深一般为 3.5~4.5m。浓缩池上清液一般采用固定式溢流堰，溢流堰负荷率控制在 150m^3/（m·d）以下。

辐流式浓缩池设计应符合下列要求：池深度主要是两部分组成，一部分是澄清区，高度一般为 1~2m，另一部分为压密区，高度一般在 3.5m 以上。当考虑污泥在浓缩池作临时储存时，池边水深可适当加大；宜采用机械排泥，当池子直径（或正方形一边）较小时，也可以采用多斗排泥；刮泥机上宜设置浓缩栅条，外缘线速度不宜大于 2m/min；池底坡度为 0.08~0.10，超高大于 0.3m；浓缩污泥排出管管径不应小于 150mm。

B　浓缩池计算方法

浓缩池的设计计算方法见表 5-2。

表 5-2　浓缩池的计算方法

名　称	公　式	符号说明
按固体通量计算浓缩池表面积/m²	$A_s = \dfrac{Q\omega}{q_s}$	Q——污泥量，m³/d；
按水力负荷计算浓缩池表面积/m²	$A_w = \dfrac{Q}{q_w}$	ω——污泥含固量，kg/m³； q_s——固体通量，kg/(m²·d)； q_w——水力负荷，m³/(m²·d)； A——污泥浓缩池表面积，根据 A_s 和 A_w 的计算
浓缩池有效容积	$V = Ah$	值进行比较，选择最大值； h——有效水深，m

C　脱水设施

污泥脱水是为了泥饼便于运输及最终处置，脱水后的污泥含固率应该在 20% 以上。污泥脱水分为自然干化和机械脱水两类，其中由于机械脱水不受自然条件影响，且脱水效率高，便于管理，因此应用较广。

a　机械脱水

污泥脱水机械的选型应根据浓缩后污泥的性质、最终处置对脱水泥饼的要求，经技术经济比较后选用，一般可采用板框压滤机、离心脱水机，对于一些易于脱水的污泥，也可采用带式压滤机。这三种脱水机的优缺点及适用条件如表 5-3 所示。

表 5-3　脱水设施的优缺点及适用条件

机型	优　点	缺　点	适用条件
板框压滤机	脱水污泥含固浓度最高，达 30% 以上，滤液含固率最少，仅 0.02% 左右，泥饼稳定性好	所需冲洗水量大，管理较复杂，噪声较大，占地面积大	进泥含固率要求 1.5%~3%
带式压滤机	管理较方便，噪声小，与板框压滤机相比占地面积小，能耗低	脱水污泥含固浓度较低，在 20% 左右，所需冲洗水量大，滤液含固率最高（>0.05%），泥饼稳定性较差	进泥含固率要求 3%~5%
离心脱水机	管理方便，所需冲洗水量小，设备紧凑，占地面积小，泥饼稳定性较好	有连续较大噪声，滤液含固率较高（0.05% 左右），能耗最高	进泥含固率要求 2%~3%

脱水机的产率及对进机污泥浓度的要求宜通过试验或按相同机型、相似污泥数据确定，并应考虑低温对脱水机产率的不利影响。脱水机的台数应根据所处理的干泥量、脱水机的产率及设定的运行时间确定，但不宜少于 2 台。脱水机前应设平衡池。池中应设扰流设备。平衡池的容积应根据脱水机工况及排泥水浓缩方式确定。污泥在脱水前若进行化学调节，药剂种类及投加量宜由试验或按相同机型、相似污泥数据确定。

机械脱水间的布置除考虑脱水机械及附属设备外，还应考虑泥饼运输设施和通道。脱水间内泥饼的运输方式及泥饼堆置场的容积，应根据所处理的泥量多少、泥饼出路及运输条件确定，泥饼堆积容积一般可按3~7d泥饼量确定。脱水机间和泥饼堆置间地面应设排水系统，能完全排除脱水机冲洗和地面清洗时的地面积水。当排水管内有泥沙沉积时，应便于清通。机械脱水间应考虑设置通风和噪音消除设施。脱水机间宜设置滤液回收井，经调节后，均匀排出。输送浓缩污泥的管道应适当设置管道冲洗注水口和排水口，其弯头宜易于拆卸和更换。脱水机房应尽可能靠近浓缩池。

（1）板框压滤机。设计要点：污泥进入板框压滤机前的含固率一般不宜小于2%，脱水后的泥饼含固率一般不应小于30%。板框压滤机宜配置高压滤布清洗系统。板框压滤机一般宜解体后吊装，起重量可按板框压滤机解体后部件的最大重量确定。如脱水机不考虑吊装，则宜结合更换滤布需要设置单轨吊车。滤布的选型宜通过试验确定。板框压滤机投料泵应选用容积式泵，并采用自灌式启动。板框压滤机的设计计算方法见表5-4。

表5-4 板框压滤机的计算方法

名　称	公式	符号说明
过滤总面积/m²	$A = \dfrac{QC}{Vt}$	Q——进泥量，m³/d；C——进入污泥的含固率，kg/m³；V——过滤能力，kgDS/(m²·h)，给水污泥一般取3kgDS/(m²·h)左右；t——实际操作时间，h/d；L——按正方形计滤板的边长，m；n——滤板的数量
单台压滤机过滤面积/m²	$a = 2L^2(n-1)$	
压滤机数量/台	$N = \dfrac{A}{a}$	

（2）带式压滤机。设计要点：当原水SS很低，泥量中混凝剂形成的泥量占40%~50%SS，且进泥含固率为2%~3%时，带式压滤机滤布过滤能力约为100kgDS/(m²·h)；当原水SS在50~100mg/L时，泥量中混凝剂形成的泥量占20%SS，且进泥含固率不低于5%时，滤布过滤能力为300~450kgDS/(m²·h)。带式压滤机的设计计算方法见表5-5。

表5-5 带式压滤机的计算方法

名　称	公式	符号说明
所需总宽度/m	$B = \dfrac{QC}{V}$	Q——进泥量，m³/d；C——浓缩污泥的含固率，kg/m³；V——滤布过滤能力 kgDS/(m²·h)；b——每台带式压滤机带宽，从0.75~3.0m不等
设备台数（一般不少于2台）	$N = \dfrac{B}{b}$	

（3）离心脱水机。设计要点：离心脱水机选型应根据污泥性状、泥量多少、运行方式确定。一般宜选用卧式离心沉降脱水机。离心脱水机进机污泥含固率一般不宜小于3%，脱水后泥饼含固率一般不应小于20%。离心脱水机的产率、固体回收率与转速、转差率及堰板高度的关系宜通过拟选用机型和拟脱水的排泥水的试验或按相似机型、相近污泥的数据确定。在缺乏上述试验和数据时，离心机的分离因数可采用1500~3000，转差率采用2~

5r/min。离心脱水机的转速宜采用无级可调。离心脱水机应设冲洗装置，分离液排出管宜设空气排除装置。

    b 污泥干化场

利用露天干化场使污泥自然干化，是污泥脱水最经济的方法，但是受自然条件的影响，最适合采用污泥干化的地区是气候干燥、地域面积较大、用地方便、环境条件许可且处理规模较小的地区。

设计要点：污泥干化场的污泥布置是自上而下分层铺设，分别为污泥层、含砂过滤层、埋设排泥管的砾石排水层。其中污泥层覆盖厚度一般为 0.3~0.4m；含砂过滤池一般采用粗砂，粒径为 0.5~2.0mm，厚度为 0.1~0.15m；砾石排水层位于最底层，粒径 15~20mm，该层内埋设的排水管通常为不打接头的水泥管、陶土管或塑料穿孔管，该层厚度不小于 0.2m。干化场单床面积一般宜为 500~1000m^2，且床数不宜少于 2 床。当采用人工清泥时，干化场场地宽度不超过 8m，当一点进泥时长度不超过 20m，超过时可采用多点进泥；当采用机械清泥时，干化场场地宽度可达 20m，长度为 1km。进泥口的个数及分布应根据单床面积、布泥均匀性综合确定。当干化场面积较大时，宜采用桥式移动进泥口。干化场排泥深度宜采用 0.5~0.8m，超高 0.3m。干化场宜设人工排水层，人工排水层下设不透水层。不透水层坡向排水设施坡度宜为 0.01~0.02。干化场应在四周设上清液排出装置，上清液应达标排放。

5.2   污水厂的污泥处理与处置

5.2.1   污水厂污泥处理工艺流程及性质参数

5.2.1.1   污泥的种类

污水处理厂产生的污泥种类很多，分类也比较复杂，目前常见的分类方法主要是根据成分、分离过程及产生阶段进行分类。

    A 按污泥成分及性质分

以有机物为主要成分的污泥可称为有机污泥，其主要特性是有机物含量高，容易腐化发臭，颗粒较细，密度较小，含水率高且不易脱水，呈胶状结构的亲水性物质，便于用管道输送。例如养殖厂污泥、畜牧污泥、禽类污泥、餐饮污泥、污水处理厂污泥等，其中生活污水处理产生的混合污泥和工业废水产生的生物处理污泥是典型的有机污泥，其特性是有机物含量高（60%~80%），颗粒细（0.02~0.2mm），密度小（1002~1006kg/m^3），呈胶体结构，是一种亲水性污泥，容易管道输送，但脱水性能差。

以无机物为主要成分的污泥常称为无机污泥或沉渣，沉渣的特性是颗粒较粗，密度较大，含水率较低且易于脱水，但流动性较差，不易用管道输送。例如制药厂污泥泥渣、洗煤厂污泥、电镀污泥、皮革厂污泥、印染污泥、造纸厂污泥等，以及废水利用石灰中和沉淀、混凝沉淀和化学沉淀的沉淀物，无机物含量高的泥渣均属沉渣，无机污泥一般是疏水性污泥。

    B 按污泥从污水中分离的过程分

（1）初沉污泥。指从初次沉淀池排出的沉淀物，其性质随污水的成分，特别是随着混入的工业废水性质而发生变化。正常情况下，初沉污泥为棕褐色、略带灰色，当发生腐败时，则呈现灰色或黑色，有臭味，初次沉淀污泥的有机成分一般在 50%～70% 之间，含固率一般不大于 4%。初沉污泥的水力特性较为复杂，当污泥含固率小于 1% 时，污泥流动情况可参照污水的流动；当污泥含固率大于 2% 时，污泥流动要比污水阻力大得多，此时污泥在管道的流速一般宜控制在 1.5m/s 以上，以降低阻力。初沉污泥的产量取决于污水水质和初次沉淀池的运行效果，污泥量除与污水的 SS 及沉淀效率有关外，还取决于沉淀排泥浓度。

（2）活性污泥。指活性污泥处理工艺二次沉淀池产生的沉淀物，扣除回流到曝气池的那部分后，剩余的部分称为剩余活性污泥。剩余活性污泥含固率一般为 0.5%～0.8%，有机成分在 60%～85% 之间。活性污泥流动性能与污水基本一致，不易沉降。

（3）生物滤池污泥。指曝气生物滤池反冲洗水中的污泥，其沉淀性能较好，脱水性能较差，其产泥量可按照去除有机物后的污泥增加量和去除悬浮物量两项之和计算，通常每去除 1kg BOD_5 可参考产生的污泥量为 0.18～0.75kg。

（4）化学污泥。指混凝沉淀工艺中产生的污泥，其性质与混凝剂有关。化学污泥一般容易浓缩或脱水，其中有机成分含量低，不需要进行污泥稳定化处理。

C 依据污泥的不同产生阶段分

（1）生污泥。指从沉淀池（包括初沉池和二沉池）排出来的沉淀物或悬浮物的总称。

（2）消化污泥。指生污泥经厌气分解后得到的污泥。

（3）浓缩污泥。指生污泥经浓缩处理后得到的污泥。

（4）脱水干化污泥。指经脱水干化处理后得到的污泥。

（5）干燥污泥。指经干燥处理后得到的污泥。城镇污水污泥应根据地区经济条件和环境条件进行减量化、稳定化和无害化处理，并逐步提高资源化程度。

5.2.1.2 污泥处置一般规定及工艺流程

污泥的处置方式包括作肥料、作建材、作燃料和填埋等，污泥的处理流程应根据污泥的最终处置方式选定。污泥处理构筑物个数不宜少于 2 个，按同时工作设计。污泥脱水机械可考虑一台备用。污泥处理过程中产生的污泥水应返回污水处理构筑物进行处理。污泥处理过程中产生的臭气，宜收集后进行处理。

典型的污泥处理工艺流程如图 5-1 所示，包含七个阶段。

初沉污泥与剩余活性污泥的浓缩性能、可消化性以及脱水性能之间都存在着很大的差别。从原则上讲，最好设两套不同的污泥处理系统，对初沉污泥和活性污泥进行单独处理，但在实际过程中剩余活性污泥不宜单独消化，因为其碳氮比较小，不利于消化的稳定进行，所以目前几乎所有的污水处理厂都需要把初沉污泥和剩余活性污泥进行合并处理。其中最常见的两种处理方式为初沉池合并处理和分别处理后到消化池进行合并。在初沉池合并处理是指将剩余活性污泥排入初沉池配水渠道，与污水混合，然后与污水中的 SS 在初沉池一起沉淀下来，形成混合污泥。混合污泥进入污泥处理系统进行处理，工艺流程如图 5-2 所示。分别处理后在消化池合并处理的方式是指初沉污泥和剩余活性污泥分别进行浓缩，然后进入同一消化池进行消化。考虑到剩余活性污泥不易重力浓缩，因而常采用气浮浓缩，也可以采用离心浓缩。初沉污泥浓缩性能较好，可采用重力浓缩。这种处理方式的流程如图 5-3 所示。

适用于 20t 干污泥/d 及以上的大规模、有机物含量高的污泥处理工艺包括以下几种方式：

（1）污泥浓缩→常规消化或高级厌氧消化→污泥脱水→土地利用；

（2）污泥浓缩→污泥脱水→好氧发酵→土地利用；

（3）污泥浓缩→常规消化或高级厌氧消化→污泥脱水→污泥热干化→焚烧→填埋或建材利用。

适用于20t干污泥/d及以上的大规模、有机物含量低的污泥处理工艺包括以下几种方式：

（1）污泥浓缩→高级厌氧消化或生物质协同厌氧消化→污泥脱水→土地利用；

（2）污泥浓缩→污泥脱水→好氧发酵→土地利用；

（3）污泥浓缩→高级厌氧消化或生物质协同厌氧消化→污泥脱水→污泥热干化→焚烧→填埋或建材利用。

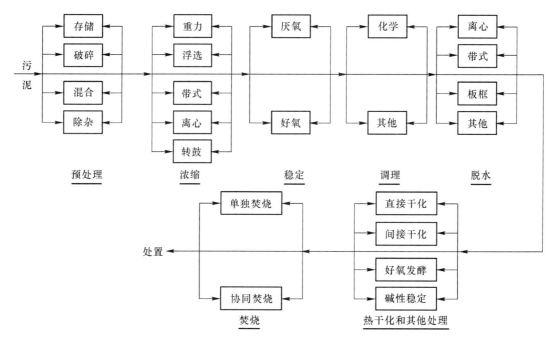

图 5-1　典型的污泥处理工艺流程图

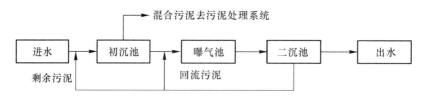

图 5-2　剩余活性污泥进入初次沉淀池流程图

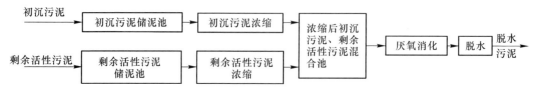

图 5-3　初沉污泥与剩余活性污泥分别处理流程图

适用于小规模污泥处理的主要工艺有：

（1）污泥浓缩→污泥脱水→好氧发酵→土地利用；

（2）污泥浓缩→污泥脱水→石灰稳定→填埋或建材利用。

在最终确定污泥处理处置方案时，还应该综合考虑所选方案对环境和技术经济上的影响，表5-6对常见的几种污泥处理处置方案进行评价和分析，具体设计时还应根据各地具体情况、工程投资、运行费用等进行详细评估。

表5-6　典型污泥处理处置方案的综合分析与评价

典型污泥处理处置方案		厌氧消化+土地利用	好氧发酵+土地利用	机械干化+焚烧	工业窑炉协同焚烧	石灰稳定+填埋	深度脱水+填埋
适用的污泥种类		生活污水污泥	生活污水污泥	生活污水及工业废水混合污泥	生活污水及工业废水混合污泥	生活污水及工业废水混合污泥	生活污水及工业废水混合污泥
环境安全性评价	污染因子	恶臭、病原微生物	恶臭、病原微生物	恶臭、烟气	恶臭、烟气	恶臭、重金属	恶臭、重金属
	安全性	总体安全	总体安全	总体安全	总体安全	总体安全	总体安全
资源循环利用评价	循环要素	有机质、氮磷钾、能量	有机质、氮磷钾	无机质	无机质	无	无
	资源循环利用效率评价	高	较高	低	低	无	无
能耗物耗评价	能耗评价	低	较低	高	高	低	低
	物耗评价	低	较高	高	高	高	高
技术经济评价	建设费用	较高	较低	较高	较低	较低	低
	占地	较少	较多	较少	少	多	多
	运行费用	较低	较低	高	高	较低	低

5.2.1.3　污泥的性质参数及产量

污泥的性质参数及产量计算方法见表5-7。

表5-7　污泥的性质参数及产量计算方法

名　　称	公　　式	符号说明
污泥湿基含水率/%	$P_w = \dfrac{W_e}{W} \times 100\%$	W_s——污泥所含水分质量，kg； W——污泥总质量，kg；
污泥干基含水率/%	$d = \dfrac{W_s}{W_g} \times 100\% = \dfrac{P_w}{1-P_w}$	W_g——污泥所含干固体质量，kg； V_1，W_{s1}，c_1——含水率 P_{w1} 时的污泥体积、
污泥含固率/%	$P_s = \dfrac{W_g}{W} \times 100\%$	含水质量与含固体物的浓度； V_2，W_{s2}，c_2——含水率 P_{w2} 时的污泥体积、
不同含水率下同一污泥的体积比	$\dfrac{V_1}{V_2} = \dfrac{W_{s1}}{W_{s2}} = \dfrac{1-P_{w2}}{1-P_{w1}} = \dfrac{c_2}{c_1}$ 适用于含水率大于65%的污泥	含水质量与含固体物的浓度； W_d——湿污泥质量，kg； W_h——同体积水的质量，kg；

名　称	公　式	符号说明
湿污泥相对密度	$\gamma = \dfrac{W_d}{W_h} = \dfrac{100\gamma_s}{P_w\gamma_s + (100 - P_w)}$	P_v——污泥中挥发性固体（即有机物）所占比例，%；
干污泥相对密度	$\gamma_s = \dfrac{250}{100 + 1.5P_v}$	G——机械脱水时，所加无机混凝剂质量比，当用高分子混凝剂时，$G = 0$；采用三氯化铁，$G = 3\% \sim 5\%$；采用消石灰，$G = 20\% \sim 30\%$；
污泥（污泥干重）燃烧热值/kJ·kg^{-1}	$Q = 2.3a\left(\dfrac{100P_v}{100 - G} - b\right)\left(\dfrac{100 - G}{100}\right)$	a，b——经验系数，新鲜初沉污泥和消化污泥 $a = 131$、$b = 10$；新鲜活性污泥 $a = 107$、$b = 5$
预处理工艺污泥产量/kg·d^{-1}	$\Delta X_1 = aQ(S_{pi} - S_{po})$	Q——设计平均日废水流量，m^3/d； a——系数，初沉池 $a = 0.8 \sim 1.0$，排泥间隔较长时，取下限；AB 法 A 段 $a = 1.0 \sim 1.2$；水解工艺 $a = 0.5 \sim 0.8$；化学强化一级处理和深度处理时 $a = 1.5 \sim 2.0$； S_{pi}，S_{po}——进、出水悬浮物浓度，kg/m^3
带预处理系统的活性污泥法的剩余污泥产生量/kg·d^{-1}	$\Delta X_2 = \dfrac{aQS_r - bS_vV}{f}$	f——MLVSS/MLSS 的比值，对于生活污水，一般 $0.5 \sim 0.75$； S_r——曝气池进出水 BOD$_5$ 浓度之差，kg/m^3； V——曝气池容积，m^3； S_v——混合液挥发性污泥浓度，kg/m^3； a——污泥产生率系数，kgMLVSS/kgBOD$_5$，一般取 $0.5 \sim 0.65$； b——污泥自身氧化率，d^{-1}，一般取 $0.05 \sim 0.1$
不带预处理系统的活性污泥法剩余污泥产生量/kg·d^{-1}	$\Delta X_3 = YQ(S_i - S_o) - K_dVS_v + fQ(S_{pi} - S_{po})$	Y——污泥产率系数，kgMLVSS/kgBOD$_5$，20℃时一般取 $0.3 \sim 0.6$； S_i，S_o——生物反应池进出水 BOD$_5$ 浓度，kg/m^3； K_d——衰减系数，d^{-1}，一般取 $0.05 \sim 0.1$d^{-1}； V——生物反应池容积，m^3； S_v——生物反应池内混合液挥发性悬浮固体平均浓度，kgMLVSS/m^3； f——悬浮物的污泥转化率，一般取 $0.5 \sim 0.7$gMLVSS/gSS，不带预处理系统的一般取上限
带预处理的好氧生物处理污泥总产生量/kg·d^{-1}	$W_1 = \Delta X_1 + \Delta X_2$	一般指带有初沉池、水解池、AB 法 A 段等预处理工艺的二级废水处理系统，会产生两部分污泥

名　称	公　式	符号说明
不带预处理的好氧生物处理污泥总产生量 /kg·d^{-1}	$W_3 = \Delta X_3$	一般指具有污泥稳定功能的延时曝气活性污泥工艺（包括部分氧化沟工艺、SBR 工艺），污泥龄较长，污泥负荷较低，该工艺只产生剩余污泥
消化后污泥总量 /kg·d^{-1}	$W_2 = W_0(1-\eta)\dfrac{f_1}{f_2}$	W_0——原污泥总量，kg/d； f_1——原污泥中挥发性有机物含量百分比； f_2——消化污泥中挥发性有机物含量百分比
污泥挥发性有机固体降解率/%	$\eta = \dfrac{qk}{0.35Wf_1} \times 100\%$	q——实际沼气产生量，m^3/h； k——沼气中甲烷含量百分比，%； W——厌氧消化池进泥量，kg 干污泥/h

5.2.1.4　设计例题

A　设计例题 1

要求污泥含水率从 99.2% 降到 96%，污泥体积减小多少？若已知污泥的含水率为 96%，有机物含量为 60%，求干污泥和湿污泥的相对密度。

解：不同含水率下，同一污泥的体积比：

$$\frac{V_1}{V_2} = \frac{W_{s1}}{W_{s2}} = \frac{1-P_{w2}}{1-P_{w1}} = \frac{c_2}{c_1}$$

则：

$$V_2 = V_1\frac{1-P_{w1}}{1-P_{w2}} = V_1\frac{1-0.992}{1-0.96} = \frac{1}{5}V_1$$

当污泥含水率从 99.2% 降到 96% 时，体积减小了 1/5。

干污泥相对密度：

$$\gamma_s = \frac{250}{100+1.5P_v} = \frac{250}{100+1.5\times60} = 1.32$$

湿污泥的相对密度：

$$\gamma = \frac{100\gamma_s}{P_w\gamma_s + (100-P_w)} = \frac{100\times1.32}{96\times1.32+(100-96)} = 1.01$$

则干污泥的相对密度为 1.32，湿污泥的相对密度为 1.01。

B　设计例题 2

某污水处理厂日产剩余污泥量 2500m^3/d，含水率为 99.2%，浓缩后污泥含水率 96%，污泥浓缩后送至消化单元处理，生污泥中有机物含量为 70%，污泥经消化后有机物含量为 50%，污泥挥发性有机物降解率为 30%，求该厂的消化污泥量。

解：浓缩污泥体积：

$$V_2 = V_1\frac{1-P_{w1}}{1-P_{w2}} = 2500\times\frac{1-0.992}{1-0.96} = 500\text{m}^3$$

干污泥相对密度：

$$\gamma_s = \frac{250}{100+1.5P_v} = \frac{250}{100+1.5\times70} = 1.22$$

湿污泥相对密度：

$$\gamma = \frac{100\gamma_s}{P_w\gamma_s + (100 - P_w)} = \frac{100 \times 1.22}{96 \times 1.22 + (100 - 96)} = 1.007$$

消化前湿污泥量：

$$W_d = \gamma W_h = 1.007 \times 500 \times 1000 = 503.5 \text{t/d}$$

消化后污泥量：

$$W_2 = W_d(1 - \eta)\frac{f_1}{f_2} = 503.5 \times (1 - 30\%) \times \frac{70\%}{50\%} = 493.43 \text{t/d}$$

5.2.2　污泥的输送

5.2.2.1　未脱水污泥的输送

未脱水污泥的输送主要是管道输送。此时污泥的含水率在 80% ~ 99.5%，其输送系统有压力管道和自流管道两种形式。管道输送时宜采用离心泵、螺杆泵或柱塞泵，管道可选择无缝钢管或超低摩阻耐磨复合管。为防止管道和水泵的堵塞，减少磨损，需要在污泥泵前设置管式破碎机，用来防止大颗粒的物质进入污泥泵。

污泥管道的管径应根据不同性质的污泥泥量、含水率、临界流速及水头损失等条件进行选定。选定管径后，还应根据运转过程中可能发生的污泥量和含水率变化，对管道的流速和水头损失进行核算。对于污泥管道的计算如表 5-8 所示，污泥管道最小设计流速取值见表 5-9。

表 5-8　污泥管道的计算方法

名　称		公　式	符号说明
污泥流速/m·s^{-1}		$v = \frac{1}{n}R^{1.5\sqrt{n}+0.5i^{0.5}}$	n——粗糙系数，$D = 150$mm，$n = 0.013$；
水力坡降/m·m^{-1}		$i = n^2\frac{v^2}{R^{3\sqrt{n}+1}}$	$D = 200/250/300$mm，$n = 0.011$； R——水力半径，m；
污泥管是圆管	平均流速/m·s^{-1}	$v = 0.397K_{st}D^{\frac{2}{3}}J^{\frac{1}{2}}$	K_{st}——有管道内壁材质决定的常数，见表 5-10； D——管径，m；
	流量/m^3·s^{-1}	$Q = 0.312K_{st}D^{\frac{8}{3}}J^{\frac{1}{2}}$	J——水力坡降，单位长度上的水头损失，mm/m；
局部水头损失/m		$h_j = \xi\frac{v^2}{2g}$	ξ——污泥局部阻力系数，见表 5-11； L——输泥管长度，m；
沿程水头损失/m		$h_f = 6.82\left(\frac{L}{D^{1.17}}\right)\left(\frac{v}{C_H}\right)^{1.85}$	C_H——哈森-威廉姆斯系数，取决于污泥浓度，见表 5-12； l——倒虹管的长度，m；
污泥倒虹管水头损失/m		$h = \left(il + \sum\xi\frac{v^2}{2g}\right)e$	$\sum\xi$——所有管件的局部阻力系数总和； e——安全系数，一般为 1.05 ~ 1.15

表 5-9　污泥管道的最小设计流速　　　　　　　　　　　　　　　　（m/s）

污泥含水率/%		90	91	92	93	94	95	96	97	98
管径/mm	150~250	1.5	1.4	1.3	1.2	1.1	1.0	0.9	0.8	0.7
	300~400	1.6	1.5	1.4	1.3	1.2	1.1	1.0	0.9	0.8

表 5-10 K_{st} 平均值

管道种类	K_{st} 值		管道种类	K_{st} 值	
	新管	旧管		新管	旧管
石棉水泥管	95		铸铁管（内涂沥青）	95	
混凝土管	85		钢管（焊接）	95	85
铸铁管	85	78	陶土管	85	

表 5-11 各种管件的污泥局部阻力系数 ξ 值

管件	水的 ξ 值	污泥含水率98%的 ξ 值	污泥含水率98%的 ξ 值
盘承短管	0.4	0.27	0.43
三盘丁字（三通）	0.8	0.6	0.73
90°双盘弯头	1.46（$r/R=0.9$）	0.85（$r/R=0.7$）	1.14（$r/R=0.8$）
四盘十字（四通）	—	2.5	—

表 5-12 污泥浓度与 C_H 关系表

污泥浓度/%	0	2.0	4.0	6.0	8.5	10.1
C_H 值	100	81	61	45	32	25

污泥管道的水头损失也可以按照清水计算后乘以比例系数。按照污泥流量及选用的设计流速，可计算水头损失选定管径。设计流速一般可选为 1.0~2.0m/s，当污泥管道较长时，一般采用低值，污泥含水率大于 98% 时，污泥管道水头损失可为清水的 2~4 倍。压力输泥管最小管径为 150mm，重力输泥管最小管径为 200mm。转弯时易采用 45°弯头，转弯半径不低于 5 倍直径。

污泥管道在构筑物内部宜选择金属管道，埋地时宜选择塑料管道。污泥管道为间歇输送污泥时，管顶应埋在冰冻线以下，当为连续抽送时，管底可设在冰冻线以上。污泥管道为压力管时，可双线敷设，管道坡度宜向污泥泵站方向倾斜，坡度为 0.001~0.002。重力输泥管最小设计坡度为 0.01。污泥管道的线路应尽量靠近下水道管线，便于排除冲洗水及泄空污泥。沿污泥管线一般每 100~200m 设检查井。沿污泥管线每 1000m 左右宜设计节点检修井，用于管道检修。设计污泥倒虹管，用于检查及排气，必要时应能冲洗、泄空与检修，倒虹管一般设置双线，互为备用。

设计例题：某污水处理厂设计污泥流量为 150m³/h，含水率98%，用管道输送，管道长度为 500m，求管道输送时的沿程水头损失。

解：沿程水头损失：

$$h_f = 6.82\left(\frac{L}{D^{1.17}}\right)\left(\frac{v}{C_H}\right)^{1.85}$$

设计污泥流量150m³/h，即 42L/s。根据给水排水设计手册，含水率98%的污泥，可以选择对应的管径为 200mm，设计流速 1.33m/s，根据污泥浓度2%，则 $C_H = 81$。

$$h_f = 6.82\left(\frac{L}{D^{1.17}}\right)\left(\frac{v}{C_H}\right)^{1.85} = 6.82 \times \frac{500}{0.2^{1.17}} \times \left(\frac{1.33}{81}\right)^{1.85} = 10.33\text{m}$$

5.2.2.2　脱水污泥的输送

脱水污泥的输送一般采用皮带输送机、螺旋输送机和管道输送 3 种形式。其适用条件如表 5-13 所示。

表 5-13　脱水污泥输送形式的适用条件

脱水污泥输送形式	适用条件
皮带输送机	输送含水率不小于 85% 的污泥；适应短距离（<100m），低扬程（<20m）污泥输送；常用于中小城镇污水处理厂污泥脱水机房，将脱水污泥输送到污泥储仓或汽车槽车
螺旋输送机	输送含水率 60%~85%，结构较松散、黏性中等的污泥；适应短距离（<25m），低扬程（<8m）污泥输送；常用于中小城镇污水处理厂污泥脱水机房，将脱水污泥输送到污泥储仓或汽车槽车
管道输送机	输送含水率 80% 左右的污泥；适应长距离（0~10km），压力大（0~24MPa），流量大（5~70m³/h）的污泥输送

皮带输送机输送污泥，其设备结构简单、工作可靠、装料和卸载简单方便。当输送含水率为 80% 左右的污泥时，皮带输送倾角应小于 20°。目前单台设备最大输送能力为 $250m^3/h$，单位能耗为 $0.0015~0.0025kW/(m \cdot t)$。

螺旋输送机输送污泥宜采用无轴螺旋输送机。螺旋输送设备结构简单、工作可靠、装卸料方便，输送过程中伴随物料的搅拌和混合。单螺旋输送机的最大输送能力为 $40m^3/h$，双螺旋输送机的最大输送能力为 $120m^3/h$。螺旋的输送倾角宜小于 30°，输送含水率为 80% 左右的污泥时，单位能耗为 $0.1~0.2kW/(m \cdot t)$。

管道输送污泥主要采用高压无缝钢管，设计时应注意：管道应尽量平直；转弯宜选泽 45° 弯头，弯头的转弯半径不应小于 5 倍管径；在管段适当位置应考虑清通、清洗排气设施；与污泥泵连接段应预留检修空间，必要时设高压伸缩节；污泥管道设计流速一般为 $0.06~0.16m/s$，含水率高时流速一般取高值。

5.2.3　污泥处理与处置方式

5.2.3.1　污泥浓缩

污泥浓缩主要有重力浓缩、机械浓缩和气浮浓缩三种工艺形式。三种工艺适用条件如表 5-14 所示。

表 5-14　污泥浓缩工艺的优缺点及适用条件

污泥浓缩工艺		优缺点及适用条件
重力浓缩		重力浓缩电耗少、缓冲能力强，但占地面积大，易产生磷释放，臭味大，需要增添防臭措施。采用重力浓缩初沉污泥含水率从 95%~97% 浓缩至 90%~92%；剩余活性污泥一般不单独进行重力浓缩，初沉污泥和活性污泥混合后进行重力浓缩，其含水率由 96%~98.5% 降至 93%~96%
机械浓缩	带式浓缩	带式浓缩机通常在污泥含水率大于 98% 的情况下使用，常用于剩余污泥的浓缩。带式浓缩机电耗少、噪声低、避免磷释放，但易造成现场清洁问题，车间空气质量差
	转鼓浓缩	电耗少、噪声低、避免磷释放，但依赖絮凝剂的添加，加药量较大，一般为 4~7g 药剂/kg 干泥，存在臭气问题，为防止滤网被堵塞，还需要用高压水不停地冲洗

污泥浓缩工艺	优缺点及适用条件
气浮浓缩	适用于浓缩活性污泥和生物滤池等较轻的污泥,能将含水率99.5%的活性污泥浓缩到94%~96%。气浮浓缩的构筑物和气浮设备体积小,占地面积小,对水力冲击负荷缓冲能力强,避免臭味,但是电耗比较高

A 重力浓缩

重力式污泥浓缩池的设计应符合下列要求:

(1) 连续流污泥浓缩池可采用沉淀池的形式,一般为竖流式和辐流式。

(2) 污泥浓缩池面积应根据污泥固体负荷来计算,当为初沉污泥时,其含水率一般为95%~97%,污泥固体负荷宜采用80~120 kg/(m² · d),浓缩后的污泥含水率可到90%~92%;当为活性污泥时,其含水率为99.2%~99.6%,浓缩后污泥含水率可为97%~98%,污泥固体负荷宜采用30~60kg/(m² · d)。当为初沉污泥和新鲜活性污泥的混合污泥时,其进泥的含水率、污泥固体负荷及浓缩后污泥含水率,可按两种污泥的比例进行计算。

污泥浓缩池面积也可根据水力负荷计算,初沉污泥最大水力负荷可取 1.2~1.6m³/(m² · h);剩余污泥取 0.2~0.4 m³/(m² · h)。按固体负荷计算出浓缩池的面积后,应与按水力负荷计算出的面积进行比较,取最大值。

(3) 污泥浓缩池的有效水深宜为4m,当为竖流式污泥浓缩池时,其水深按沉淀部分的上升流速不大于0.1mm/s 进行核算;浓缩池的容积按照浓缩12~16h 进行核算;污泥室容积应根据排泥方法和两次排泥间隔时间而定,当定期排泥时,两次排泥间隔一般采用8h。

(4) 当采用竖流式浓缩池时,一般不设刮泥机,污泥室的截锥体斜壁与水平面所形成的角度≥50°,中心管的直径可按污泥流量计算,中心进泥。

(5) 辐流式污泥浓缩池采用吸泥机时,吸泥机管流速一般不大于0.03m/s;沉淀区按浓缩分离出来的污水流量进行设计;回转速度为1r/h,池底坡度为0.003;采用刮泥机时,应设置浓缩栅条,采用栅条浓缩机其外缘线速度一般宜为1~2m/min,池底坡向泥斗的坡度不宜小于0.05。不设刮泥设备时,池底一般设有泥斗,泥斗与水平面夹角≥50°。

(6) 污泥浓缩池一般宜设置去除浮渣的装置。当采用生物除磷工艺进行污水处理时,不应采用重力浓缩。间歇式污泥浓缩池应设置可排出深度不同的污泥水的设施。污泥浓缩池的设计计算方法见表5-15。

表5-15 污泥浓缩池的计算方法

名 称	公 式	符号说明
按固体通量计算浓缩池表面积 /m²	$A'_s = \dfrac{Qw}{q_s}$	Q——污泥量,m^3/d;
		w——污泥固体浓度,kg/m^3;
按水力负荷计算浓缩池表面积 /m²	$A'_w = \dfrac{Q}{24q_w}$	q_s——固体负荷,$kg/(m^2 \cdot d)$;
		q_w——水力负荷,$m^3/(m^2 \cdot h)$;
单池容积/m³	$A_1 = \dfrac{A}{n}$	A——浓缩池表面积,A'_s 和 A'_w 取大值;
		n——浓缩池个数,个;

名　称	公　式	符号说明
浓缩池直径/m	$D = \sqrt{\dfrac{4A_1}{\pi}}$	Q_1——浓缩池中心进泥管的污泥流量，m^3/s；
浓缩池中心进泥管直径/m	$D_1 = \sqrt{\dfrac{4Q_1}{\pi v_0}}$	v_0——中心进泥管流速，一般采用 $v_0 \leqslant 0.03m/s$；
浓缩池工作部分高度/m	$h_1 = \dfrac{TQ}{24A}$	T——设计浓缩时间，h； P_1——进泥含水率，%；
浓缩后污泥量	$V_2 = \dfrac{Q(1-P_1)}{1-P_2}$	P_2——出泥含水率，%

B　机械浓缩

当采用机械浓缩设备进行污泥浓缩时，宜根据试验资料或类似运行经验确定设计参数。常见的机械浓缩有带式浓缩机和转鼓浓缩机。带式浓缩机通常与带式脱水机装为一体作为带式浓缩脱水机的浓缩单元，可将剩余污泥的含水率从 99.2%~99.5%浓缩到 93%~95%。转鼓浓缩机一般可将污泥含水率从 97%~99.5%浓缩到 92%~94%。

C　气浮浓缩

气浮浓缩池的设计规定如下：

池子的形状有矩形和圆形两种。当每座气浮装置的处理能力小于 100m³/h 时，多采用矩形气浮池，长宽比一般为 3:1~4:1，深度与宽度之比不小于 0.3，有效水深一般为 3~4m，水平流速一般为 4~10mm/s；当每座气浮装置处理能力大于 100m³/h 时，多采用辐流式气浮池，每座气浮池处理能力大于 1000m³/h 时，深度不应小于 3m。

进泥为活性污泥时，含水率为 99.5%，其进泥浓度不应超过 5g/L。不投加混凝剂时，设计水力负荷为 1~3.6 m³/(m²·h)，一般采用最大水力负荷 1.8 m³/(m²·h)，固体负荷为 1.8~5.0 kg/(m²·h)，活性污泥指数 SVI 为 100 左右，固体负荷采用 5kg/(m²·h)，气浮后污泥含水率在 95%~97%。污泥在气浮池停留时间应不低于 20min。当投加化学混凝剂时，其负荷一般可提高 50%~100%，浮渣浓度也可提高 1%左右。投加聚合电解质或无机混凝剂时，其投加量为 2%~3%干污泥重，混凝剂的反应时间一般不小于 5~10min。助凝剂的投加点一般设在回流与进泥的混合点处。池子的容积应按停留 2h 进行核算，当投加化学混凝剂时，应加上反应时间。

污泥颗粒上浮形成的水面以上浮渣层厚度，一般控制在 0.15~0.3m，利用出水设置的堰板进行调节。刮渣机的刮板移动速度，一般用 0.5m/min。下沉污泥颗粒的泥量，一般按进泥量 1/3 计算，池底刮泥机设计参照沉淀池刮泥机设计参数。气浮池刮出的浮渣，由于含有气泡，抽送至污泥后续处理池时，应选用螺杆泵。

气浮浓缩的气固比与要求的排泥浓度有关，气固比越大排泥浓度就越高。当 SVI 在 100 左右时，污泥的气浮浓缩效果最好。表 5-16 为不同对的气固比对应的排泥浓度。

表 5-16 不同气固比 a/S 对应的排泥浓度 （$SVI = 100$）

气固比	0.01	0.015	0.02	0.025	0.03	0.04
排泥浓度/%	1.5	2.0	2.8	3.3	3.8	4.5

溶气罐的容积一般按加压水停留时间 1~3min 计算，其绝对压力一般采用 0.3~0.5MPa，罐体高与直径之比为 2~4。气浮浓缩池的设计计算方法见表 5-17。

表 5-17 气浮浓缩池计算方法

名　称	公　式	符号说明
气浮池表面积（按固体表面负荷计算）/m²	$A = \dfrac{QC_i}{q_s}$	q_s——气浮池的固体表面负荷，kg/(m²·d)，活性污泥时，取 43.2~120kg/(m²·d)，可见表 5-18；
气浮池表面积（按水力负荷计算）/m²	$A = \dfrac{Q + R}{q_w}$	C_i——入流污泥的浓度，kg/m³，活性污泥时，一般取 5kg/m³；
池宽/m	$B = \sqrt{\dfrac{A}{i}}$	Q——气浮的污泥量，m³/d；
池长/m	$L = Bi$	q_w——水力负荷，m³/(m²·d)，设计水力负荷为 24~86.4m³/(m²·d)，可参考表 5-18；
理论上释放的空气量 /m³·d⁻¹	$a' = \dfrac{QC_i \frac{a}{S}}{\gamma}$	i——长宽比，一般取 3:1~4:1； a——0.1MPa 时理论上所需释放的空气量，kg/d； S——污泥干重，kg/d，$S = QC_i$；
溶气比 无回流	$\dfrac{a}{S} = \dfrac{C_s \gamma(\eta p - 1)}{C_i}$	a/S——溶气比，对于活性污泥一般在 0.01~0.04 之间； r——回流比，即 R/Q，一般取 1.0~3.0；
溶气比 有回流	$\dfrac{a}{S} = \dfrac{C_s \gamma r(\eta p - 1)}{C_i}$	γ——空气密度，kg/m³，见表 5-19； C_s——在一定温度下，0.1MPa 的空气溶解度，m³/m³，见表 5-18；
压力水回流量/m³·d⁻¹	$R = \dfrac{a'}{C_s(\eta p - 1)}$	p——加压溶气绝对大气压力 （0.1MPa），一般在 0.3~0.5MPa，取 3~5kg/cm²；
气浮池高度/m	$H = h_1 + h_2 + h_3$	η——溶气效率，在 0.3~0.5MPa 下，一般取 50%~80%；
分离区高度/m	$h_1 = \dfrac{Q + R}{24 \times 3.6 \times vB}$	h_2——浓缩区高度，m，一般最小值采用 1.2m，或等于 $3B/10$；
溶气罐容积/m³	$V = \dfrac{Rt}{24 \times 60}$	h_3——死水区高度，m，一般采用 0.1m；
溶气罐直径/m	$D = \sqrt[3]{\dfrac{4V}{\pi n}}$	v——水平流速，mm/s，一般取 4~10mm/s； t——溶气罐内停留时间，min，一般 1~3min；
溶气罐的高度/m	$H' = nD$	n——溶气罐高与直径之比，一般取 2~4

表 5-18 气浮浓缩池水力及表面固体负荷值

污泥种类	入流污泥固体浓度/%	表面水力负荷/m³·(m²·h)⁻¹		气浮污泥固体浓度/%	表面固体负荷/kg·(m²·h)⁻¹
		无回流	有回流		
活性污泥混合液	<0.5	0.5~1.8	1.0~3.6	3~6	1.04~3.12
剩余活性污泥	<0.5				2.08~4.17

续表 5-18

污泥种类	入流污泥固体浓度/%	表面水力负荷/m³·(m²·h)⁻¹		气浮污泥固体浓度/%	表面固体负荷/kg·(m²·h)⁻¹
		无回流	有回流		
纯氧曝气剩余活性污泥	<0.5				2.50~6.25
初沉污泥与剩余活性污泥	1~3	0.5~1.8	1.0~3.6	3~6	4.17~8.34
初次沉淀污泥	2~4				<10.8

表 5-19 常压下空气在水中的溶解度和密度

温度/℃	溶解度/m³·m⁻³	密度/kg·m⁻³	温度/℃	溶解度/m³·m⁻³	密度/kg·m⁻³
0	0.0288	1.252	30	0.0161	1.127
10	0.0226	1.206	40	0.0142	1.092
20	0.0187	1.164			

D　设计例题

某污水处理厂剩余污泥量为 $1500 \text{m}^3/\text{d}$，含水率为 99.6%，温度 20℃，入流污泥浓度为 4kg/m^3，采用气浮浓缩不加混凝剂，设计部分回流加压溶气气浮浓缩池。

解：设计两座气浮池，每座设计流量为：

$$Q = \frac{1500}{2} = 750 \text{m}^3/\text{d} = 31.25 \text{m}^3/\text{h} < 100 \text{m}^3/\text{h}$$

采用矩形气浮池。取溶气效率 $\eta = 60\%$，溶气的绝对压力 $p = 4 \text{kg/cm}^2$，回流比 $r = 2$。

在气温 20℃时，空气在水中的质量饱和溶解度为：

$$C_s \times \gamma = 0.0187 \times 1.164 = 0.02177 \text{kg/m}^3$$

溶气比：

$$\frac{a}{S} = \frac{C_s \gamma r(\eta p - 1)}{C_i} = \frac{0.02177 \times 2 \times (0.6 \times 4 - 1)}{4} = 0.015$$

回流量：

$$R = Qr = 31.25 \times 2 = 62.5 \text{m}^3/\text{h}$$

总流量：

$$Q_{总} = Q + R = 31.25 + 62.5 = 93.75 \text{m}^3/\text{h}$$

气浮池表面积。取表面水力负荷 $q_w = 1.8 \text{m}^3/(\text{m}^2 \cdot \text{h})$：

$$A = \frac{Q + R}{q_w} = \frac{93.75}{1.8} = 52 \text{m}^2$$

取长宽比为 3:1，长为 12.6m，宽为 4.2m。

气浮池的高度：浓缩区高度一般采用 1.2m，或 3/10 池宽，在此取 1.2m；死水区高度取 0.1m。

水平流速一般取 4~10mm/s，在此取 5mm/s，即 18m/h。

分离区高度：

$$h_1 = \frac{Q + R}{vB} = \frac{93.75}{18 \times 4.2} = 1.24 \text{m}$$

气浮池高度为 $H = 1.24 + 1.2 + 0.1 = 2.54\text{m}$，在此取 3m。

停留时间：

$$T = \frac{V}{Q_{\text{总}}} = \frac{3 \times 12.6 \times 4.2}{93.75} = 1.7\text{h}$$

溶气罐容积计算。一般加压水停留时间为 1~3min，在此取 3min：

$$V_{\text{罐}} = \frac{Rt}{60} = \frac{62.5 \times 3}{60} = 3.125\text{m}^3$$

溶气罐高与直径之比一般取 2~4，在此取 3。

溶气罐直径为：

$$D = \sqrt[3]{\frac{4V_{\text{罐}}}{\pi n}} = \sqrt[3]{\frac{4 \times 3.125}{3.14 \times 3}} = 1.1\text{m}$$

溶气罐高度为：

$$H' = nD = 3 \times 1.1 = 3.3\text{m}$$

5.2.3.2 厌氧消化

厌氧消化是利用兼性菌和厌氧菌进行厌氧生化反应，分解污泥中有机物质的一种污泥处理工艺。主要的厌氧消化处理构筑物是消化池，在处理过程中加热搅拌，保持泥温，达到使污泥加速消化分解的目的。通常对于日处理能力在 10^5m^3 以上的污水二级处理厂产生的污泥，宜采用厌氧消化工艺进行处理。

A 设计规定

厌氧消化可分为中温厌氧消化和高温厌氧消化。中温厌氧消化温度维持在 34~38℃，宜为 35℃，固体停留时间大于 20d，有机物容积负荷一般为 2~4kg/($\text{m}^3 \cdot \text{d}$)，有机物分解率可达 35%~45%，产气率为 0.75~1.1m^3/kgVSS$_{(\text{去除})}$；高温厌氧消化的污泥温度在 50~56℃，宜为 55℃，固体停留时间一般为 10~15d，有机物分解率可达 35%~45%。传统污泥厌氧消化系统的组成及工艺流程如图 5-4 所示，当污水处理内没有足够场地建设污泥厌氧消化系统时，可将脱水污泥集中到其他地点进行处理，其系统组成及工艺流程图如图 5-5 所示。传统污泥厌氧消化系统包括污泥进出料系统、污泥加热系统、消化池搅拌系统及沼气收集、净化利用系统。

厌氧消化除了可采用单级消化的方式之外，还可以采用两级中温消化。两级厌氧消化池中的第一级污泥温度应保持 33~35℃，污泥应加热并搅拌。一级厌氧消化池与二级厌氧消化池的容积比应根据二级厌氧消化池的运行操作方式，通过技术经济比较确定；二级厌氧消化池可不加热、不搅拌，但应有防止浮渣结壳和排出上清液的措施。有初次沉淀池系统的剩余污泥或类似的污泥，宜与初沉污泥合并进行厌氧消化处理。

厌氧消化池污泥加热，可采用池外热交换或蒸汽直接加热。厌氧消化池总耗热量应按全年最冷月平均日气温通过热工计算确定，应包括原生污泥加热量、厌氧消化池散热量（包括地上和地下部分）、投配和循环管道散热量等。选择加热设备应考虑 10%~20% 的富余能力。厌氧消化池及污泥投配和循环管道应进行保温。厌氧消化池内壁应采取防腐措施。

厌氧消化的污泥搅拌宜采用池内机械搅拌或池外循环搅拌，也可采用污泥气搅拌等。每日将全池污泥完全搅拌（循环）的次数不宜少于 3 次。间歇搅拌时，每次搅拌的时间不

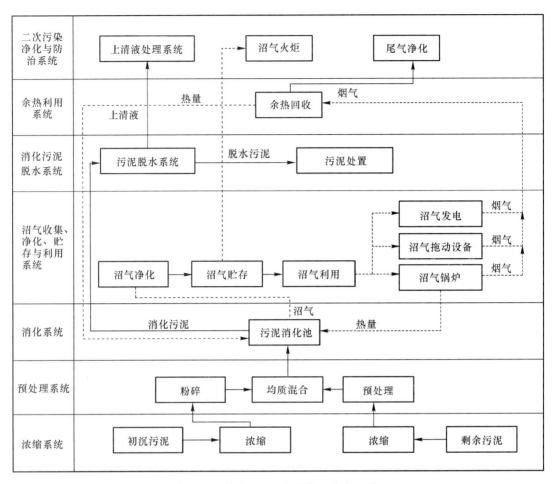

图 5-4　传统污泥厌氧消化工艺流程图

宜大于循环周期的一半。厌氧消化池和污泥气贮罐应密封，并能承受污泥气的工作压力，其气密性试验压力不应小于污泥气工作压力的 1.5 倍。厌氧消化池和污泥气贮罐应有防止池（罐）内产生超压和负压的措施。

厌氧消化池溢流和表面排渣管出口不得放在室内，并必须有水封装置。厌氧消化池的出气管上，必须设回火防止器。用于污泥投配、循环、加热、切换控制的设备和阀门设施宜集中布置，室内应设置通风设施。厌氧消化系统的电气集中控制室不宜与存在污泥气可能泄漏的设施合建，场地条件许可时，宜建在防爆区外。

污泥气贮罐、污泥气压缩机房、污泥气阀门控制间、污泥气管道层等可能泄漏污泥气的场所，电机、仪表和照明等电器设备均应符合防爆要求，室内应设置通风设施和污泥气泄漏报警装置。污泥气贮罐的容积宜根据产气量和用气量计算确定。缺乏相关资料时，可按 6~10h 的平均产气量设计。污泥气贮罐内外壁应采取防腐措施。污泥气管道、污泥气贮罐的设计，应符合现行国家标准《城镇燃气设计规范》（GB 50028）的规定。污泥气贮罐超压时不得直接向大气排放，应采用污泥气燃烧器燃烧消耗，燃烧器应采用内燃式。污泥气贮罐的出气管上必须设回火防止器。污泥气应综合利用，可用于锅炉、发电和驱动鼓

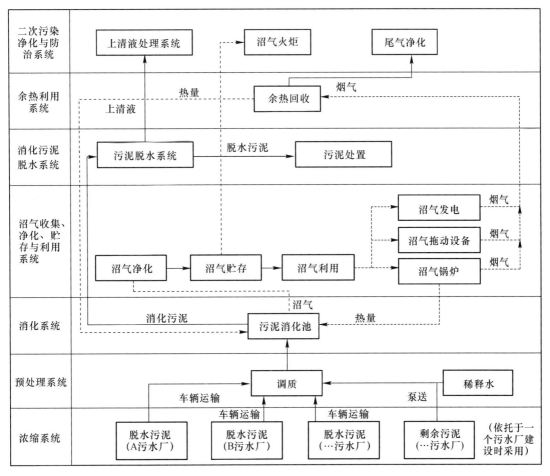

图 5-5 脱水污泥厌氧消化工艺流程图

风机等。根据污泥气的含硫量和用气设备的要求，可设置污泥气脱硫装置。脱硫装置应设在污泥气进入污泥气贮罐之前。

B 设计参数

常规厌氧消化适用于污泥有机成分含量高并容易降解的污泥处理，其池形可以设计为圆柱形池和卵形池，其中卵形池适用于 $10000m^3$ 以上的大容量消化池，处理污泥量较小的情况下可以选用圆柱形池体。消化池的池容可以根据消化池的挥发性固体负荷率进行计算，对重力浓缩后的污泥，厌氧消化池挥发性固体容积宜采用 $0.6 \sim 1.5kgVSS/(m^3 \cdot d)$，对于机械浓缩后的原污泥，厌氧消化池挥发性固体容积宜采用 $0.9 \sim 2.3kgVSS/(m^3 \cdot d)$。消化池通常采用上部进泥下部溢流方式排泥。池内搅拌强度 $5 \sim 10W/m^3$ 池容。常规厌氧消化在运行时，进泥浓度宜为 $3\% \sim 5\%$，反应温度宜为 $(35 \pm 1)℃$，固体停留时间宜为 $20 \sim 30d$，pH 值宜为 $6.8 \sim 7.4$，挥发性脂肪酸与总碱度的比值应小于 0.3。目前，国内水厂最常用的是圆柱形消化池，其池径一般为 $6 \sim 35m$，池总高与池径之比为 $0.8 \sim 1.0$，池底、池盖倾角一般为 $15° \sim 20°$，池底坡度一般用 8%。卵形消化池的壳体曲线设计如图 5-6 所示，其中 $\alpha = 45°$，$\beta = 40°$，$\gamma = 50°$，池径为 D。卵形池的总高 H 与最大直径 D 的比值在 $1.4 \sim 2.0$ 之间。池顶集气罩直径取 $2 \sim 5m$，高 $1 \sim 3m$。

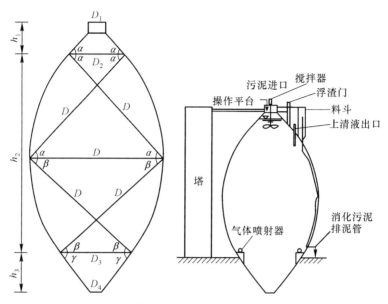

图 5-6　卵形消化池壳体设计图及工艺图

　　高温厌氧消化宜采用钢制柱形消化罐，采用上部进泥下部溢流方式排泥。池容一般根据消化时间和容积负荷确定，挥发性固体容积负荷宜采用 2.0~2.8kgVSS/(m³·d)，搅拌强度 5~10W/m³ 池容。高温厌氧消化池运行时的条件是进泥浓度 4%~6%，高温消化温度为 50~56℃，宜为 55℃，固体停留时间为 10~15d，投配率 6.67%~10%；pH 值宜为 6.4~7.8，挥发性脂肪酸与总碱度的比值 VFA/ALK 应小于 0.3，氨氮浓度宜小于 2000mg/L。

　　高含固厌氧消化可用于高温热水解、超声处理、酸碱处理等方式预处理后的污泥或生物质协同厌氧消化过程。高含固厌氧消化宜采用柱形消化池、机械搅拌。高含固厌氧消化的有效容积根据消化时间和容积负荷确定，挥发性固体容积负荷宜采用 2.5~5kgVSS/(m³·d)，搅拌强度 15~40W/m³ 池容。高含固厌氧消化的运行条件是，进泥浓度为 8%~12%，采用中温消化时温度为 (35±1)℃，采用高温消化时消化温度为 50~56℃，且温度变化率不宜超过 0.5℃/d。未经过预处理的污泥，消化时间应高于 20d；经过预处理的污泥消化时间为 15~18d。pH 值宜为 6.4~7.8，挥发性脂肪酸与总碱度的比值 VFA/ALK 应小于 0.3，氨氮浓度宜小于 2500mg/L。

　　当采用两级消化时，一、二级停留时间可按 1:1、2:1 或 3:2 确定；一、二级容积比可采用 1:1、2:1 或 3:2，常用 2:1。

　　当污泥有机质含量低或以剩余污泥为主可采用两相厌氧消化，其中前置高温阶段运行温度 50~56℃，污泥停留时间 1~3d，后续中温段运行温度 33~38℃，污泥停留时间 15d 左右。

　　消化池敷设的管道有污泥管、排上清液管、溢流管、沼气管、取样管等；污泥管包括进泥管、出泥管、循环搅拌管。污泥管的最小直径要求 150mm；排上清液的最小管径为 75mm；溢流管的最小管径为 200mm，取样管的长度最少应伸到最低泥位以下 0.5m，最小管径为 100mm。

　　污泥泵的台数根据消化池的布置和运转进行选定，最少 2 台。泵型有离心泵、螺杆泵及柱塞泵等。污泥压力管道的最小流速可根据表 5-20 设计，经济流速为 0.9~1.5m/s。

表 5-20　污泥压力管道最小流速　　　　（m/s）

管径 /mm	污泥含水率/%								
	90	91	92	93	94	95	96	97	98
	最小流速								
150~250	1.5	1.4	1.3	1.2	1.1	1.0	0.9	0.8	0.7
300~400	1.6	1.5	1.4	1.3	1.2	1.1	1.0	0.9	0.8

C　设 计 计 算

厌氧消化池设计计算方法见表 5-21。

表 5-21　　厌氧消化池设计计算方法

名　称		公　式	符号说明
消化污泥量和沼气产量计算	进入消化池污泥体积/m³	$V = V_1 + V_2$	V_1——进入消化池初沉污泥产量，m³； V_2——进入消化池剩余污泥产量，m³； η——污泥投配率，%，一般为 3%~4%； Q_0——每日投入消化池的原污泥量，m³/d； t_d——消化时间，中温宜为 20~30d； n——消化池数量（座）； L_v——消化池挥发性固体容积负荷，kgVSS/（m³·d），重力浓缩后的原污泥宜采用 0.6~1.5kgVSS/（m³·d），机械浓缩后的高浓度原污泥不应大于 2.3 kgVSS/（m³·d）； W_s——每日投入消化池的原污泥中挥发性干固体质量，kgVSS/d
	消化池池容/m³	$V' = \dfrac{V}{\eta} \times 100$ $V' = Q_0 t_d$ $V' = \dfrac{W_s}{L_v}$	
	每座消化池的有效容积/m³	$V'_0 = \dfrac{V'}{n}$	
螺旋桨搅拌机的计算	螺旋桨搅拌的污泥量/m³·s⁻¹	$q = \dfrac{mV'_0}{3600t}$	
	污泥流经螺旋桨的速度/m·s⁻¹	$v_0 = \dfrac{q}{F_0}$	
	螺旋桨有效断面积/m²	$F_0 = \dfrac{\pi d^2}{4}(1 - \zeta^2)$	m——设备安全系数，取 1~3； t——搅拌一次所需时间，一般取 2~5h； ζ——螺旋桨叶片所占断面积系数，一般采用 0.25； d——螺旋桨直径，m，通常 $d = D - 0.1$； φ——螺旋桨叶片的倾斜角，(°)； c——中心管流速，m/s，一般取 0.3~0.4m/s
	螺旋桨转速/r·min⁻¹	$n = \dfrac{60v_0}{h \times \cos^2\varphi}$	
	螺旋桨螺距/m	$h = \pi d \tan\varphi$	
	螺旋桨所需功率/kW	$N = \dfrac{qH}{102\eta}$	
	中心管直径/m	$D = \sqrt{\dfrac{4q}{\pi c}}$	

名　称	公　式	符号说明
沼气搅拌、收集与贮存 沼气搅拌所用空压机功率/W	$N = WV$	W——单位池容所消耗的功率，W/m^3，一般取 $5\sim8W/m^3$； V——消化池有效容积，m^3； γ——温度为 0℃，压力为 0.1MPa 时气体的密度，kg/m^3，可取 $0.85\sim1.25kg/m^3$； L——管道长度，m； C——摩擦系数，与管材和管径相关； d——管道管径，cm，最小直径为 100mm； Q_1——密度为 γ_1 的气体流量，m^3/h； γ_1——对应 Q_1 时的气体容重，kg/m^3； ξ——局部阻力系数，丁字管取 8.7，支管和弯管取 1.7，闸门取 1.1； v_q——沼气流速，m/s，一般取 5m/s； Q_c——沼气的日平均产气量，m^3/d； D_z——沼气柜平均直径，m； W_f——浮盖质量，kg； g_1——浮盖深入水中的主体部分质量，kg； h_q——气柜中气体气柱高度，m； γ_q——气柜中气体容重，kg/m^3
沼气管道气压损失/Pa	$P' = \dfrac{10Q_g^2\gamma L}{C^2 d^5}$	
气体容重 $\gamma = 0.6kg/m^3$ 时气体流量/$m^3\cdot h^{-1}$	$Q_g = Q_1\dfrac{\gamma_1}{\gamma}$	
管道局部损失/m	$h_j = \xi\gamma\dfrac{v_q^2}{2g}$	
沼气储气柜容积/m^3	$V_z = (25\% \sim 40\%)Q_c$	
单级湿式沼气柜圆柱部分总高度/m	$H_z = \dfrac{V_z}{0.785D_z^2}$	
沼气柜中压力/MPa	$P = \dfrac{0.02W_f g_1(H_z - h_q)}{D_z^4 H_z} +$ $\dfrac{0.124W_f h_q(1.293 - \gamma_q)}{D_z^2}$	
圆柱形消化池尺寸计算 消化池总高度/m	$H = h_1 + h_2 + h_3 + h_4$	D——消化池直径； d_1——集气罩的直径，m； α——消化池池顶倾角，(°)； d_2——池底直径，m； α_1——消化池池底倾角，(°)； R——消化池半径，m； r_1——集气罩的半径，m； r_2——排泥斗的半径，m； h_4——集气罩安全保护高度，m； V_0'——消化池单池容积，m^3
消化池池顶圆截锥高度部分/m	$h_1 = \left(\dfrac{D}{2} - \dfrac{d_1}{2}\right)\tan\alpha$	
消化池池底圆截锥高度部分/m	$h_3 = \left(\dfrac{D}{2} - \dfrac{d_2}{2}\right)\tan\alpha_1$	
消化池顶圆锥部分体积/m^3	$V_t = \dfrac{1}{3}\pi h_1(R^2 + Rr_1 + r_1^2)$	
消化池底圆锥部分体积/m^3	$V_d = \dfrac{1}{3}\pi h_3(R^2 + Rr_2 + r_2^2)$	
消化池圆柱部分体积/m^3	$V_m = V_0' - V_d$	
消化池圆柱高度/m	$h_2 = \dfrac{4V_m}{\pi D^2}$	
卵形消化池尺寸计算 卵形消化池的体积（单池的有效容积）/m^3	$V_0' = \dfrac{4\pi}{3}\dfrac{H}{2}\left(\dfrac{D}{2}\right)^2$	H——卵形消化池的总高，m； D——卵形消化池最长轴直径，m，$H:D=1.4\sim2.0$ 将卵形池分为多个圆台； h_i——第 i 个圆台的高，m； R_i——第 i 个圆台的下底半径，m； r_i——第 i 个圆台的上底半径，m
利用圆台法求卵形消化池近似总容积/m^3	$\sum V = \sum\left[\dfrac{\pi}{3}h_i(r_i^2 + R_i^2 + R_i r_i)\right]$	
利用圆台法求卵形消化池的近似表面积/m^2	$\sum F = \sum\left(\pi\sqrt{(R_i - r_i)^2 + h_i^2}\times (r_i + R_i)\right)$	

名　称	公　式	符号说明
消化池加热系统 ··· 新鲜污泥的温度升高到消化温度的耗热量/W	$Q_1 = \dfrac{S}{24}(T_D - T_S) \times 1163$	S——每日投入消化池的新鲜污泥量，m^3/d； T_D——消化温度，℃； T_S——新鲜污泥原有温度，℃；
池体耗热量/W	$Q_2 = \sum FK_1(T_D - T_A) \times 1.4$	F——池盖、池壁及池底的散热面积，m^2； T_A——池外介质的温度，℃，当池外介质为大气时，计算全年平均耗热量须按全年平均气温计算；
池盖、池壁、池底的传热系数/W·$(m^2 \cdot ℃)^{-1}$	$K_1 = \dfrac{1}{\dfrac{1}{\alpha_1} + \sum \dfrac{\delta}{\lambda} + \dfrac{1}{\alpha_2}}$	α_1——内表面热转移系数，污泥传到钢筋混凝土池壁为 350W/$(m^2 \cdot ℃)$；气体传到钢筋混凝土池壁为 8.7W/$(m^2 \cdot ℃)$；
加热管、蒸汽管、热交换器等向外界散发的热量/W	$Q_3 = \sum K_2 F'(T_m - T_A) \times 1.4$	α_2——外表面热转移系数，即池壁至介质的热转移系数，如介质为空气时，取 3.5~9.3W/$(m^2 \cdot ℃)$，如介质是土壤时，取 0.6~1.7W/$(m^2 \cdot ℃)$； δ——池体各部结构层、保温层厚度，m；
套管总长/m	$L = \dfrac{Q_{max}}{\pi D' K_3 \Delta T_m} \times 1.4$	λ——池体各部结构层、保温层导热系数，混凝土或钢筋混凝土一般取 1.55 W/$(m^2 \cdot ℃)$；
套管的传热系数/W·$(m^2 \cdot ℃)^{-1}$	$K_3 = \dfrac{1}{\dfrac{1}{\alpha'_1} + \dfrac{\delta_1}{\lambda_1} + \dfrac{\delta_2}{\lambda_2} + \dfrac{1}{\alpha'_2}}$	T_m——锅炉出口和入口热水温度的平均值，或锅炉出口和池子入口蒸汽温度的平均值，℃； K_2——加热管、蒸汽管、热交换器的传染系数，W/$(m^2 \cdot ℃)$； F'——加热管、蒸汽管、热交换器等的表面积，m^2；
平均温差的对数/℃	$\Delta T_m = \dfrac{\Delta T_1 - \Delta T_2}{\ln \dfrac{\Delta T_1}{\Delta T_2}}$	Q_{max}——污泥消化池最大耗热量，W，包括 Q_{1max}、Q_{2max}、Q_{3max} 之和； D'——内管外径，m； α'_1——加热体至管壁的热转移系数，取 3373W/$(m^2 \cdot ℃)$；
热交换器入口污泥温度 T_S 和出口热水温度 T'_W 之差/℃	$\Delta T_1 = T_S - \left(T_W - \dfrac{Q_{max}}{1000 Q_W}\right)$	α'_2——管壁至被加热体的热转移系数，取 5466W/$(m^2 \cdot ℃)$； δ_1——管壁厚度，m； δ_2——水垢厚度，m；
热交换器出口污泥温度 T'_S 和入口热水温度 T_W 之差/℃	$\Delta T_2 = T_S + \dfrac{Q_{max}}{1000 Q_S} - T_W$	λ_1——管子导热系数，W/$(m^2 \cdot ℃)$，钢管一般取 45~58W/$(m^2 \cdot ℃)$； λ_2——水垢导热系数，W/$(m^2 \cdot ℃)$，一般取 2.3~3.5W/$(m^2 \cdot ℃)$；
所需热水量	$Q_W = \dfrac{Q_{max}}{1000(T_W - T'_W)}$	T_W——入口的热水温度，一般采用 60~90℃； T'_W——热交换器出口热水的温度，℃，$T_W - T'_W$ 一般采用 10℃；
直接向污泥中注入高温蒸汽时的蒸汽量/kg·h^{-1}	$G = \dfrac{Q_{max}}{I - I_D}$	Q_{max}　　污泥消化池最大耗热量，kJ/h； I——饱和蒸汽的含热量，kJ/kg；

名　称		公　式	符号说明
消化池加热系统	锅炉的加热面积 /m²	$F_1 = (1.28 \sim 1.40)\dfrac{Q_{max}}{E}$	I_D——消化温度的污泥含热量，kJ/kg； E——锅炉加热面的发散强度，W/m²； I_1——锅炉给水的含热量，kJ/kg，其数值可与给水温度相同； L——常压时 100℃ 的水汽化热，kJ/kg，取 2.256kJ/kg； I_2——常压时锅炉产生蒸汽的含热量，J/kg
	锅炉容量/kg·h⁻¹	$G_1 = \dfrac{G_2(I - I_1)}{L}$	
	实际蒸发量/kg·h⁻¹	$G_2 = (1.4 \sim 1.5) \times \dfrac{Q_{max}}{I_2}$	
消化池保温措施	消化池保温结构采用两种以上保温材料时的传热系数	$K_4 = \dfrac{1.16}{\dfrac{1}{\alpha_1''} + \sum \dfrac{\delta_i'}{\lambda_i'} + \dfrac{1}{\alpha_2''}}$	α_1''，α_2''——两种保温材料的热转移系数，W/(m²·℃)； δ_i'——不同保温材料的厚度，m； λ_i'——不同保温材料的导热系数，W/(m²·℃)； λ_G——池顶、池壁、池底部分钢筋混凝土的导热系数，W/(m·℃)； K_4——各部分传热系数允许值，W/(m²·℃)； δ_G——各部分钢筋混凝土结构厚度，mm； λ_B——保温材料的导热系数，W/(m·℃)
	保温材料的厚度 /mm	$\delta_B = \dfrac{1000 \dfrac{\lambda_B}{K_4} - \delta_G}{\dfrac{\lambda_G}{\lambda_B}}$	

D　设计例题

某城市污水处理厂，初沉污泥与经浓缩后的剩余活性污泥的污泥量总计为 300m³/d，两种污泥混合后的含水率为 96%，采用中温两级消化处理，设计圆柱形消化池。

解：（1）消化池的有效池容。中温消化时间一般为 10~30d，取 30d，其中一级消化池 20d（投配率 5%），二级消化池 10d（投配率 10%）。

$$V' = Q_0 t_d = 300 \times 30 = 9000\text{m}^3$$

一、二级容积比选为 2:1，则一级消化池总容积为 6000m³，用 2 座池，单池容积为 3000m³。二级消化池容积为 3000m³，采用 1 座池，单池容积为 3000m³。

（2）一级消化池的尺寸设计。一级消化池的设计尺寸示意图如图 5-7 所示，其中消化池的直径一般为 6~35m，按经验取值，在此取 $D = 18$m；集气罩直径一般为 2~5m，在此取 $d_1 = 2$m；池底下锥底直径取 $d_2 = 2$m；池底、池盖倾角一般取 15°~20°，在此取池盖倾角 $\alpha = 20°$，池底倾角 $\alpha_1 = 15°$。

池顶圆锥部分高度：

$$h_1 = \left(\frac{D}{2} - \frac{d_1}{2}\right)\tan\alpha = \left(\frac{18}{2} - \frac{2}{2}\right)\tan 20° = 2.9\text{m}，取 3\text{m}$$

下锥体高度：

$$h_3 = \left(\frac{D}{2} - \frac{d_2}{2}\right)\tan\alpha_1 = \left(\frac{18}{2} - \frac{2}{2}\right)\tan 15° = 2.2\text{m}$$

集气罩高度一般为 1.5~2m，在此 $h_4 = 2$m。

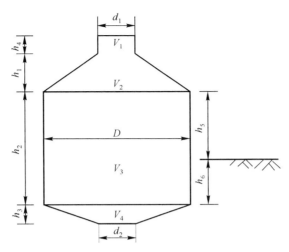

图 5-7 一级消化池的设计示意图

集气罩容积：

$$V_1 = \frac{\pi d_1^2}{4} h_4 = \frac{3.14 \times 2^2 \times 2}{4} = 6.28 \mathrm{m}^3$$

上锥体部分容积：

$$V_2 = \frac{1}{3} \pi h_1 (R^2 + R r_1 + r_1^2) = \frac{1}{3} \times 3.14 \times 3 \times \left[\left(\frac{18}{2} \right)^2 + \frac{18}{2} \times \frac{2}{2} + \left(\frac{2}{2} \right)^2 \right] = 285.74 \mathrm{m}^3$$

下锥体部分容积：

$$V_3 = \frac{1}{3} \pi h_3 (R^2 + R r_2 + r_2^2) = \frac{1}{3} \times 3.14 \times 2.2 \times \left[\left(\frac{18}{2} \right)^2 + \frac{18}{2} \times \frac{2}{2} + \left(\frac{2}{2} \right)^2 \right] = 209.54 \mathrm{m}^3$$

圆柱体部分容积：

$$V_4 = V_0' - V_3 = 3000 - 209.54 = 2790.46 \mathrm{m}^3$$

池体圆柱部分高度：

$$h_2 = \frac{4 V_4}{\pi D^2} = \frac{4 \times 2790.46}{3.14 \times 18^2} = 11 \mathrm{m}$$

池总高为：

$$H = h_1 + h_2 + h_3 + h_4 = 3 + 11 + 2.2 + 2 = 18.2 \mathrm{m}$$

因为池总高 $H = 18.2 \mathrm{m}$，池径 $D = 18 \mathrm{m}$，符合池总高与池径之比近似 1.0。

二级消化池各部分尺寸同一级消化池。

(3) 消化池各部分表面积计算。

集气罩表面积：

$$F_1 = \frac{\pi}{4} d_1^2 + \pi d_1 h_4 = \frac{3.14}{4} \times 2^2 + 3.14 \times 2 \times 2 = 15.7 \mathrm{m}^2$$

池顶锥体表面积：

$$F_2 = \frac{\pi}{2} (D + d_1) \times \frac{h_1}{\sin \alpha} = \frac{3.14}{2} \times (18 + 2) \times \frac{3}{\sin 20°} = 275.42 \mathrm{m}^2$$

下锥体表面积：

$$F_3 = \frac{\pi}{4}d_2^2 + \frac{\pi}{2}(D + d_2) \times \frac{h_3}{\sin\alpha_1} = \frac{3.14}{4} \times 2^2 + \frac{3.14}{2} \times (18 + 2) \times \frac{2.2}{\sin15°} = 270.04\text{m}^2$$

消化池柱体表面积。一般池体地上高为$60\%h_2$，池体地下高为$40\%h_2$，即地面上高度$h_5 = 6.6\text{m}$，地面下高度$h_6 = 4.4\text{m}$。

地面以上部分圆柱体表面积：

$$F_4 = \pi D h_5 = 3.14 \times 18 \times 6.6 = 373\text{m}^2$$

地面以下部分圆柱体表面积：

$$F_5 = \pi D h_6 = 3.14 \times 18 \times 4.4 = 248.69\text{m}^2$$

消化池各部分厚度：采用钢筋混凝土的建筑材料，池盖厚度 250mm，池壁厚度 400mm，池底厚度 700mm。

5.2.3.3　好氧消化

（1）好氧消化的设计参数如表5-22所示。

表5-22　好氧消化池设计参数表

名　称		参　数
污泥停留时间/d	活性污泥	10~15
	初沉污泥、初沉污泥与活性污泥混合	15~25
有机负荷/kgVSS·(m³·d)⁻¹	经重力浓缩处理的一般原污泥	0.7~2.8
	机械浓缩后的高浓度原污泥	≤4.2
空气需氧量［鼓风曝气 m³/(m³ 池容·min)］	活性污泥	0.02~0.04
	初沉污泥、初沉污泥与活性污泥混合	0.04~0.06
机械曝气所需功率/kW·m⁻³池容		0.02~0.04
最低溶解氧/mg·L⁻¹		2
温度/℃		>15
挥发性固体去除率（VSS）/%		≥40
污泥含水率/%		<98
好氧消化池超高/m		≥1
好氧消化池有效深度/m	当采用鼓风曝气时	5.0~6.0
	当采用机械表面曝气时	3.0~4.0
好氧消化池池底坡度		≥0.25

（2）消化池一般池数在两座以上，池型可以是圆形，也可以是矩形。

（3）当气温低于15℃时，好氧消化池宜采取保温加热措施或适当延长消化时间。

（4）运行方式主要分间歇运行和连续运行，一般在好氧消化池之前建浓缩池，后建泥水分离池，好氧消化池内应设有排出上清液的装置，上清液需排至初次沉淀池或曝气池中。

（5）消化池内设有投配污泥管、排泥管、上清液排除管、溢流管、泄空管等。

（6）消化池总有效容积的计算。

$$V = Q_0 t \quad \text{或} \quad V = \frac{W_s}{L_v}$$

式中，Q_0 为每日投入消化池的原污泥量，m^3/d；t 为消化时间，d；L_v 为消化池挥发性固体容积负荷，$kgVSS/(m^3 \cdot d)$；W_s 为每日投入消化池的原污泥中挥发性干固体质量，$kgVSS/d$。

5.2.3.4 污泥脱水

污泥经过浓缩、消化以后，还有 95%~97% 的含水率，体积仍然很大，污泥脱水可以进一步去除污泥中的空隙水和毛细水，减小体积。经过脱水处理，污泥含水率能降低到 70%~80%，体积为原体积的 1/10~1/4，大大降低后续污泥处理的难度。污泥脱水的方法有机械脱水、自然干化及石灰稳定。

A 机械脱水

污泥机械脱水主要有带式压滤脱水、板框压滤脱水及离心脱水等方式。污泥机械脱水的设计，应符合下列规定：污泥进入脱水机前的含水率一般不应大于 98%；经消化后的污泥，可根据污水性质和经济效益，考虑在脱水前淘洗。机械脱水间的布置，应按泵房中的有关规定执行，并应考虑泥饼运输设施和通道；脱水后的污泥应设置污泥堆场或污泥料仓贮存，污泥堆场或污泥料仓的容量应根据污泥出路和运输条件等确定；污泥机械脱水间应设置通风设施。每小时换气次数不应小于 6 次。

a 压滤机脱水

压滤机宜采用带式压滤机、板框压滤机、箱式压滤机或微孔挤压脱水机，其泥饼产率和泥饼含水率应根据试验资料或类似运行经验确定。泥饼含水率一般可为 75%~80%。

带式压滤机的设计，应符合下列要求：带式压滤机的进泥量通常为 $4~7m^3/(m^2 \cdot h)$，进泥固体负荷可达 $150~250kg/(m \cdot h)$。进泥固体负荷宜根据实验确定，无资料时，可参照表 5-23。

表 5-23 带式脱水设计参数

污泥种类		进泥含固率/%	进泥固体负荷/kg·(m·h)$^{-1}$	PAM 加药量/‰
非消化污泥	初沉污泥	3~10	200~300	1~5
	剩余污泥	0.5~4	40~150	1~10
	混合污泥	3~6	100~200	1~10
消化污泥	初沉污泥	3~10	200~400	1~5
	剩余污泥	3~4	40~135	2~10
	混合污泥	3~9	150~250	2~8

应按带式压滤机的要求配置空气压缩机，并至少应有 1 台备用；应配置冲洗泵，其压力宜采用 0.4~0.6MPa，其流量可按 $5.5~11m^3/[m(带宽) \cdot h]$ 计算，至少应有一台备用。

带式压滤机生产能力的计算公式如表 5-24 所示。

表 5-24 　带式压滤机计算公式

名　称	公　式	符号说明
滤饼的产量/t·h^{-1}	$W_2 = 60KBmvr$	K——滤带的有效宽度系数，一般取 0.85； B——滤带的宽度，m； m——滤饼的厚度，m，一般取 0.006~0.01m；
单台压滤机进泥量/t·h^{-1}	$W_1 = [(100-P_2)/(100-P_1)]W_2$	v——滤带的速度，一般取 3~6m/min； r——湿泥饼密度，t/m^3，一般取 1.03t/m^3； P_1——进泥的含水率，%；
带式压滤机数量	$n = \dfrac{Q}{W_1}$	P_2——泥饼的含水率，%； Q——污泥总量，t/h

　　板框压滤机的设计，应符合下列要求：过滤压力为 400~600kPa；过滤周期不大于 4h，过滤能力不小于 2~4kgDS/(m²·h)；每台压滤机可设污泥压入泵一台，宜选用柱塞泵；压缩空气量为每立方米滤室不小于 2m³/min（按标准工况计）；板框压滤调质药剂常用无机混凝剂或复合药剂；板框压滤机的设计参数主要是脱水负荷，其设计参数如表 5-25 所示，计算方法见表 5-26。根据计算的压滤面积进行板框压滤机选型，至少选用 2~3 台。

表 5-25 　板框压滤机脱水负荷一览表

污泥调理方式	脱水负荷/m³·(m²·h)$^{-1}$	泥饼含固率/%
物理调理（投加粉煤灰、污泥灰）	0.025~0.035	45~60
化学调理（投加 FeCl$_3$ 和石灰）	0.04~0.06	40~70
化学调理（投加有机高分子）	0.03~0.055	30~38

表 5-26 　板框压滤机计算方法

名　称	公　式	符号说明
压滤面积/m²	$A = 1000\left(1 - \dfrac{\omega}{100}\right)\dfrac{Q}{v}$ $A = \dfrac{Q_s}{q t_f}$	ω——污泥含水率； Q——污泥总量，t/h； Q_s——每次脱水的污泥量，m³； q——脱水负荷，m³/(m²·h)； v——过滤滤速，kg/(m²·h)，一般取 2~4kg/(m²·h)

　　b　离心机脱水

　　污水污泥采用卧螺离心脱水机脱水时，其分离因数宜小于 3000g（g 为重力加速度）；离心脱水机前应设置污泥切割机，切割后的污泥粒径不宜大于 8mm。转鼓是离心脱水机的关键部位，转鼓直径越大，离心脱水机处理能力也越大。转鼓的长度一般为直径的 2.5~3.5 倍。目前，最大离心机的转鼓直径为 183cm，长度为 427cm，每小时处理污泥 135m³。

　　离心脱水机一般采用有机高分子混凝剂，当为混合生污泥时，挥发性固体含量不大于 75%，其有机高分子混凝剂投加量为污泥干重的 0.1%~0.5%，脱水后的污泥含水率可达 75%~80%；当为混合消化污泥，挥发性固体含量不大于 60%，其有机高分子混凝剂投加量为污泥干重的 0.25%~0.55%，脱水后的污泥含水率可达 75%~85%。

离心机设计计算方法如表 5-27 所示。

表 5-27 离心机的计算方法

名　称	公式	符号说明
离心机的离心力/N	$F = m\omega^2 r = \dfrac{G}{g}\omega^2 r$	m——物体质量，kg； G——重力，N； r——旋转半径，m； n——污泥颗粒每分钟的转数，r/min
旋转角速度/s^{-1}	$\omega = \dfrac{2\pi n}{60}$	
分离因素	$\delta = \dfrac{F}{G} \approx \dfrac{n^2 r}{900}$	

B　自然干化

自然干化是将污泥放置到由级配砂石铺垫的干化场上，通过蒸发、渗透和清液溢流等方式实现脱水的方法，在日照时间长、气温风速高、蒸发量大，降雨量小的地区，污泥干化宜采用干化场。

干化场的设计要点：

（1）干化场设有人工滤层，总厚度为 30~50cm，下部为粗粒层，上部为最少 10cm 厚的细粒层，滤层表面为 0.5%~1% 的坡度；滤层之下为排水系统和不透水底板，不透水层应坡向排水设施，坡度宜为 0.01~0.02；滤层之上是布泥系统。

（2）污泥干化场分块数一般不宜少于 3 块，分块数量最好大致等于干化天数，如干化 8 天则分为 8 块。

（3）每块干化场的宽度和铲泥饼的机械及方法有关，一般为 6~10m。

（4）围堤高度宜为 0.5~1.0m，顶宽 0.5~0.7m；宜设排除上层污泥水的设施。

污泥干化场计算公式如表 5-28 所示。

表 5-28 污泥干化场计算公式

名　称	公式	符号说明
全年污泥总量/m³·a^{-1}	$V = \dfrac{365SN}{1000}$	S——每人每日排出的污泥量，L/(人·d)； N——设计人口数； h——一年内排放在干化场上的污泥总厚度，m，对于年平均温度 10℃，年均降雨量 500mm 的地区，初沉污泥和生物滤池后二沉池污泥及初沉污泥和活性污泥的混合污泥 h 取 1.5m，消化污泥 h 取 5.0m； T——相邻两次排泥的间隔天数，d； h_1——一次放入的污泥层高度，m，一般取 0.3~0.5m； B——区格的宽度，m，一般不超过 10m； L——区格的长度，m，一般不超过 100m；
干化场的有效面积/m²	$A_s = \dfrac{V}{h}$	
干化场总面积/m²	$A = (1.2 \sim 1.4)A_s$	
每次排出的污泥量/m³	$V' = \dfrac{SNT}{1000}$	
排放一次污泥所需的干化场面积/m²	$A_1 = \dfrac{V'}{h_1}$	
每块区格的面积（一般选为 A_1 或 A_1 的倍数）/m²	$A_0 = BL$	

续表 5-28

名　称	公式	符号说明
污泥干化场块数	$n = \dfrac{A_s}{A_0}$	V_1——每日排入干化场的污泥量，m^3/d;
冬季冻结期堆泥高度/m	$h' = \dfrac{V_1 T' K_2}{A_s K_1}$	T'——一年中日平均温度低于 $-10℃$ 的冻结天数; K_2——污泥体积减缩系数，取 0.75;
围堰高度/m	$H = h' + 0.1$	K_1——冬季冻结期使用干化场面积系数，取 0.8

C　石灰稳定

污泥石灰稳定是一种工艺简单、投资运行费用较低的污泥处理方法，通常用在污泥应急处理和处置过程中，主要通过向脱水污泥中投加一定比例的生石灰，使生石灰与污泥中的水分发生反应，生成氢氧化钙和碳酸钙并释放热量，从而起到脱水、灭菌、抑制腐化、钝化重金属离子等作用。石灰投加量可以根据污泥干重确定，宜占污泥干重的 15%~30%; 也可以根据污泥体积确定，石灰污泥体积增加量宜控制在 5%~12%。

5.2.3.5　污泥热干化与焚烧

A　污泥热干化

经机械脱水后的污泥含水率仍然在 78% 以上，可以继续通过污泥与热媒之间的传热作用，进一步去除污泥中的水分使污泥减容，这就是污泥热干化。污泥热干化系统主要包括储运系统、干化系统、尾气净化与处理系统、电气自控仪表系统及其辅助系统等。污泥热干化按照热量传递方式不同可以分为传导加热，蒸发热通过干燥器的加热面供给，也称间接干化; 对流加热由热空气或其他热气体流过物料层提供热量，也称直接干化; 辐射加热由红外线灯、电阻元件等提供辐射能。按照工艺类型可以分为流化床干化、带式干化、桨叶式干化、卧式转盘式干化和立式圆盘式干化等。热干化设计方法见表 5-29，各种类型干化器具体能耗见表 5-30。

表 5-29　热干化设计方法

名称	公式	符号说明
单位时间内蒸发的水质量 /kg·h^{-1}	$W = Q_W \times \left(1 - \dfrac{P_1}{P_2}\right)$	Q_W——干燥前污泥湿重，kg/d; P_1——干燥前湿污泥含水率; P_2——干燥后湿污泥含水率;
污泥干化所需理论热量 /kJ·h^{-1}	$Q = W \times i + G_c \times C_m \times (\theta_2 - \theta_1) +$ $W' \times C_{g1} \times (\theta_2 - \theta_1) +$ $W \times C_{g1} \times (\theta_2 - \theta_1) +$ $G_n \times C_n \times (t_2 - t_1)$	W'——干燥后物料中的湿分量，kg/h; G_c——绝干物料量，kg/h; G_n——干空气的量，kg/h; i——湿分的蒸发潜热，kJ/kg; C_m——绝干物料的比热容，$kJ/(kg·℃)$; C_{g1}——湿分的液态比热容，$kJ/(kg·℃)$;
蒸发每千克水分的耗热量 /kJ·kg^{-1}	$q = \dfrac{Q'}{W}$	C_n——干空气比热容，$kJ/(kg·℃)$; θ_1, θ_2——物料进出干燥机的温度，℃; t_1, t_2——空气进出干燥机的温度，℃;
干化设备热效率（一般为 70%~95%）/%	$\eta = \dfrac{Q'}{Q} \times 100\%$	Q'——蒸发 W 千克水分的总耗热量，kJ/h

表 5-30 各种干化设备的具体能耗

干化设备	热量消耗（kJ/kg 蒸发水量）	电耗（kW·h/t 蒸发水量）
流化床	3024	100~200
带式	3192	50~55
浆叶式	2889.6	50~80
卧式转盘式	2889.6	50~60
立式圆盘式	2898	50~60
喷雾式	3570	80~100

B 污泥焚烧

采用焚烧法处理污泥，可使焚烧后污泥体积减小 90% 以上，同时焚烧后灰渣还可以综合利用。焚烧法处理污泥速度快，占地面积小，污泥中的污染物可以被彻底无害化和稳定化，但是焚烧成本较高，是其他处理工艺的 2~4 倍，此外污泥中的重金属会随着烟尘扩散而污染空气。污泥焚烧的工艺主要有直接焚烧和混合焚烧。如果污泥含水率低，热值较高，可以通过添加少量辅助燃料的方法直接入炉焚烧。若污泥含水率高，热值较低，就需要机械脱水后进一步干燥，再入炉焚烧。污泥混合焚烧主要是污泥和其他可燃物混合后进行焚烧，例如污泥可以与发电厂用煤混合焚烧或是与固体废弃物混合焚烧，还可以与水泥生产窑协同焚烧。污泥焚烧的设计要点为：工艺可以根据污泥热值确定，优先考虑循环流化床工艺。焚烧炉的设计应保证使用寿命不低于 10 万运行小时，应设置防爆门或其他防爆设施，要配备自动控制和监测系统。确保焚烧炉出口烟气中氧气含量达 6%~10% 干气。焚烧炉密相区温度宜为 850~950℃。由于污泥焚烧烟气中含湿量大，为防止积灰和腐蚀，焚烧炉排烟温度宜大于 180℃。

5.2.3.6 污泥的最终处置

污泥最终处置的主要途径有土地利用、污泥填埋、污泥制建筑材料等。基于节能减排和循环经济发展的要求，我国鼓励符合标准的污泥进行土地利用。例如污泥农田利用，其污染物需要满足《城镇污水处理厂污泥处置 农用泥质》（CJ/T 309—2009）和《城镇污水处理厂污染物排放标准》（GB 18918—2002）的相关要求；若将污泥用作园林绿地，污染物需要满足《城镇污水处理厂污泥处置 园林绿化用泥质》（GB/T 23486—2009）的要求；若用于盐碱地、沙化地和废弃矿场的土地改良，应符合《城镇污水处理厂污泥处置 土地改良用泥质》（CJ/T 290—2008）的要求。若考虑与生活垃圾一起进入卫生填埋场进行混合填埋，应符合《城镇污水处理厂污泥处置 混合填埋泥质》（CB/T 23485—2009）和《生活垃圾填埋场污染控制标准》（GB 16889—2008）的要求。若污泥用于制烧结砖，应符合《城镇污水处理厂污泥处置 制砖泥质》（CJ/T 291—2008）的要求。若用于水泥熟料的生产，需要符合《城镇污水处理厂污泥处置 水泥熟料生产用泥质》（CJ/T 314—2009）的要求。

污泥农用的实施方案为农田年施用污泥量累计不应超过 7.5t/hm²，农田连续使用不超过 10 年，湖泊周围 1000m 范围内和洪水泛滥区禁止施用污泥。

污泥在园林绿化中的用量一般在 4~8kg/m²，对公路绿化和树木类可适当提高到 8~10kg/m²，施用方式以沟施和穴施为主；对于人工建植的带土生产和无土生产的草坪，污泥年度施用量一般控制在 $5\sim10kg/m^2$，施用方式以撒施为主；用作育苗基质时，可作为营养土使用，一般占育苗基质体积的 50%~70%。具体情况根据污泥养分含量、污泥需肥量、土壤供肥量而定。

污泥用于天然林、次生林和人工林覆盖土地时，污泥施用方式以穴施为主，年施用量不应超过 $30t/hm^2$，连续施用不超过 15 年。施用场地坡度大于 9%，需要采取防止雨水冲刷、径流等措施，场地坡度大于 18% 时，不施用污泥。

用于土地改良时，污泥施用方式以覆盖和机械掺混为主，年施用量累计不超过 $30t/hm^2$。

用于水泥熟料生产时，对熟料产量为 1000~3000t/d 的干法水泥生产线，当污泥含水率为 35%~80% 时，其污泥添加比例宜小于 10%，当污泥含水率为 5%~35% 时，其污泥添加比例宜为 10%~20%；对于熟料产量大于 3000t/d 的干法水泥生产线，当污泥含水率为 35%~80% 时，其污泥添加比例宜小于 15%，当污泥含水率为 5%~35% 时，其污泥添加比例宜为 15%~25%。

污泥用于制陶粒时，一般情况下宜控制污泥含水率不大于 80%，含水率 80% 的污泥掺量不宜超过 30%。

思 考 题

5-1　污泥含水率从 99% 降到 96%，分析污泥体积的变化情况。

5-2　已知某城镇污水处理厂剩余污泥产量为 $1500m^3/d$，含水率 99.2%，若采用两个重力浓缩池进行浓缩，试设计浓缩池的直径。

5-3　某污水处理厂重力浓缩池的污泥产量为 $480m^3/d$，污泥含水率 97%，相对密度为 1，若采用加压过滤方法对污泥进行脱水，所选脱水设备的过滤能力为 4.5kg 干污泥/$(m^2 \cdot d)$，则该加压过滤机的过滤面积至少是多少？

5-4　已知某污水处理厂初次沉淀池泥量为 $350m^3/d$，含水率 97%，剩余污泥量为 $1500m^3/d$，含水率为 99.2%，两种污泥混合经机械浓缩后含水率降为 95%，干污泥容重为 $1.01\times10^3kg/m^3$（相对密度 1.01），挥发性有机物占 55%，采用中温一级厌氧消化，试计算消化池的体积。

6 水厂总体设计

6.1 净水厂的总体设计

净水厂在总体布局时应尽量节约用地，结合厂址地形、气象、地质等条件因素合理布置构筑物的方位，并且各构筑物之间相互联系，满足工艺流程，保证管道最短，水头损失最小，节约能源。

6.1.1 工艺流程布置

6.1.1.1 布置原则

(1) 给水系统布局合理，流程最短，减小水头损失，构筑物尽量靠近，便于操作管理。地形坡度较大时，应尽量顺等高线布置，必要时采用台阶式布置，结合地形条件，因地制宜考虑流程。

(2) 水厂不受洪水威胁，有较好的废水排放条件。

(3) 构筑物一般按南北向布置，尤其是需要通风的设备间，需要注意朝向问题。

(4) 考虑远期计划，备有预留地，注重绿化。

6.1.1.2 水厂工艺流程布置类型

(1) 直线型，按照工艺流程的顺序，从进水到出水将所有构筑物串联成直线型，保证管线最短，便于管理和后期扩建，适用于大型水厂。

(2) 折角型，按照工艺流程的顺序，在清水池或吸水井的位置，构筑物出现拐点，主要是受地形条件限制或者厂区自身长度限制，无法采用直线型排布。

(3) 回转型，按照工艺流程的顺序，构筑物在布置过程中出现两次拐点，呈现不堵口的回字形结构，主要适用于进水管和出水管在一个方向的水厂，注意这种布置形式，远期扩建较为困难。

6.1.2 平面布置的布置原则

(1) 水厂构筑物按照工艺流程选择合适的布置类型进行布置，并考虑远期扩建。需要注意的是加药间要尽量靠近投加点，一般可设置在沉淀池附近；鼓风机房和冲洗机房要尽量靠近滤池布置，从而减少管线长度；当采用臭氧预处理或消毒时，臭氧发生器所在车间要尽量靠近臭氧接触池；臭氧生产车间及纯氧储罐应远离水厂其他建筑物道路10m以外，远离民用建筑明火或散发火花地25m以外；二级泵房及吸水井要紧靠清水池；排泥水处理构筑物应设置在排水方便处，且有利于泥饼外运。

(2) 办公楼、宿舍、厨房、食堂等生活性建筑应集中布置，并且朝向合理，与水处理构筑物分开布置，生活区尽量靠近大门附近，并且位于当地常年风向的下风向处。

（3）考虑物料运输和消防要求，对于水厂道路设计需要注意以下问题：水厂宜设环形道路，大型水厂可是双车道，中小型水厂可设单车道。主干道采用单车道的，其宽度一般为3.5m，双车道的6m；支道和车间引道不小于3m；人行道1.5~2.0m。车行道弯道处半径为6~10m，消防通道处转弯半径不小于9m。

（4）管线设计。厂区管线一般分为给水管、排水管、加药管、厂内自用水管、电缆等。

1）给水管又分为浑水管、沉淀水管、清水管及超越管。浑水管指进入沉淀池（澄清池）或配水井之前的管线，一般为两根，通常采用钢管或球墨铸铁管，管径需要考虑运行中可能出现的超负荷因素，比如其中一根管线检修的情况，埋入厂区道路下时，应保证管顶覆土0.8m以上，否则设置管沟。沉淀水管线主要是沉淀池到滤池的水管线，其流量应考虑沉淀池超负荷运转的可能，例如一部分沉淀池维修而加重其他沉淀池负荷，水力计算时应注意进口收缩，出水放大时的局部水头损失。清水管主要是滤池至清水池、清水池至二级泵房的管线，管径应考虑远期或超负荷的因素。超越管一般是考虑某一工艺环节检修或停用时，为了水厂仍能正常运行，设立超越措施，接外部连通管，空过该工艺环节。例如可直接连接一级泵房和滤池，超越中间的澄清池（沉淀池）；直接连接澄清（沉淀）池和清水池，超越中间的滤池；直接连接滤池和二级泵房前的吸水井，超越中间的清水池等。如果设有预处理设施或深度处理设施，也应考虑预处理设施或深度处理设施的超越管道。

2）排水管线可分为厂区雨水管、生活污水排放管、生产废水排放管。雨水管应按当地暴雨强度和2~5年重现期进行设计。生活污水管道一般接入城市污水管网系统，如果无城市污水系统，可设小型污水处理装置集中处理生活污水后排入厂区雨水管道。生产废水管线与排泥水处理工艺有关，可与排泥水系统设计一并考虑。

3）加药管主要是将药液从加药间输送到投放点，管径设计主要根据加药量。管材主要采用塑料管，臭氧输送管可采用不锈钢或耐腐蚀的聚氟乙烯管。

4）空气输送管主要用于生物氧化预处理池和气水反冲洗滤池的空气输送，压强一般40~50kPa，可以设计一座鼓风机房或分开设计两座。空气输送管采用焊接钢管，流速10~15m/s，并在水平直段加设伸缩接头配件。

5）厂区自用水管线主要是提供生活区的生活用水、药剂制备、水池清洗、消防等用水，一般由二级泵房出水管接出，管材多采用球墨铸铁管和塑料管。管径选择需要考虑水量满足自用水和消防用水的要求。

6）电缆主要采用埋地敷设，也可以设置在电缆沟，电缆沟尺寸在0.8m×0.8m以上，沟底设一定坡度，每隔50~100m设排水管排除积水。

不同规模的水厂用地面积如表6-1所示。

表6-1　不同规模水厂用地面积情况表

水厂或构筑物	规　　模		
	Ⅰ类 $3\times10^5\sim5\times10^5 m^3/d$	Ⅱ类 $1\times10^5\sim3\times10^5 m^3/d$	Ⅲ类 $5\times10^4\sim1\times10^5 m^3/d$
常规处理水厂面积/hm²	8.4~11.0	3.5~8.4	2.05~3.5
配水厂面积/hm²	4.5~5.0	2.0~4.5	1.5~2.0

水厂或构筑物		规　模		
		Ⅰ类 $3×10^5~5×10^5 m^3/d$	Ⅱ类 $1×10^5~3×10^5 m^3/d$	Ⅲ类 $5×10^4~1×10^5 m^3/d$
预处理+常规处理水厂面积/hm²		9.3~12.5	3.9~9.3	2.3~3.9
常规处理+深度处理水厂面积/hm²		9.9~13.0	4.2~9.9	2.5~4.2
预处理+常规处理+深度处理水厂面积/hm²		10.8~14.5	4.5~10.8	2.7~4.5
泵站面积/m²		5500~8000	3500~5500	2500~3500
常规处理厂/m²	辅助生产用房面积	1100~1725	920~1100	665~920
	管理用房面积	770~1090	645~770	470~560
	生活设施用房面积	425~630	345~425	250~345
	合计	2305~3445	1910~2305	1385~1910
配水厂/m²	辅助生产用房面积	900~1200	640~900	520~640
	管理用房面积	320~400	245~320	215~245
	生活设施用房面积	280~300	215~280	185~215
	合计	1500~1900	1100~1500	920~1100

6.1.3 高程布置

6.1.3.1 高程布置的一般原则

净水厂的高程设计主要根据水厂地形、地质条件、各构筑物进出水标高确定。一般遵循以下原则：根据水源取水依次布置取水泵房、混凝、沉淀、过滤、深度处理、清水池等构筑物，以构筑物为主线，要求充分利用地形条件，管道力求顺直，流程顺畅，避免迂回；各构筑物之间以重力流优先选择，用以节省能耗；除清水池、泵房可以考虑埋入地下以外，其他构筑物一般不埋入地下，从而减少挖土填土的施工，吸水井等应考虑放空溢流设施，避免雨水灌入。

6.1.3.2 工艺流程标高的确定

要确定工艺流程的标高，首先要掌握两个基准点，一般需要根据当地水文资料明确原水的最低水位标高，和取水泵站后配水井（池）的水位标高，然后依次计算取水泵房的最低水位、额定供水量时吸水管的水头损失，确定水泵轴线的标高；计算泵站出水管的水头损失，计算一级泵房出水管至配水构筑物的水头损失，计算配水构筑物至絮凝沉淀池（澄清池）内的水头损失、沉淀池及滤池之间管道的水头损失、滤池本身的工作水头损失、滤池至清水池的水头损失，确定清水池的最低水位，由此往后计算到二级泵站的泵轴线标高。

若净水厂各处理构筑物之间采用重力流，在推算构筑物之间连接管的水头损失时，主要根据前一个构筑物出水水面的标高和下一个构筑物进水渠中的水面标高之差确定连接两个构筑物的管（渠）水头损失，同理，若已知前一个构筑物出水水面标高，再扣除连接管（渠）的水头损失，就可以确定下一个构筑物的进水水面标高了，因此关键是明确连接管（渠）的水头损失，这就跟连接管（渠）的设计流速有关，具体可根据表 6-2 进行计算，构筑物连接管（渠）设计流速及水头损失的估算见表 6-3。若计算构筑物自身的水头损失，一般根据构筑物进水渠水面到出水渠水面的标高差来确定，同理，若已经知道进水渠水面标高，再扣除构筑物自身的水头损失，就可以确定出水渠的水面标高，因此关键是明确构筑物自身水头损失，可根据表 6-4 选用。

表 6-2　管道水头损失计算公式

名　称	公式	符号说明
沿程水头损失/m	$h_y = \sum il$	i——单位管长水头损失； l——管道长度，m； ξ——局部阻力系数；
局部水头损失/m	$h_j = \sum \dfrac{\xi v^2}{2g}$	v——管内流速，m/s； H——文氏管进口与喉管处的压力差，9.8kPa；
通过文氏管的水头损失/m	$h_w = 0.14H\left(1 - \dfrac{d_2^2}{d_1^2}\right)$	d_2——喉管直径，m； d_1——管道直径，m； H_e——流量记录仪表的临界压力差，133.3Pa；
通过孔板的水头损失/m	$h_k = (\rho' - 1)H_e\left(1 - \dfrac{d_2^2}{d_1^2}\right)$	ρ'——汞密度，13.6t/m³

表 6-3　构筑物连接管设计流速及水头损失估算值

连接管段	设计流速/m·s⁻¹	水头损失估算值/m	备　注
一级泵房至混合池	1.00~1.20	按照水力计算确定	
混合池至絮凝池	1.00~1.50	0.1	
絮凝池至沉淀池	0.10~0.15	0.1	防止絮体破坏
混合池至澄清池	1.00~1.50	0.30~0.50	
沉淀（澄清池）至滤池	0.60~1.00	0.30~0.50	流速宜取下限，宜留有余地
滤池至清水池	0.80~1.20	0.30~0.50	流速宜取下限，宜留有余地
清水池至吸水井	0.80~1.00	0.20~0.30	
快滤池反冲洗进水管	2.00~2.50	按短管水力计算	因间隙作用，流速可大些
快滤池反冲洗排水管	1.00~1.20	按满管流水力计算	

表 6-4　水厂构筑物水头损失

构筑物名称	水头损失/m	构筑物名称	水头损失/m
进水井格栅	0.15~0.3	V 型滤池	2.0~2.5
生物接触氧化池	0.2~0.4	接触滤池	2.5~3.0
生物滤池	0.5~1.0	无阀滤池/虹吸滤池	1.5~2.0
水力絮凝池	0.4~0.5	无阀滤池（用作接触过滤）	2.0~2.5
机械絮凝池	0.05~0.1	翻板滤池	2.0~2.5
沉淀池	0.2~0.3	臭氧接触池	0.7~1.0
澄清池	0.6~0.8	活性炭滤池	0.6~1.5
普通快滤池	2.5~3.0	清水池	0.2~0.3

水位标高确定以后可以根据构筑物的尺寸设计，确定构筑的顶层、底面、管道的标高，然后纵向按比例，横向可不按比例绘制高程布置图，在图纸上注明连接管中心标高、构筑物水面标高、池底和池顶标高。

6.2 污水厂的总体设计

6.2.1 概述

6.2.1.1 厂址的选择

污水厂位置的选择，应符合城镇总体规划和排水工程专业规划的要求，这会影响到基建的投资、管理费用和环境效益等情况，因此需要根据下列因素综合确定：

（1）污水厂应设在城镇水体的下游，污水厂处理后出水排入该河段，对该水体上下游水源的影响最小。污水厂位址由于某些因素不能设在城镇水体的下游时，出水口应设在城镇水体的下游。污水厂应位于一级、二级保护区之外，厂区应该尽量少拆迁、少占农田，不占良田。

（2）污水厂所占位置应便于污水处理后出水回用和安全排放，并且便于污泥集中处理和处置。

（3）污水厂可能存在较大异味，最好设置在工厂和城镇夏季主导风向的下风侧。厂区根据环境评价要求，要有一定的卫生防护距离。

（4）厂区地形不应受洪涝灾害影响，一般不应在淹水区建污水厂，当必须在可能受洪水威胁的地区建厂时，应采取防洪措施，防洪标准不应低于城镇防洪标准，有良好的排水条件。

（5）厂区所在地要有良好的工程地质条件、有方便的交通、运输和水电条件，并且考虑发展远景，预留空地，考虑扩建的可能。

6.2.1.2 设计水量的选择

污水处理构筑物的设计流量，应按分期建设的情况分别计算。当污水为自流进入时，应按每期的最高日最高时设计流量计算；当污水为提升进入时，应按每期工作水泵的最大组合流量校核管渠配水能力。实施分流制的地区，城市污水设计水量由综合生活污水和工业废水组成；实施合流制地区，设计水量还应包括截留雨水量。综合生活污水量的计算可以根据当地用水定额及城市人口求出用水量之后，然后取用水量的80%~90%作为生活污水量，工业废水量应根据生产工艺的用水情况进行计算，然后取用水量的78%~90%。

城市污水厂设计流量主要分为平均日流量、设计最大流量和合流流量。其中平均日流量一般用于表示污水处理厂处理规模，计算污水处理厂的年电耗、药耗和污泥总量等。设计最大流量一般用于污水处理厂进水管管径的计算、水泵的工作流量、污水处理厂的各处理构筑物（另有规定的除外）的设计及厂内连接各处理构筑物的管渠计算。合流流量包括旱天最大流量和截留雨水流量的总水量，用于合流制系统的污水处理厂中提升泵站、格栅、沉砂池、管渠的设计；合流制系统中的初沉池一般按旱天最大污水流量设计，保证旱流时的沉淀效果，降雨时，容许降低沉淀效果，故用合流设计流量校核，校核的沉淀时间不宜小于30min；二级处理系统一般采用旱天最大污水流量进行设计，有的地区为保护降雨时的河流水质，要求改善污水厂出水水质，可考虑对一定流量的合流水量进行二级处理；污泥浓缩池、消化池的容积和污泥脱水规模通常考虑合流水量水质，一般按旱流情况加大 10%~20%。关于生物反应池设计流量，根据国内设计经验，认为生物反应池如完全按最高日最高时设计流量计算，不尽合理。生物反应池的设计流量，应根据生物反应池类型和曝气时间确定。当生物反应池采用的曝气时间较长时，生物反应池对进水流量和有机负荷变化都有一定的调节能力，故规定设计流量可酌情减少。一般曝气时间超过 5h，即可认为曝气时间较长。

6.2.1.3　设计水质的要求

A　生活污水水质

生活污水水质一般根据实测资料或类似居住区、邻近城镇的具体水质确定，无资料时 BOD_5 可按每人每天 40~60g 计算；SS 可按每人每天 40~70g 计算；TN 可按每人每天 8~12g 计算；TP 可按每人每天 0.9~2.5g 计算。

B　工业废水水质

对排入城市下水道的工业废水，其最高容许浓度必须符合《污水排入城市下水道水质标准》（GB/T 31962—2015）；工业废水的水质还应根据污染源调查确定，特别是排污大户，因为排水量大，水质影响大，应实测确定。对于新建工厂，可参照不同类型的工业企业的实测数据或传统数据确定，或按单位产值污染负荷量计算。污水处理厂设计进水水质为纳入污水处理厂的各种污水水质按污水量计算的加权平均值。

C　企业预处理厂的水质

企业预处理厂的进水水质为最后一个加工工艺单元的出水水质，一般通过实测资料确定，出水水质根据出水去向进行确定。

D　污水处理厂设计出水水质

污水处理厂设计出水水质可根据污水处理厂接纳水域确定，如果为地表水域，则根据《地表水环境质量标准》（GB 3838—2002），如果为海域，需根据《海水水质标准》（GB 3097—1997）来确定排放水质标准。

6.2.1.4　初步设计内容

（1）厂址选择所遵循的原则、厂址的地形地质条件、用地面积等。

（2）污水水质、水量的各项指标及计算数值。

（3）污水污泥处理工艺流程的选择，说明所选工艺的合理性、优越性、安全性。

（4）对工艺流程中各处理构筑物的计算，包括尺寸、构造、材料、附属管道管径和材料及附属设备的型号、性能、台数。

（5）处理后污水和污泥的去向、最终处置。

（6）厂区附属构筑物和道路的说明。

（7）其他设计，包括采暖通风、供电、仪表及自动化控制、人员编制等。

（8）污水处理工程的总体布置、厂区平面布置图、流程图、各构筑物单体设计图，其中单体构筑物设计图比例尺一般为（1∶50）~（1∶200）；污水处理厂平面布置图的比例尺一般为（1∶100）~（1∶500）；流程图需要准确的竖向比例，能反映出各处理单元的水面、池底、地面标高及进出水管渠的连接方式及标高，横竖向比例可不同，竖向比例尺可采用

（1：20）~（1：50）；横向比例池可采用（1：100）~（1：500）。

（9）列出工程的设备、主要材料清单，清单包括设备材料的名称、规格和数量。

（10）工程概预算的编制。

6.2.1.5 工艺流程的选择

在城镇污水处理中，需要去除的主要污染物是悬浮状态的固体时，主要采用一级处理，例如格栅、沉砂池和沉淀池。需要去除的污染物是呈胶体和溶解态的有机污染物以及氮磷等可溶性无机污染物时，主要采用二级处理，例如活性污泥法和生物膜法。需要去除的污染物是二级处理中微生物不能降解的有机物时，可进一步进行三级处理，如混凝沉淀、气浮池、砂滤池、活性炭吸附、臭氧氧化、超滤等；需要去除的污染物是二级处理不能完全去除的氮磷等溶解性无机物时，可进一步采用混凝沉淀、离子交换、电渗析等方法去除；若需要去除病毒和细菌，主要采用的方法是消毒。

对于二级处理的核心工艺生物处理法，在国内大多采用活性污泥法，例如 A^2O 工艺、氧化沟工艺、SBR 工艺、AB 工艺等。各种处理工艺都有各自的适用条件和特点。大规模污水处理宜选用传统的活性污泥法和 A^2O 工艺。中小规模的污水处理厂宜选用氧化沟法、SBR 法等。在污水处理工艺初步分析中可以参考不同工艺组合的污水厂的处理效率，一般可按表 6-5 的规定取值。其中一级处理的处理效率主要是沉淀池的处理效率，未计入格栅和沉砂池的处理效率。二级处理的处理效率包括一级处理。

表 6-5　污水处理厂的处理效率　　　　　　　　　　　　　（%）

处理级别	处理方法	主要工艺	处理效率			
			悬浮固体量 SS	生化需氧量 BOD$_5$	TN	TP
一级	沉淀法	沉淀（自然沉淀）	40~55	20~30	—	5~10
二级	生物膜法	初次沉淀、生物膜反应、二次沉淀	60~90	65~90	60~85	—
	活性污泥法	初次沉淀、活性污泥反应、二次沉淀	70~90	65~95	60~85	75~85

注：活性污泥法根据水质、工艺流程等情况，可不设置初次沉淀池。

6.2.2　平面布置的一般规定

污水处理厂的平面布置应该充分考虑占地面积的大小、运行管理的安全方便、厂区卫生情况、污水排放及污泥处理等多种因素，为了使平面布置更加经济合理，一般遵循以下规定：

（1）总体布置首先应考虑近期、远期相结合，污水厂的厂区面积应按项目远期规划的总规模控制，并作出分期建设的安排，合理确定近期规模，近期工程投入运行一年内水量宜达到近期设计规模的 60%。

（2）污水厂平面布置一般包括处理构筑物、办公场所及其他辅助建筑物，按功能分可分为污水处理区、污泥处理区、办公生活区、辅助生产区。其中污水和污泥的处理构筑物宜根据情况尽可能分别集中布置。处理构筑物的间距应紧凑、合理，符合国家现行的防火规范的要求，并应满足各构筑物的施工、设备安装和埋设各种管道以及养护、维修和管理的要求。堆放场地，尤其是堆放废渣（如泥饼和煤渣）的场地，宜设置在较隐蔽处，不宜设在主干道两侧。城镇污水污泥处理区往往散发臭味和对人体健康有害的气体。另外，在生物处理构筑物附近的空气中，细菌芽孢数量也较多。所以，处理构筑物附近的空气质量相对较差。为此，生产管理建筑物和生活办公设施应与处理构筑物保持一定距离，并尽可能集中布置，便于以绿化等措施隔离开来，保持管理人员有良好的工作环境，避免影响正常工作。办公室、化验室和食堂等位置，应处于夏季主导风向的上风侧，朝向东南。污水厂宜设置再生水处理系统，厂区的给水系统、再生水系统严禁与处理装置直接连接。

（3）污水处理厂核心建筑是污水处理构筑物，其总体布置根据污水厂的处理级别（一级处理或二级处理）、处理工艺（活性污泥法或生物膜法）和污泥处理流程（浓缩、消化、脱水、干化、焚烧以及污泥气利用等），各种构筑物的形状、大小及其组合，结合厂址地形、气候和地质条件等，可有各种总体布置形式，但必须综合确定，便于施工、维护和管理等，并经技术经济比较确定。

水质和（或）水量变化大的污水厂，宜设置调节水质和（或）水量的设施。

各处理构筑物的个（格）数不应少于 2 个（格），并应按并联设计，这样利于检修维护；同时按并联的系列设计，可使污水的运行更为可靠、灵活和合理。污水厂并联运行的处理构筑物间应设均匀配水装置。

处理构筑物中污水的出入口处宜采取整流措施，使整个断面布水均匀，并能保持稳定的池水面，保证处理效率。

污水厂应设置对处理后出水消毒的设施。根据国家有关排放标准的要求设置消毒设施。消毒设施的选型应根据消毒效果，消毒剂的供应，消毒后的二次污染，操作管理，运行成本等综合考虑后决定。

（4）污水处理厂布置时还需要注意绿化、管道铺设及道路设置。

厂区绿化面积不得少于 30%，各区之间宜设置较宽的绿化隔离带。

各处理构筑物之间的连通管、渠要求便捷、直通、避免迂回曲折，尽量减少水头损失。主要的污水污泥管道应尽量考虑重力流，水厂应合理布置处理构筑物的超越管渠，以保证在构筑物维护和紧急修理以及发生其他特殊情况时，对出水水质影响小，并能迅速恢复正常运行。处理构筑物应设排空设施，以便于处理构筑物的维护检修，为了保护环境，排空水应回流处理，不应直接排入水体，并应有防止倒灌的措施，确保其他构筑物的安全运行。排空设施有构筑物底部预埋排水管道和临时设泵抽水两种。污水厂内各种管渠应全面安排，避免相互干扰。管道复杂时宜设置管廊。处理构筑物间输水、输泥和输气管线的布置应使管渠长度短、损失小、流行通畅、不易堵塞和便于清通。各污水处理构筑物间的管渠连通在条件适宜时应采用明渠。管线之间及其他构筑物之间，应留出适当距离，给水管或排水管距构筑物不小于 3m，给水管和排水管的水平距离在管径不大于 200mm 时，间距不小于 1.5m，管径大于 200mm 时，间距不小于 3m。

污水厂应设置通向各构筑物和附属建筑物的必要通道，通道的设计应符合下列要求：主要车行道的宽度，单车道为 3.5～4.0m，双车道为 6.0～7.0m，并应有回车道；车行道的转弯半径宜为 6.0～10.0m；人行道的宽度宜为 1.5～2.0m；通向高架构筑物的扶梯倾角一般宜采用 30°，不宜大于 45°；天桥宽度不宜小于 1.0m；车道、通道的布置应符合国家现行有关防火规范要求，并应符合当地有关部门的规定。

（5）厂区构筑物与附属建筑应根据安全、运行管理方便和节能的原则布置。如鼓风机房因为与曝气池较近，总变电站宜设置在耗电大的构筑物附近。污水厂内可根据需要，在适当地点设置堆放材料、备件、燃料和废渣等物料及停车的场地。生产管理建筑物和生活设施宜集中布置，其位置和朝向应力求合理，并应与处理构筑物保持一定距离，同时远离设备间，并设有隔离带。

厂区消防的设计和消化池、贮气罐、污泥气压缩机房、污泥气发电机房、污泥气燃烧装置、污泥气管道、污泥干化装置、污泥焚烧装置及其他危险品仓库等的位置和设计，应符合国家现行有关防火规范的要求。

污水厂周围根据现场条件应设置围墙，其高度不宜小于 2.0m；污水厂的大门尺寸应能容运输最大设备或部件的车辆出入，并应另设运输废渣的侧门。

管廊内敷设仪表电缆、电信电缆、电力电缆、给水管、污水管、污泥管、再生水管、压缩空气管等，应设置色标。管廊内应设通风、照明、广播、电话、火警及可燃气体报警系统、独立的排水系统、吊物孔、人行通道出入口和维护需要的设施等，并应符合国家现行有关防火规范要求。

（6）供电及保暖设计规定。污水厂的供电系统应按二级负荷设计，重要的污水厂宜按一级负荷设计。当不能满足上述要求时，应设置备用动力设施。为了保证寒冷地区的污水厂在冬季能正常运行，有关处理构筑物、管渠和其他设施应有保温防冻措施，一般有池上加盖、池内加热、建于房屋内等，视当地气温和处理构筑物的运行要求而定。处理构筑物应设置适用的杆，防滑梯等安全措施，高架处理构筑物还应设置避雷设施。

6.2.3 流程布置的一般规定

（1）流程图要确定各处理构筑物和泵房的标高、处理构筑物之间管渠的尺寸和标高及构筑物内各部分水面标高。标高的确定一般以受纳水体的城镇防洪水位为起点，沿着水处理流程的反方向进行推导，受纳水体的水位标高加上污水厂排水管渠的水体损失为最后一个水处理构筑物的出水渠水位标高，构筑物出水渠水位加上构筑物的水头损失为水处理构筑物进水渠的水位标高，如果管渠间有计量设备，还需要增加计量设备的水头损失，依次向前类推，直到提升泵站之后的第一个处理构筑物的配水渠水位标高，结合厂区污水进水管进入格栅间的水位标高，两者差值加上水泵进出水管的水头损失，再考虑 1~2m 的安全扬程，在满足最大排水量的条件下进行选泵。

如果最后排入水体的最高水位较高，可以考虑在污水排入水体前设置泵站，以便水体水位高时抽水排放。如果水体最高水位较低，可在处理后排入水体前设置跌水井，此时，处理构筑物可按最适宜的埋深确定标高。

（2）污水厂的工艺流程、竖向设计宜充分利用地形，污水流动通常考虑重力流，使之符合排水通畅、降低能耗、平衡土方的要求。污水尽量考虑经过一次提升后就能依靠重力通过全部构筑物，如果不能满足要求，中间可以设置提升泵站或末端设置提升泵站，但应保证能耗最小。

（3）水力计算时，应选择一条距离最长、水头损失最大的流程进行准确计算，并适当考虑预留水头。

（4）精确计算污水流动的水头损失。计算水头损失时以最大流量作为构筑物与管渠的设计流量，还应考虑当某座构筑物停止运行时，与其并联的其余构筑物及有关的连接管渠能通过全部流量，以及雨天流量和事故流量的增加，并留有一定余地。污水流经各处理构筑物的水头损失估算表如表6-6所示。

表6-6　各处理构筑物的水头损失估算表

构筑物名称		水头损失/cm	构筑物名称		水头损失/cm
格栅		10~25	曝气池	污水潜流入池	25~50
沉砂池		10~25		污水跌水入池	50~150
沉淀池	平流式	20~40	生物滤池（工作高度2m）	装有旋转式布水器	270~280
	竖流式	40~50		装有固定喷洒布水器	450~475
	辐流式	50~60	混合池或接触池		10~30
	双层沉淀池	10~20	污泥干化场		200~350

思 考 题

6-1　简述净水厂的高程布置原则。

6-2　简述污水处理厂流程图中标高的计算方法。

6-3　简述污水处理厂平面布置原则。

6-4　净水厂的厂址选择应符合的要求是什么？

参 考 文 献

[1] 中华人民共和国住房和城乡建设部，中华人民共和国国家质量监督检验检疫总局．GB/T 50106—2010 建筑给水排水制图标准［S］．北京：中国建筑工业出版社，2010.

[2] 龙腾锐，何强．排水工程［M］．2版．北京：中国建筑工业出版社，2015.

[3] 中国环境保护产业协会．HJ 2023—2012 厌氧颗粒污泥膨胀床反应器废水处理工程技术规范［S］．［S. l.：s. n.]，2013.

[4] 王春荣，王建冰，何绪文．水污染控制工程课程设计及毕业设计［M］．北京：化学工业出版社，2018.

[5] 中华人民共和国住房和城乡建设部．CJJT54—2017 污水自然处理工程技术规范［S］．北京：中国建筑出版社，2017.

[6] 中华人民共和国住房和城乡建设部．城镇污水处理厂污泥处理技术标准（征求意见稿）［S］．［S. l.：s. n.]，2017.

[7] 中华人民共和国住房和城乡建设部，中华人民共和国国家发展和改革委员会．城镇污水处理厂污泥处理处置技术指南（试行）［S］．［S. l.：s. n.]，2011.

[8] 张自杰．排水工程（下册）［M］．5版．北京：中国建筑工业出版社，2015.

[9] 范瑾初，金兆丰．水质工程．［M］．北京：中国建筑工业出版社，2009.

[10] 高庭耀，顾国维．水污染控制工程（上、下册）［M］．2版．北京：高等教育出版社，2011.

[11] 北京市政设计研究总院．给水排水设计手册（5. 城镇排水）［M］．3版．北京：中国建筑工业出版社，2017.

[12] 北京市政设计研究总院．给水排水设计手册（6. 工业排水）［M］．2版．北京：中国建筑工业出版社，2002.

[13] 上海市政设计研究总院．给水排水设计手册（3. 城镇给水）［M］．3版．北京：中国建筑工业出版社，2017.

[14] 张玉先，等．给水工程［M］．北京：中国建筑工业出版社，2019.

[15] 何强，等．排水工程［M］．3版．北京：中国建筑工业出版社，2019.

[16] 王兆才，等．常用资料［M］．北京：中国建筑工业出版社，2019.

[17] 严煦世，范瑾初．给水工程［M］．4版．北京：中国建筑工业出版社，1999.

[18] 范瑾初，金兆丰．水质工程［M］．北京：中国建筑工业出版社，2009.

[19] 李亚峰，夏怡，曹文平．小城镇污水处理设计及工程实例［M］．北京：化学工业出版社，2011.

[20] 上海市政工程设计研究总院（集团）有限公司．GB 50014—2021 室外排水设计标准［S］．北京：中国计划出版社，2021.

[21] 上海市政工程设计研究总院（集团）有限公司．GB 50013—2018 室外给水设计标准［S］．北京：中国计划出版社，2019.

[22] 张林生，等．水的深度处理与回用技术［M］．2版．北京：化学工业出版社，2013.

[23] 中华人民共和国住房和城乡建设部．GB 50788—2012 城镇给水排水技术规范［S］．北京：中国建筑工业出版社，2012.

[24] 潘涛，李安峰，杜兵．废水污染控制技术手册［M］．北京：化学工业出版社，2019.

[25] 任南琪，赵庆良．水污染控制原理与技术［M］．北京：清华大学出版社，2007.

[26] 张学洪，赵文玉，曾鸿鹄，等．工业废水处理工程实例［M］．北京：冶金工业出版社，2009.